中国石油科技进展丛书（2006—2015年）

煤层气勘探开发技术

主　编　温声明

副主编　朱庆忠　傅国友

U0221909

石油工业出版社

内 容 提 要

本书以中国石油承担和组织的国家及集团公司煤层气科技重大专项所取得的最新研究成果为基础，系统总结了中国石油"十一五""十二五"期间煤层气勘探开发理论和技术取得的重大进展。主要内容包括煤层气地质成藏理论、地震技术、测井评价技术、钻完井技术、增产改造技术、排采技术、地面工程技术等。

本书可作为从事煤层气勘探开发科研、工程人员及石油院校相关专业师生的参考用书。

图书在版编目（CIP）数据

煤层气勘探开发技术 / 温声明主编 . —北京：石油工业出版社，2019.5

（中国石油科技进展丛书 . 2006—2015 年）
ISBN 978-7-5183-3241-0

Ⅰ . ①煤… Ⅱ . ①温… Ⅲ . ①煤层 – 地下气化煤气 – 地质勘探②煤层 – 地下气化煤气 – 资源开发 Ⅳ . ① P618.11

中国版本图书馆 CIP 数据核字（2019）第 049943 号

出版发行：石油工业出版社
（北京安定门外安华里 2 区 1 号　100011）
网　址：www.petropub.com
编辑部：（010）64523710　图书营销中心：（010）64523633
经　销：全国新华书店
印　刷：北京中石油彩色印刷有限责任公司

2019 年 5 月第 1 版　2020 年 6 月第 2 次印刷
787×1092 毫米　开本：1/16　印张：19
字数：450 千字

定价：160.00 元

《煤层气勘探开发技术》编写组

主　　编：温声明

副 主 编：朱庆忠　傅国友

编写人员：（按姓氏笔画排序）

万金彬　才　博　毛建设　王　欣　王　倩　王开龙

卢海兵　左银卿　田中兰　申瑞臣　刘占族　乔　磊

孙军晓　孙钦平　孙粉锦　何羽飞　何爱国　杨延辉

杨艳磊　邵林海　陈　浩　陈振宏　孟凡华　苗　耀

侯　伟　胡超俊　赵建斌　姜　伟　高书光　巢海燕

黄　科　鹿　倩　曾雯婷　管保山　綦晓东

序

习近平总书记指出，创新是引领发展的第一动力，是建设现代化经济体系的战略支撑，要瞄准世界科技前沿，拓展实施国家重大科技项目，突出关键共性技术、前沿引领技术、现代工程技术、颠覆性技术创新，建立以企业为主体、市场为导向、产学研深度融合的技术创新体系，加快建设创新型国家。

中国石油认真学习贯彻习近平总书记关于科技创新的一系列重要论述，把创新作为高质量发展的第一驱动力，围绕建设世界一流综合性国际能源公司的战略目标，坚持国家"自主创新、重点跨越、支撑发展、引领未来"的科技工作指导方针，贯彻公司"业务主导、自主创新、强化激励、开放共享"的科技发展理念，全力实施"优势领域持续保持领先、赶超领域跨越式提升、储备领域占领技术制高点"的科技创新三大工程。

"十一五"以来，尤其是"十二五"期间，中国石油坚持"主营业务战略驱动、发展目标导向、顶层设计"的科技工作思路，以国家科技重大专项为龙头、公司重大科技专项为抓手，取得一大批标志性成果，一批新技术实现规模化应用，一批超前储备技术获重要进展，创新能力大幅提升。为了全面系统总结这一时期中国石油在国家和公司层面形成的重大科研创新成果，强化成果的传承、宣传和推广，我们组织编写了《中国石油科技进展丛书（2006—2015年）》（以下简称《丛书》）。

《丛书》是中国石油重大科技成果的集中展示。近些年来，世界能源市场特别是油气市场供需格局发生了深刻变革，企业间围绕资源、市场、技术的竞争日趋激烈。油气资源勘探开发领域不断向低渗透、深层、海洋、非常规扩展，炼油加工资源劣质化、多元化趋势明显，化工新材料、新产品需求持续增长。国际社会更加关注气候变化，各国对生态环境保护、节能减排等方面的监管日益严格，对能源生产和消费的绿色清洁要求不断提高。面对新形势新挑战，能源企业必须将科技创新作为发展战略支点，持续提升自主创新能力，加快构筑竞争新优势。"十一五"以来，中国石油突破了一批制约主营业务发展的关键技术，多项重要技术与产品填补空白，多项重大装备与软件满足国内外生产急需。截至 2015 年底，共获得国家科技奖励 30 项、获得授权专利 17813 项。《丛书》全面系统地梳理了中国石油"十一五""十二五"期间各专业领域基础研究、技术开发、技术应用中取得的主要创新性成果，总结了中国石油科技创新的成功经验。

《丛书》是中国石油科技发展辉煌历史的高度凝练。中国石油的发展史，就是一部创业创新的历史。建国初期，我国石油工业基础十分薄弱，20 世纪 50 年代以来，随着陆相生油理论和勘探技术的突破，成功发现和开发建设了大庆油田，使我国一举甩掉贫油的帽子；此后随着海相碳酸盐岩、岩性地层理论的创新发展和开发技术的进步，又陆续发现和建成了一批大中型油气田。在炼油化工方面，"五朵金花"炼化技术的开发成功打破了国外技术封锁，相继建成了一个又一个炼化企业，实现了炼化业务的不断发展壮大。重组改制后特别是"十二五"以来，我们将"创新"纳入公司总体发展战略，着力强化创新引领，这是中国石油在深入贯彻落实中央精神、系统总结"十二五"发展经验基础上、根据形势变化和公司发展需要作出的重要战略决策，意义重大而深远。《丛书》从石油地质、物探、测井、钻完井、采油、油气藏工程、提高采收率、地面工程、井下作业、油气储运、石油炼制、石油化工、安全环保、海外油气勘探开发和非常规油气勘探开发等 15 个方面，记述了中国石油艰难曲折的理论创新、科技进步、推广应用的历史。它的出版真实反映了一个时期中国石油科技工作者百折不挠、顽强拼搏、敢于创新的科学精神，弘扬了中国石油科技人员秉承"我为祖国献石油"的核心价值观和"三老四严"的工作作风。

《丛书》是广大科技工作者的交流平台。创新驱动的实质是人才驱动，人才是创新的第一资源。中国石油拥有 21 名院士、3 万多名科研人员和 1.6 万名信息技术人员，星光璀璨、人文荟萃、成果斐然。这是我们宝贵的人才资源。我们始终致力于抓好人才培养、引进、使用三个关键环节，打造一支数量充足、结构合理、素质优良的创新型人才队伍。《丛书》的出版搭建了一个展示交流的有形化平台，丰富了中国石油科技知识共享体系，对于科技管理人员系统掌握科技发展情况，做出科学规划和决策具有重要参考价值。同时，便于科研工作者全面把握本领域技术进展现状，准确了解学科前沿技术，明确学科发展方向，更好地指导生产与科研工作，对于提高中国石油科技创新的整体水平，加强科技成果宣传和推广，也具有十分重要的意义。

掩卷沉思，深感创新艰难、良作难得。《丛书》的编写出版是一项规模宏大的科技创新历史编纂工程，参与编写的单位有 60 多家，参加编写的科技人员有 1000 多人，参加审稿的专家学者有 200 多人次。自编写工作启动以来，中国石油党组对这项浩大的出版工程始终非常重视和关注。我高兴地看到，两年来，在各编写单位的精心组织下，在广大科研人员的辛勤付出下，《丛书》得以高质量出版。在此，我真诚地感谢所有参与《丛书》组织、研究、编写、出版工作的广大科技工作者和参编人员，真切地希望这套《丛书》能成为广大科技管理人员和科研工作者的案头必备图书，为中国石油整体科技创新水平的提升发挥应有的作用。我们要以习近平新时代中国特色社会主义思想为指引，认真贯彻落实党中央、国务院的决策部署，坚定信心、改革攻坚，以奋发有为的精神状态、卓有成效的创新成果，不断开创中国石油稳健发展新局面，高质量建设世界一流综合性国际能源公司，为国家推动能源革命和全面建成小康社会作出新贡献。

2018 年 12 月

丛书前言

石油工业的发展史，就是一部科技创新史。"十一五"以来尤其是"十二五"期间，中国石油进一步加大理论创新和各类新技术、新材料的研发与应用，科技贡献率进一步提高，引领和推动了可持续跨越发展。

十余年来，中国石油以国家科技发展规划为统领，坚持国家"自主创新、重点跨越、支撑发展、引领未来"的科技工作指导方针，贯彻公司"主营业务战略驱动、发展目标导向、顶层设计"的科技工作思路，实施"优势领域持续保持领先、赶超领域跨越式提升、储备领域占领技术制高点"科技创新三大工程；以国家重大专项为龙头，以公司重大科技专项为核心，以重大现场试验为抓手，按照"超前储备、技术攻关、试验配套与推广"三个层次，紧紧围绕建设世界一流综合性国际能源公司目标，组织开展了50个重大科技项目，取得一批重大成果和重要突破。

形成40项标志性成果。（1）勘探开发领域：创新发展了深层古老碳酸盐岩、冲断带深层天然气、高原咸化湖盆等地质理论与勘探配套技术，特高含水油田提高采收率技术，低渗透/特低渗透油气田勘探开发理论与配套技术，稠油/超稠油蒸汽驱开采等核心技术，全球资源评价、被动裂谷盆地石油地质理论及勘探、大型碳酸盐岩油气田开发等核心技术。（2）炼油化工领域：创新发展了清洁汽柴油生产、劣质重油加工和环烷基稠油深加工、炼化主体系列催化剂、高附加值聚烯烃和橡胶新产品等技术，千万吨级炼厂、百万吨级乙烯、大氮肥等成套技术。（3）油气储运领域：研发了高钢级大口径天然气管道建设和管网集中调控运行技术、大功率电驱和燃驱压缩机组等16大类国产化管道装备，大型天然气液化工艺和20万立方米低温储罐建设技术。（4）工程技术与装备领域：研发了G3i大型地震仪等核心装备，"两宽一高"地震勘探技术，快速与成像测井装备、大型复杂储层测井处理解释一体化软件等，8000米超深井钻机及9000米四单根立柱钻机等重大装备。（5）安全环保与节能节水领域：

研发了 CO_2 驱油与埋存、钻井液不落地、炼化能量系统优化、烟气脱硫脱硝、挥发性有机物综合管控等核心技术。（6）非常规油气与新能源领域：创新发展了致密油气成藏地质理论，致密气田规模效益开发模式，中低煤阶煤层气勘探理论和开采技术，页岩气勘探开发关键工艺与工具等。

取得 15 项重要进展。（1）上游领域：连续型油气聚集理论和含油气盆地全过程模拟技术创新发展，非常规资源评价与有效动用配套技术初步成型，纳米智能驱油二氧化硅载体制备方法研发形成，稠油火驱技术攻关和试验获得重大突破，井下油水分离同井注采技术系统可靠性、稳定性进一步提高；（2）下游领域：自主研发的新一代炼化催化材料及绿色制备技术、苯甲醇烷基化和甲醇制烯烃芳烃等碳一化工新技术等。

这些创新成果，有力支撑了中国石油的生产经营和各项业务快速发展。为了全面系统反映中国石油 2006—2015 年科技发展和创新成果，总结成功经验，提高整体水平，加强科技成果宣传推广、传承和传播，中国石油决定组织编写《中国石油科技进展丛书（2006—2015 年）》（以下简称《丛书》）。

《丛书》编写工作在编委会统一组织下实施。中国石油集团董事长王宜林担任编委会主任。参与编写的单位有 60 多家，参加编写的科技人员 1000 多人，参加审稿的专家学者 200 多人次。《丛书》各分册编写由相关行政单位牵头，集合学术带头人、知名专家和有学术影响的技术人员组成编写团队。《丛书》编写始终坚持：一是突出站位高度，从石油工业战略发展出发，体现中国石油的最新成果；二是突出组织领导，各单位高度重视，每个分册成立编写组，确保组织架构落实有效；三是突出编写水平，集中一大批高水平专家，基本代表各个专业领域的最高水平；四是突出《丛书》质量，各分册完成初稿后，由编写单位和科技管理部共同推荐审稿专家对稿件审查把关，确保书稿质量。

《丛书》全面系统反映中国石油 2006—2015 年取得的标志性重大科技创新成果，重点突出"十二五"，兼顾"十一五"，以科技计划为基础，以重大研究项目和攻关项目为重点内容。丛书各分册既有重点成果，又形成相对完整的知识体系，具有以下显著特点：一是继承性。《丛书》是《中国石油"十五"科技进展丛书》的延续和发展，凸显中国石油一以贯之的科技发展脉络。二是完整性。《丛书》涵盖中国石油所有科技领域进展，全面反映科技创新成果。三是标志性。《丛书》在综合记述各领域科技发展成果基础上，突出中国石油领先、高端、前沿的标志性重大科技成果，是核心竞争力的集中展示。四是创新性。《丛书》全面梳理中国石油自主创新科技成果，总结成功经验，有助于提高科技创新整体水平。五是前瞻性。《丛书》设置专门章节对世界石油科技中长期发展做出基本预测，有助于石油工业管理者和科技工作者全面了解产业前沿、把握发展机遇。

《丛书》将中国石油技术体系按 15 个领域进行成果梳理、凝练提升、系统总结，以领域进展和重点专著两个层次的组合模式组织出版，形成专有技术集成和知识共享体系。其中，领域进展图书，综述各领域的科技进展与展望，对技术领域进行全覆盖，包括石油地质、物探、测井、钻完井、采油、油气藏工程、提高采收率、地面工程、井下作业、油气储运、石油炼制、石油化工、安全环保节能、海外油气勘探开发和非常规油气勘探开发等 15 个领域。31 部重点专著图书反映了各领域的重大标志性成果，突出专业深度和学术水平。

《丛书》的组织编写和出版工作任务量浩大，自 2016 年启动以来，得到了中国石油天然气集团公司党组的高度重视。王宜林董事长对《丛书》出版做了重要批示。在两年多的时间里，编委会组织各分册编写人员，在科研和生产任务十分紧张的情况下，高质量高标准完成了《丛书》的编写工作。在集团公司科技管理部的统一安排下，各分册编写组在完成分册稿件的编写后，进行了多轮次的内部和外部专家审稿，最终达到出版要求。石油工业出版社组织一流的编辑出版力量，将《丛书》打造成精品图书。值此《丛书》出版之际，对所有参与这项工作的院士、专家、科研人员、科技管理人员及出版工作者的辛勤工作表示衷心感谢。

人类总是在不断地创新、总结和进步。这套丛书是对中国石油 2006—2015 年主要科技创新活动的集中总结和凝练。也由于时间、人力和能力等方面原因，还有许多进展和成果不可能充分全面地吸收到《丛书》中来。我们期盼有更多的科技创新成果不断地出版发行，期望《丛书》对石油行业的同行们起到借鉴学习作用，希望广大科技工作者多提宝贵意见，使中国石油今后的科技创新工作得到更好的总结提升。

2018 年 12 月

前　言

　　煤层气是一种非常规天然气资源，其开发利用对增加清洁能源供应、保障煤矿安全生产、减少温室气体排放具有重要意义。我国煤层气资源丰富，全国 39 个盆地（群）埋深 2000m 以浅煤层气地质资源量为 $30.5 \times 10^{12} m^3$，与我国陆上常规天然气资源量基本相当。我国煤层气地面开发始于 20 世纪 90 年代初。"八五"期间，我国开始进行煤层气理论技术研究和勘探试验。"九五"和"十五"期间，在全国 30 多个地区开展了大范围的勘探评价，启动了 10 多个开发试验项目。"十一五"期间，启动了沁水盆地和鄂尔多斯盆地东缘两个产业化基地建设，加大了科技攻关和政策支持力度。"十二五"期间，煤层气勘探开发取得重大进展，新增探明地质储量达 $3504 \times 10^8 m^3$，是"十一五"末的 177%；年产量达 $44 \times 10^8 m^3$，是"十一五"末的 293%，初步建成沁水盆地和鄂尔多斯盆地东缘两大产业化基地，为产业加快发展奠定了良好基础。

　　中国石油天然气集团有限公司（简称中国石油）高度重视煤层气产业发展。"九五"和"十五"期间，在樊庄、大宁—吉县等区块开展了煤层气勘探评价和开发试验工作。"十一五"和"十二五"期间，以沁水盆地南部和鄂尔多斯盆地东缘为重点，开展了大规模的煤层气勘探和开发工作，建成了以樊庄气田、保德气田等为代表的一批煤层气田，煤层气业务实现了快速发展。"十二五"末，中国石油煤层气累计探明地质储量达 $3173 \times 10^8 m^3$，约占全国总量的 50%；煤层气年产量达 $16 \times 10^8 m^3$，约占全国总量的 36%，成为我国最大的煤层气开发企业。

　　在煤层气勘探开发实践过程中，中国石油依托国家和集团公司煤层气科技重大专项持续开展科技攻关，煤层气勘探开发理论和技术取得了重大进展。地质理论方面，建立了中低煤阶煤层气"多源共生"富集成藏理论，引领勘探重点向中低阶煤层气转移；发展了中高煤阶煤层气"三元耦合"高产地质理论，实现煤层气由富集区向高产区的深化，奠定了煤层气有效开发的地质理论基础。地震勘探技术方面，形成了经济有效的煤层气地震采集处理解释配套技术，为煤层气地质综合评价和勘探开发井位部署提供了可靠的依据。测井技术方面，针对不同煤阶煤层的测井响应特征优化了煤层气测井系列，提出考虑破坏作用的煤层含气量评价技术，提高了含气量预测精度；结合煤层气典型双重孔隙特征，形成了煤层割理孔隙表征和渗透率计算技术，解决了煤层超低渗透率数据难以获取的问题。钻完井技术方面，创新形成煤层气丛式井和水平井钻完井技术，大幅降低了煤层气开发成本；发明DRMTS煤层气水平井远距离穿针工具，打破了国外技术垄断。增产改造技术方面，建立复合压裂液体系，提高携砂能力，降低储层伤害和压裂液成本；建立多因素耦合导流能力评价模型，形成煤层深度有效支撑压裂技术，提高中高煤阶煤层改造效果；创新形成煤层顶板穿层压裂技术，增加裂缝延伸长度和导流能力。排采技术方面，创新形成了针对不同煤阶的煤层气排采控制方法，降低排采过程中储层物性变化对产气量的影响，有效解决了煤层气上产稳产难题；研发形成了煤层气井防煤粉、防偏磨、高效修井等配套工艺，提高排采连续性，降低生产成本。地面工程技术方面，形成了以"井口计量、井间串接，低压集气、复合材质、站场分离、两地增压、集中处理"为核心，以标准化、橇装化、数字化建设为辅助手段，独具煤层气特色的地面工程技术。

煤层气勘探开发理论和技术的快速发展，支撑中国石油在煤层气勘探和开发中取得了一系列重大突破，储量规模持续增长，产能规模不断扩大，产量快速攀升。"十二五"期间，新增探明地质储量约 $2000 \times 10^8 m^3$，是"十一五"末的244%；新建产能规模约 $31 \times 10^8 m^3/a$，是"十一五"末的372%；年产量增加约 $13 \times 10^8 m^3$，是"十一五"末的419%；"十二五"末日产气量达到 $465 \times 10^4 m^3$，是"十一五"末的419%，已经具备 $17 \times 10^8 m^3$ 年产能力。在沁水盆地南部和鄂尔多斯盆地东缘分别建成高阶煤和中低阶煤煤层气开发国家级示范基地，对中国煤层气产业发展起到了重要的推动作用。

本书是《中国石油科技进展丛书（2006—2015年）》的一个分册，全面反映了中国石油2006—2015年期间煤层气研究领域取得的最新进展。在内容安排上，没有按照传统的煤层气勘探开发所涉及的学科内容进行编写，而是以2006—2015年中国石油承担和组织的国家及集团公司煤层气科技重大专项所取得的最新研究成果为基础进行编写。因此，本书给读者呈现的是中国石油从事煤层气研究工作的广大科技工作者勇于创新和大胆探索最新的智慧结晶，是中国石油煤层气勘探开发理论不断丰富、技术不断发展的最新写照。

全书共七章。第一章由陈振宏、孙粉锦等编写，第二章由刘占族、邵林海、胡超俊等编写，第三章由万金彬、黄科等编写，第四章由王开龙、申瑞臣等编写，第五章由王欣、卢海兵等编写，第六章由侯伟、杨延辉等编写，第七章由毛建设、孟凡华等编写。

本书由温声明担任主编，提出编写思路和内容框架，负责全书统稿，并对核心观点和技术内涵表述进行审定。朱庆忠、傅国友担任副主编，负责部分章节统稿工作。高瑞祺、王慎言、接铭训、李景明等老专家对本书进行了认真审读，并提出了宝贵的编写指导意见。

在本书编写过程中，中国石油科技管理部、勘探与生产分公司、煤层气公司、华北油田分公司、勘探开发研究院、东方地球物理公司、测井公司、工程技术研究院有限公司、石油工业出版社等单位给予了大力支持和帮助，在此表示感谢，并向为本书的编写付出辛勤工作的专家和同仁表示感谢。

由于编者水平有限，书中难免存在不妥之处，敬请广大读者批评指正。

目 录

第一章 煤层气富集成藏理论及目标评价 ·········· 1

  第一节 煤层气形成条件 ·········· 1

  第二节 煤层气富集成藏机制 ·········· 5

  第三节 煤储层物性特征及有利储层评价方法 ·········· 26

  第四节 中国煤层气资源潜力及有利目标评价 ·········· 35

  参考文献 ·········· 42

第二章 煤层气地震技术 ·········· 44

  第一节 煤层气地震采集技术 ·········· 44

  第二节 煤层气地震资料处理关键技术 ·········· 52

  第三节 煤层气储层地震表征及有利区预测技术 ·········· 64

  参考文献 ·········· 83

第三章 煤层气储层测井评价技术 ·········· 84

  第一节 煤层气系统测井综合评价新理念 ·········· 84

  第二节 煤层气储层测井响应特征与测井系列优化 ·········· 87

  第三节 煤体结构测井精细评价技术 ·········· 98

  第四节 高精度煤层气储层关键参数测井评价技术 ·········· 106

  参考文献 ·········· 119

第四章 煤层气钻完井技术 ·········· 121

  第一节 煤层气丛式井钻井技术 ·········· 121

  第二节 煤层气水平井钻井技术 ·········· 125

  第三节 DRMTS 煤层气水平井远距离穿针工具 ·········· 143

  第四节 煤层气欠平衡钻井技术 ·········· 149

  第五节 煤层气水平井完井技术 ·········· 156

  参考文献 ·········· 163

第五章　煤层气增产改造技术 ·· 164

第一节　煤层压裂力学性质及裂缝扩展规律 ···································· 164

第二节　煤层低伤害压裂液体系 ··· 174

第三节　煤层气直井增产改造工艺技术 ·· 180

第四节　煤层压裂裂缝综合诊断评估技术 ·· 193

参考文献 ·· 205

第六章　煤层气排采技术 ·· 207

第一节　煤层气排采理论 ·· 207

第二节　煤层气排采方法 ·· 214

第三节　煤层气排采配套技术 ·· 220

参考文献 ·· 250

第七章　煤层气地面工程技术 ··· 252

第一节　煤层气集输工艺技术 ·· 252

第二节　煤层气处理工艺技术 ·· 264

第三节　采出水集输与处理工艺技术 ·· 270

第四节　煤层气集输动力技术 ·· 277

第五节　自动化控制技术 ·· 279

参考文献 ·· 284

第一章 煤层气富集成藏理论及目标评价

中国煤层气藏的地质条件与美国相比更为复杂，煤层气储层具有低压、低渗透、低饱和及非均质性强的"三低一强"特点，勘探开发地质理论和技术方面存在更多的难题。"十二五"以来，以国家科技重大专项《煤层气富集规律研究及有利区块预测评价》（2011ZX05033）、中国石油天然气股份有限公司重大科技专项《煤层气富集规律研究及有利区块预测评价》（2010E-2201）和《煤层气资源潜力研究及甜点区评价》（2013E-2201JT）为依托，以全国煤层气资源评价为基础，以沁水盆地南部和鄂尔多斯盆地东缘为重点，从煤层气资源评价出发，深入剖析不同煤阶煤层气富集规律、高产控制因素和"甜点区"形成机理，建立煤层气"甜点区"评价技术指标，进行有利区块评价和优选，有效指导了"十二五"期间中国煤层气的勘探开发。

第一节 煤层气形成条件

一、煤层气特点

煤层气是在煤化作用过程中形成、自生自储在煤层中的天然气，主要以吸附状态附存[1-3]，当煤层生烃量增大或外界条件改变时，储存形式可以相互转化[4]。

煤吸附甲烷是一种固体表面上进行的物理吸附过程，符合Langmuir等温吸附方程[5-7]。即在等温吸附过程中，压力对吸附作用有明显影响，随压力增加吸附量逐渐增大。

兰氏方程是最广泛应用的煤层气吸附状态方程，其简单的表达式为

$$V=V_{L}p/(p_{L}+p) \tag{1-1}$$

式中　V——吸附量；

　　　p——压力；

　　　p_{L}——兰氏压力，在此压力下吸附量达最大吸附能力的50%；

　　　V_{L}——兰氏体积，反映煤体的最大吸附能力，与温度、压力无关，取决于煤的性质。

由于煤层气主要以吸附状态储集在煤层中，这就决定了煤层气资源潜力取决于煤层甲烷的生成量和煤层的储集性能。特别是由于煤岩独特的微观结构，大量的甲烷气体可以在一定的压力作用下，以吸附的方式赋存于微孔极为发育的煤双重孔隙—裂隙介质中，以"近似流体"形式存在。所以，煤层气藏是指主要依靠压力作用，吸附在具有相近地质条件及含气特征的煤层中并富集的含气层及含气层组合。一般情况下，如果地层压力降低，吸附—解吸平衡被打破，甲烷分子就会从微孔中解吸出来"运移"到裂隙或割理中，进而通过其他通道运移到常规储层形成常规气藏或者最终逸散到大气中去。

二、煤层气与常规天然气的区别

煤层气是一种非常规天然气，与常规天然气相比有很大差异，主要表现在以下几个方面。

（1）烃源岩。

煤层气的烃源岩就是煤岩本身。煤富含有机质，在埋藏过程中，有机质通过热降解作用和生物化学作用生成天然气，有一定数量被保存在煤层里，形成煤层气藏。常规天然气的烃源岩主要是富含有机质的泥岩、页岩或石灰岩，也包括煤岩。

（2）储集机理。

煤层既是煤层气的源岩，同时又是煤层气的储层。煤的孔隙度很小，除低煤阶的煤以外，一般均小于10%。渗透率的大小依赖于煤层裂缝（割理）发育和开启程度，通常小于1mD。常规天然气的储集岩主要是砂岩、碳酸盐岩及少量裂缝性泥质岩、火山岩等，其孔隙度、渗透率通常较煤岩高。常规天然气是以游离状态储集在储层的孔隙空间之中，在气源充足的情况下，其聚集量主要与孔隙空间的大小有关，而煤层气则以吸附状态赋存在孔隙内的表面之上，其聚集量与煤岩的吸附性密切相关[8]。

（3）成藏机制。

常规天然气由源岩生成后，经过一定距离的一次运移和二次运移在储层中聚集成藏，其运移方向受流体动力场控制，即天然气主要是在浮力和流体压力的驱使下进行运移[9, 10]。煤层气生成之后，一部分通过分子扩散途径或通过裂缝运移至邻近的砂岩、石灰岩等储层中，另一部分气体的绝大部分直接被煤储层吸附而聚集，这种聚集不受流体动力场的控制而受温压场的影响[11, 12]。煤层气藏一般不发生运移或不发生显著运移，只有当煤层的压力下降时，比如煤层抬升变浅导致煤层吸附气体发生解吸，解吸的气体在煤基质和裂缝中发生扩散运移。

（4）圈闭条件。

常规天然气藏是地壳上天然气聚集的基本单元，是在单一圈闭中的富集，具有统一的地压力系统和气水界面[13, 14]。常规天然气成藏必须具备有效的圈闭条件，不论是构造圈闭，还是岩性地层圈闭，都有清晰的边界和确定的几何形态，气藏的范围及边界是由圈闭条件所决定的，并且气藏内外天然气含气是具有"有"和"无"质的变化；而煤层气藏无明显气藏边界，一般情况下只要有煤层就有煤层气的存在。绝大多数煤层甲烷在压力作用下呈吸附状态被保存在煤层的微孔隙中，没有明显的圈闭条件。更重要的是，煤层气聚集的原理不是靠遮挡物捕获和获得有效容积，而是依靠煤储层本身的吸附能力和储集能力来捕获、吸附、聚集和储存甲烷。在某些地质条件下，煤层气相对富集则形成煤层气藏，因此煤层气藏内外只有含气丰度的差别，而不是有气和无气的差别。

（5）流体状态。

常规天然气藏和煤层气藏都存在气、水两相，但两者所处的状态不同。常规天然气藏主体一般是以气相为主，即储层孔隙空间被游离的气相所占据，存在少量束缚水，水主要以边水和底水的形式存在于气藏的底部或边部，具有统一的气水界面。而煤储层大的孔隙空间主体是被水所占据，水中含有少量的溶解气，部分孔隙中存在游离气相，气藏中的大部分气体是以吸附相存在，约占80%以上，即煤层气藏中有吸附气、游离气和溶解气三种存在形式。

三、煤层气藏的形成条件

煤层气藏的形成条件主要包括烃源条件、构造条件、热力条件及保存条件等[15-21]。

1. 烃源条件

1）沉积环境

煤层的分布、厚度、几何形状、连续性等受沉积环境控制。对煤沉积环境的研究，建立煤沉积模式，有助于预测煤炭资源。概括起来，煤沉积环境大致分为两大类：海陆交互相成煤环境和陆相成煤环境。前者又以滨海冲积平原、滨岸沼泽、潟湖和三角洲平原为主，如圣胡安盆地水果地组煤层属于三角洲泛滥平原沉积，拉顿盆地拉顿组煤层属于陆相泛滥平原沉积。在研究煤沉积环境的同时，要注重研究煤系地层的河道砂体和滨岸砂体的分布及与煤层的相互关系，因为河道砂体或滨岸砂体严重影响煤层的连续性。

煤具有双孔隙结构，同样受控于沉积体系演化。其中，煤的基质孔隙是煤层气呈吸附状态储存的主要空间，天然裂隙系统则是煤层气渗流运移的主要通道。煤层孔隙与裂隙发育与分布差异是煤储层物性非均质性的主要特征，也是煤层气藏不均一性的直接原因。

2）有机显微组分

煤由腐殖型有机质和部分无机矿物混合组成，由于成煤原始物质来源不同和它们在成煤过程中所处环境的差异，煤具有复杂的组分。煤的有机显微组分包括壳质组、镜质组和惰质组。各显微组分因其 H/C 和 O/C 原子比数量不同和结构的不同而显示出不同的生烃潜力。通过实验室对煤显微组分的分离，并对分离的组分进行热模拟实验，可以对各种显微组分的生烃潜力有了更符合实际的正确评价。

在低温时物理吸附量大，当温度增高时，吸附量减小。当一个分子同另一个分子发生吸附作用时，释放出的热量与分子间作用力的强度成正比。物理吸附释放的热量很低，一般只有 2.09～20.92J/mol。从本质上讲，物理吸附和"凝缩作用"相似，因此吸附状态的甲烷与液体状态的甲烷具有相似的物理性质和相似的密度。如果煤储层的温度高于临界温度，则甲烷不以液态存在。

在煤的内表面上分子的吸引力一部分指向煤的内部，已达到饱和，而另一部分指向空间，没有饱和，就在煤的表面产生吸附场，吸附周围的气体分子。这种吸附属于物理现象，是 100% 的可逆过程。在一定条件下，被吸附的气体分子与煤的内表面脱离，叫作解吸，并进入游离相，呈吸附状态的天然气可占 70%～95%。

在等温条件下，确定压力与吸附气体定量关系的曲线称为吸附等温线。甲烷吸附等温线是煤储层评价的重要参数曲线。吸附等温线、气体含量、扩散系数、渗透率等参数为描述和建立煤储层模型和煤层气资源地质评价提供了重要的基础数据。

2. 构造条件

煤层气勘探开发实践证明，构造条件直接影响煤层气藏的形成与保存，包括构造活动、断裂活动和差异压实等。

（1）构造活动引起的地层褶皱和盆地边缘地区地层的隆起极大地影响流体的运动，主要表现在：

①遭受剥蚀的地层暴露引起大气水的补给或流体的排出；

②为流体运动提供势能；

③使地层产生裂隙，影响地层的流体压力和渗透率，从而影响煤层的吸附能力和流体流动的畅通性。

（2）成煤后的构造运动对煤层气藏的影响主要有如下具体表现。

①煤层倾角在煤层围岩封闭较好的条件下，倾角平缓的煤层中，气体运移路线长，阻力大，含气量相对大于倾角陡的煤层。

②褶皱构造主要指大中型褶皱对煤层气含量的影响。紧密褶皱地区的岩层往往是屏障层，有利于煤层气的聚集和保存。大型宽缓向斜的含气量高于高陡背斜。中型褶皱中，封闭条件较好时，背斜较向斜含气量高，封闭条件较差时，向斜部位含气量较高。

③断裂构造断层既可能是煤层气运移的通道，也可能起封堵作用，因此对煤层气具有扩散和保存的双重作用。断裂对煤层气起封堵作用还是扩散作用，主要取决于断裂的力学性质、规模大小及煤层围岩透气性。煤层围岩透气性较好的情况下，张性裂隙越发育，构造越复杂，应力越集中，形成气体运移通道越多，排气越多，含气量越小。如果围岩透气性差，即使有断裂存在也不易形成煤层气排放通道，因此，分析时应综合考虑上述几个因素。

断裂对煤层含气量影响一般规律为张性断裂对煤层气藏起排放气作用，压性断裂对煤层气藏起保存作用。张性断裂的排气性随深度的增加而减小，与地表相通的张性断裂排气性尤其好；逆断层一般为压性断裂，几乎全部为封闭型，起保存作用。但倾角较陡的逆掩断层也有可能排气；在构造性质相近的情况下，老构造可能被后来的物质所充填，故其透气性次于新构造。

（3）差异压实也能引起小型构造，并影响煤层气的产能。

由于差异压实作用，煤系地层中河道充填砂岩体之上或之下的煤层一般发生褶皱。这种褶皱作用可以使煤层形成局部裂隙，提高煤层的渗透率。如果裂隙系统充分发育，砂岩层和煤层互层的透镜体是煤层气勘探开发的有利目标。

3. 热力条件

煤层气是煤化作用的副产品。煤的有机质热演化是温度和时间的函数。对于同一地质年代的煤层，温度越高，煤热演化程度越高，所以煤的热力史是煤层气成藏的条件之一。煤层的温度除与区域性的大地地温有关外，还与局部的高热流值如裂谷作用、火山活动有关。此外，火山活动除了增大地温梯度、加速煤层的热演化外，同样也能影响煤层渗透性能。火山岩如岩墙、岩株的拱顶切割上覆地层或使地层褶皱，产生裂缝（多呈放射状围绕岩体分布），对煤层渗透性能的改善有积极意义。

4. 保存条件

煤层气保存条件主要包括盖层因素及水动力两大因素。

盖层因素包括盖层岩性、厚度、渗透性、突破压力、稳定性等，关系到煤层气的保存，对煤层含气性具有重要控制作用。在盖层体系中，煤层的直接顶板对煤层气保存条件的影响最为显著。

水文地质条件是煤层气保存的主要因素之一。目前对煤层气水文地质条件的研究主要根据煤层中水的水化学方法进行研究，即国际上较常用的三角图法及斯蒂大图解法进行分析研究。通过分析研究煤层中各种离子的含量、总矿化度及主要水型，进而判别煤层中水的流动状态，以对煤层气保存及煤层压力状态进行预测。根据地下水化学特征，分为供水区带、强交替区带、弱交替区带、滞缓区带、停滞区带及泄水区带6大类。其中，滞缓类中的封闭亚类及停滞类中的封闭亚类为最佳水文条件，对煤层气保存及形成超压起绝对作用。

地层压力是煤层气地质评价中应考虑的重要因素，也是煤层气成藏的重要条件。储层压力是衡量储层储集能力大小的尺子，煤层含气量与压力有直接关系，这一点从等温吸附线得到证实，压力状态与煤层的水文地质条件有很大关系。故压力状态通常用水动力学来解释。异常压力（异常高压或异常低压）常常发生在含煤盆地中，对异常压力的解释直接影响煤层储层特征。

第二节　煤层气富集成藏机制

"十二五"期间，煤层气成藏地质基础研究主要取得了三个方面的标志性成果：一是建立了低煤阶煤层气"多源补给"富集成藏模式，引领勘探重点向低煤阶煤层气转移；二是发展了中高煤阶煤层气"三元耦合"高产地质控制认识，实现煤层气由富集区向高产区的深化，奠定了煤层气有效开发的地质理论基础；三是中深层煤系天然气"同源叠置"立体成藏模式研究取得进展，拓展了煤层气的内涵与外延，揭示了煤层气勘探开发新领域。

一、低煤阶煤层气"多源补给"富集成藏模式

1. 中国低煤阶煤层气地球化学特征及成因类型

对中国主要煤层气区块取样，采用碳同位素用 Delta PlusXP 质谱计及 MAT–252 稳定同位素质谱计分析，用 PDB 国际标准，分析精度不大于 ±0.25‰；气体组分分析在 MAT–271 微量气体质谱计上测试完成。在上述实测数据的基础上，统计、分析发现，煤层甲烷 $\delta^{13}C$ 值的总体分布范围很宽，约为 –80‰～ –6.6‰，而且其组成与变化极为复杂。特别是在 R_o 值约低于 1% 的热演化阶段，煤层气的 $\delta^{13}C_1$ 值分布范围极宽，约在 –80‰～ –10‰ 之间（图 1–1）。这是母质继承效应、分馏作用及次生生物作用等因素综合作用的结果与表象。从成因上看，低煤阶煤层气有三种成因类型，包括有 5 种气源：早期原生生物气、晚期乙酸发酵生物成因气、晚期二氧化碳还原生物气、低煤阶煤层热解生气及外来常规天然气补充。

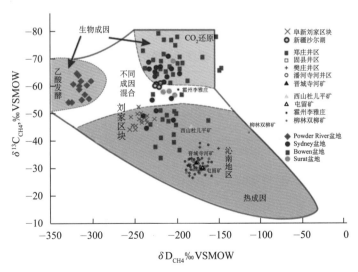

图 1–1　中国煤层气地球化学特征及成因图版

2. 次生生物气生气潜力及形成途径

1）煤层生物甲烷模拟实验

为了验证低煤阶煤层生物气生成特征和产气效果，评价低阶煤煤层生物气潜力，选用了二连盆地宝发煤矿、扎哈淖尔煤矿、白音华 3#、4# 露天矿，准噶尔盆地东缘五彩湾和北山煤矿，大同盆地虎峰矿以及鄂尔多斯双柳矿（柳林）、沁水盆地镇城矿（长治）等地的煤岩作为实验样品，以低煤阶为主，双柳矿和镇城矿作为中煤阶与高煤阶样品代表，对对比分析的煤岩样品进行了生物气模拟实验，并对部分水样进行了甲烷菌检测。共完成 9 项实验，分别对本源菌、实验菌种的产气潜力进行模拟实验，通过添加不同外源物质分析煤层生物气的生气途径等，具体实验设计见表 1-1。

表 1-1　煤层生物气富集模拟及微生物驯化实验设计

添加物	实验条件	实验目的	备注
煤 10g+50mL 无机培养基	—	源菌产气潜力分析	每单项取 10 组煤样分 15℃、35℃、55℃进行分装 10×3 组，共计 300 组
煤 10g+50mL 无机培养基	10mL 厌氧烃降解富集物	在实验室条件下培养菌种煤产气潜力分析	
煤 10g+50mL 无机培养基	10mL 厌氧纤维素降解富集物		
煤 10g+50mL 无机培养基	10mL 厌氧鸡毛降解富集物		
煤 10g+50mL 无机培养基	H_2 60mL	生气途径分析	
煤 10g+50mL 无机培养基	NaAc（0.5M）1mL		
煤 10g+50mL 无机培养基	CH_3OH（0.5M）1mL		
煤 10g+50mL 无机培养基	对煤样进行灭菌处理	对照组	
煤层水 10mL+40mL 无机培养基	—	煤层水菌群富集培养	

在无菌操作条件下，通过对岩样稀释并加入培养基在不同温度条件下培养之后，检测样品中有无微生物存在，并检测微生物种类及数量，结果在各岩样中均检测到了细菌（表 1-2）。

表 1-2　煤样的细菌检测结果

样品号	样品位置	检测温度 ℃	硫酸盐还原菌 个/克样品	产甲烷菌 个/克样品	发酵菌 个/克样品
1	宝发煤矿	30	290	1100	10000
2	扎哈淖尔煤矿	30	100	23	3400
3	白音华 3# 露天矿	30	194	16	2800
4	白音华 4# 露天矿	30	235	10	1000
5	五彩湾煤矿	30	234	56	220000
6	北山煤矿-1	30	100	300	280000
7	北山煤矿-2	55	650	500	30000

产气模拟实验分三个部分：原位生物模拟实验、外加碳源刺激条件下煤炭降解产甲烷趋势模拟和外源接种物对煤炭降解产甲烷的刺激作用。

（1）原位生物模拟实验。

①先将煤样研磨过 100 目筛（直径约 165μm），分装至小口瓶，抽真空充高纯 N_2，反复 3 次，在 121℃下 30min 灭菌，备用。

②按照培养无机盐厌氧培养基配方配置培养基，分装 50mL 培养基至 150mL 小口瓶，在 121℃下 30min 灭菌，50mL 无机盐厌氧培养基 +5g 研磨煤炭。

③分别在 35℃及 15℃静置培养。

准噶尔盆地东缘五彩湾和北山煤矿没有检测到甲烷的产生，其余各样品均能产生甲烷气，白音华 3# 坑、白音华 4# 坑和宝发煤矿表现出较好的甲烷产生潜力。白音华 3# 矿煤样培养 74d 后，每克最高可以产生 0.6mL 的甲烷。双柳矿、虎峰矿及镇城矿煤样为第一批次样品，采用 40mL 无机盐厌氧培养基 +10g 研磨煤炭，分别在 15℃和 35℃条件下培养。双柳煤矿样品培养 172d 后每克最高可以产生 0.78mL 的甲烷。

对比分析知，35℃条件下煤炭降解产甲烷潜力均高于 15℃（图 1-2）。

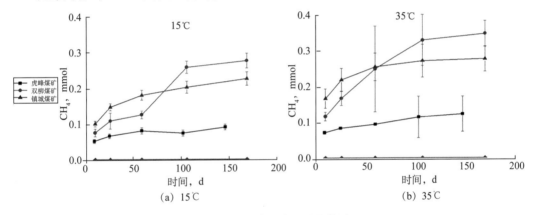

图 1-2　煤炭降解产甲烷趋势图

（2）外加碳源刺激条件下煤炭降解产甲烷趋势模拟。

分别在 15℃和 30℃下，添加 H_2、醋酸钠、甲醇和无机盐培养基，模拟外加碳源刺激条件下煤炭降解产甲烷趋势。结果显示（图 1-3）如下。

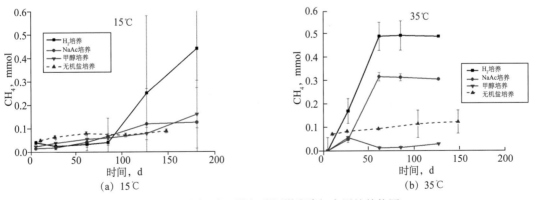

图 1-3　不同温度下外加碳源煤炭降解产甲烷趋势图

①35℃条件下，添加 H_2 和醋酸钠可以显著刺激镇城煤炭的产甲烷潜力，而添加甲醇后煤炭的产甲烷趋势没有明显的增加，这表明利用氢和（或）乙酸营养型的产甲烷古菌可能在煤层甲烷释放过程起主要作用。

②15℃条件下，添加 H_2 后，煤炭转化为甲烷的潜力最大，这表明低温条件下氢营养型产甲烷古菌可能起主导作用。

③不同温度条件下，添加不同碳源后，煤炭的产甲烷潜力不同；在 15℃、35℃条件下，添加 H_2 对煤炭产甲烷的刺激作用最明显，35℃条件，添加乙酸的刺激作用大于甲醇，但是 15℃条件下，培养 180d 后（还没有进入产甲烷稳定期），添加甲醇的刺激作用大于乙酸。

（3）外源接种物对煤炭降解产甲烷的刺激作用。

甲烷菌种泥培养、驯化—接种实验是在农业部成都沼气研究所完成的。实验中采用制取悬浮性接种物方法，弃去了一次富集培养初、中非活性有机物的绝大部分，再经过二次富集提高微生物的浓度与活性。用这种方法获得的接种源在实验中显示了良好的悬浮性，这是由于按物种的制作弃去了沉淀态的非活性有机物后，进行增殖培养而获得的。

煤在不同温阶下总体表现出从低温到高温产气量逐渐降低的趋势，三个煤样的产气率为 7.05 ～ 7.89m³/t，其甲烷碳同位素为 -60.56‰。虽然煤样的演化程度很低，只为 0.49% ～ 0.64%，推测已经历了小于 100℃ 的地温作用，在实验室引进菌种的情况下仍能产生物气。

2）实验结果及其讨论

模拟实验结果表明，具有煤层生物气源的重要条件就是要求煤层浅埋，并再度适合于厌氧细菌活动，才能有利于生物气的生成和聚集。鄂尔多斯盆地侏罗系、准噶尔盆地东南缘、二连盆地等地煤层气的 $\delta^{13}C$ 为 -62.10‰ ～ -50.74‰，属于生物甲烷气。

实验的意义不仅是解释了多数浅层煤层甲烷的碳同位素组成偏轻的成因，更重要的是对煤层甲烷勘探选区具有指导意义。甲烷细菌的活动需要有足够的空间。细菌的平均大小约为 1 ～ 10μm，要求沉积岩的孔隙有 1 ～ 3μm 或以上的空间进行营养活动。可以看出，当煤层抬升至 1000m 以浅时，只要存在较淡的水环境，就能再次产生生物气，经过煤层吸附，就可以形成煤层气藏。

3. 低煤阶煤层气富集主控因素及"多源共生—斜坡区正向构造带"成藏机制

通常，中国大部分含煤盆地形成后，在长期的地质历史时期中，经历了多期构造运动和反复抬升沉降。低煤阶盆地形成后，受构造运动的影响，煤层中吸附的气体随着盆地的抬升，压力的降低，大量散失，由于物性好，原始气藏遭到破坏更严重；之后盆地再次沉降，接受沉积，但煤层已不再生气，由于上覆地层压力的增大，煤层含气能力加大，但煤层气缺失，含气饱和状态极低。因此，后期气源的补充对低阶煤煤层气富集成藏非常重要，特别是次生生物气的补给。

同时，低煤阶储层大孔约 50%，煤层气易散失，加上自身生气能力弱，因此良好的封盖条件是低阶煤煤层气富集的关键。此外，对于低阶煤煤层气藏，水文地质条件一方面影响着低阶煤煤层气的保存，另一方面在合适条件下还能促进低阶煤煤层气的生成。国外低阶煤煤层气开发较为成功的粉河盆地，因其有利的沉积环境、构造运动简单、有利于生物气生成的水文地质环境，从而使得煤层气得以成功开发。

研究认为，"多源共生—斜坡区正向构造带"利于中低阶煤煤层气富集：在地质条件上，斜坡区地层倾角平缓，构造格局相对稳定，地层封闭性好，在斜坡区的弱径流—滞流区，低水势利于富集，且易于甲烷菌的生成从而产生次生生物气，形成气源补充；在储层条件上，煤层埋深较浅，处于过渡应力场，孔裂隙系统相对发育，正向构造带张性低应力，渗透性好；在保存条件上，由于上部地层水的渗透，形成水力封堵作用，在弱滞留区形成煤层气的富集（图1-4）。

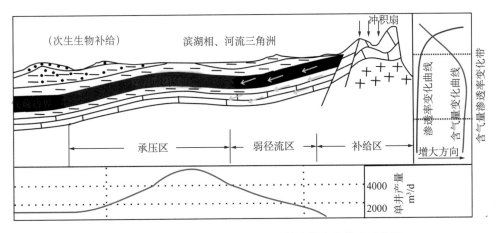

图1-4　中国低阶煤层气斜坡区正向构造带富集模式示意图

该理论成果引领中国煤层气勘探开发重点向中低阶煤转移，指导中国石油在鄂尔多斯东缘的山西省保德区块发现了中国第一个中低阶煤整装气田。

保德区块构造背景为一西倾单斜，处于低势区，埋藏适中，属张性—过渡应力区；太原组和山西组主要发育扇间洼地沉积的煤系地层，煤层厚度较大，分布连续，渗透率较高（6～20mD）；泥岩盖层厚，保存条件好，煤层气含量$4^{\#}+5^{\#}$煤平均4.25m³/t、$8^{\#}+9^{\#}$煤平均5.48m³/t，吸附饱和度达到89.5%；浅层水动力较活跃，煤层水矿化度1907mg/L，水型$NaHCO_3$，水中有甲烷菌存在，煤层被降解，浅层甲烷碳同位素显示生物气成因。"十二五"期间，区块累计新增煤层气探明地质储量$593×10^8m^3$，截至2015年年底，保德气田产气井676口，日产气量$155×10^4m^3$，年产能力达$5×10^8m^3$以上。

同时，该理论成果还指导吉尔嘎朗图凹陷低阶煤层气勘探获得重大突破。实施4口直井井组，其中吉煤4井在埋深400～500m的煤层获得稳定日产气量2356m³，成为中国在低阶褐煤中获得高产的第一口煤层气井，标志着中国低阶煤层气勘探取得重要进展，也标志着低含气量、厚煤层低阶煤层气开发技术实现重要突破，开启了$10×10^{12}m^3$规模低阶煤层气勘探新领域的序幕。

二、中高阶煤煤层气"三元耦合"高产地质控制认识

1. "沉积控藏—水动力控气—构造调整"富集模式

1）沉积体系决定煤储层展布规律及封盖能力

封盖层对于煤层气的保存与富集具有十分重要作用。良好的封盖层可以减少煤层气的向外渗流运移和扩散散失，保持较高地层压力，维持最大的吸附量，减弱地层水对煤

层气造成的散失。同时良好的封盖层能够减弱地层水穿层流动，阻止煤层割理裂隙被矿化充填，使煤层保持良好的渗透性。在不同沉积环境下形成的不同类型封盖层具有不同的封盖能力。一般情况下，煤层泥、页岩等直接盖层厚5m以上，平面上连续稳定分布，对煤层气保存有利。

沉积体系不仅控制了煤层厚度及横向稳定性，也控制了煤层段岩性组合，进而影响煤层气的封盖能力。研究表明，潟湖—潮坪、浅湖相、三角洲间湾相带煤层连续、厚度大，分布连续，非均质性较弱；其中潟湖—潮坪相、三角洲间湾相多发育泥岩顶板，封盖强。

鄂尔多斯盆地东缘含煤地层沉积时期，该地区属于克拉通内部盆地，煤层主要发育于障壁—潟湖—潮坪、浅水三角洲、河流、湖泊、冲积扇5种沉积体系。在不同的沉积体系中，煤层与顶底板甚至顶、底板附近一定距离内的围岩构成不同的组合关系，在区域上形成具有一定展布规律的储盖类型，按照封盖能力的强弱，将该区划分为4种储盖组合类型（表1-3），不同的储盖组合类型受不同沉积体系的控制。

表1-3 鄂尔多斯盆地东缘煤层顶底板组合及盖层类型划分

特征类型	顶底板组合	盖层类型	沉积相	封盖能力	实例
优势组合	厚层泥岩顶板与底板组合	Ⅰ类盖层：厚层泥岩	（1）障壁—潟湖—潮坪沉积体系的潟湖—潮坪相带；（2）陆相湖泊沉积体系的滨浅湖相带	强	保德—兴县太原组大宁—吉县山西组
次优势组合	中厚层泥质岩夹砂岩、砂质泥岩顶底板组合	Ⅱ类盖层：中厚层泥质岩夹砂岩、砂质泥岩	（1）三角洲前缘、三角洲间湾相带；（2）障壁—潟湖—潮坪沉积体系的潟湖—潮坪相带	较强	三交—石楼北山西组保德—兴县太原组
一般组合	不稳定泥质岩-砂岩顶板与不稳定泥质岩底板组合、厚层灰岩顶板与泥岩底板组合	Ⅲ类盖层：不稳定泥质岩—砂岩、厚层灰岩	（1）三角洲平原分流间湾相带；（2）河流泛滥盆地相带；（3）海相陆棚潟湖相带	一般	韩城—合阳太原组保德—兴县山西组三交—柳林—吉县太原组
不利组合	厚层砂岩-泥质岩顶板与泥质岩底板组合	Ⅳ类盖层：厚层砂岩	陆相冲积扇—辫状河上游相带	弱	准格尔旗及以北山西组

不同盖层组合类型具有不同的封盖能力，优势盖层组合煤层顶（底）板为厚层泥岩，封盖能力最强，煤储层含气量大，主要发育于太原组障壁-潟湖-潮坪沉积体系的潟湖-潮坪相以及山西组陆相湖泊沉积体系的滨浅湖相带（图1-5、图1-6）。陆相冲积扇-辫状河上游相带主要发育于山西组，冲积扇沿下倾方向过渡为河流体系。扇顶区为含砾粗砂岩沉积，扇中区朵体之间、废弃扇体间湾地带和扇尾区以及辫状河上游冲积平原是聚煤场所。煤层顶底板厚层砂岩-泥质岩顶板与泥质岩底板组合，围岩封盖能力总体上极差。该顶底板组合主要分布在鄂尔多斯盆地东缘的准格尔旗及以北山西组。

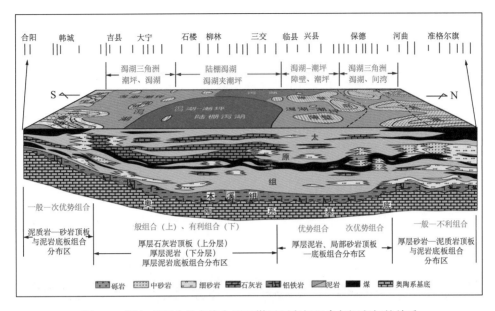

图 1-5 鄂尔多斯盆地东缘太原组煤层顶底板组合与沉积相的关系

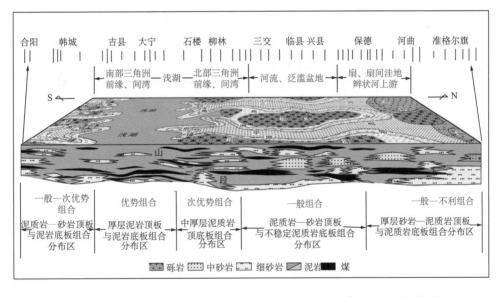

图 1-6 鄂尔多斯盆地东缘山西组山二段煤层顶底板组合与沉积相的关系

潟湖—潮坪、浅湖相利于煤层气富集，煤层含气量较高。南部的韩城－合阳地区太原组煤层顶板为障壁海岸沉积体系的砂岩－泥质岩顶底板组合，山西组为三角洲沉积体系的砂岩—泥质岩顶底板组合，含气量一般 6 ～ 10m³/t；中南部的大宁—吉县地区山西组 4#+5# 煤层顶板主要为湖相泥岩顶底板组合，厚度大，封盖条件好，含气量高，一般可达 13 ～ 15m³/t，太原组 8#+9# 煤层顶板为碳酸盐岩潮坪或碳酸盐岩台地相厚层石灰岩，封盖能力较厚层泥岩差，且厚层石灰岩岩溶裂隙含水性较强，一般含气量 5 ～ 10m³/t，较山西组差；中部的三交－石楼北地区山西组 4#+5# 煤顶板为三角洲前缘、三角洲间湾相带中厚层泥质岩夹砂岩、砂质泥岩，为次优势组合，煤层含气量一般 10 ～ 12m³/t，太原组 8#+9#

煤层顶板为碳酸盐岩潮坪或碳酸盐岩台地相厚层石灰岩，含气量一般 6 ~ 8m³/t，低于山西组 4#+5# 煤；北部的保德地区太原组 8#+9# 煤顶板为潮坪相或沼泽相粉砂质泥岩以及潟湖相泥岩，顶底板组合类型为优势组合－次优势组合，山西组 4#+5# 煤顶板为三角洲平原分流间湾相带和河流泛滥盆地相带的不稳定泥质岩—砂岩顶板与不稳定泥质岩底板组合，含气量一般低于太原组；北端的河曲—准格尔旗地区靠近北部物源区太原组为河流泛滥盆地相带，山西组为陆相冲积扇－辫状河上游相带，煤层顶底板组合为不稳定泥质岩－砂岩顶板与不稳定泥质岩底板组合，顶底板组合类型为一般组合—不利组合，封盖能力较差，含气量一般 1 ~ 3m³/t（图 1-7）。

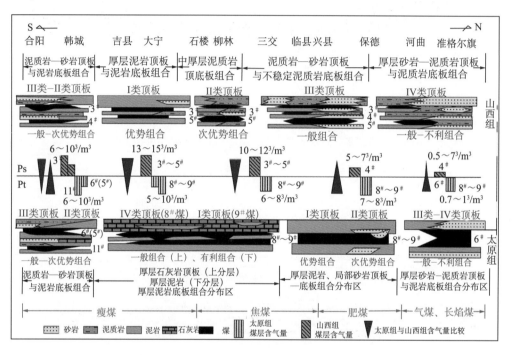

图 1-7　鄂尔多斯盆地东缘太原组－山西组煤层顶底板组合类型与含气量的关系

2）水动力承压—滞留区利于煤层气富集

地下水的补给、径流和排泄可引起煤层气富集、储层压力、渗透率等储层条件的改变，通过对地下水的研究，可以从动态的观点来分析煤层气的赋存状态和运移特征，更有效地进行储层评价。研究证实，滞留区为地下水高势区，水动力运移缓慢，溶解作用弱，散失小，利于煤层气富集。水动力冲洗物理模拟实验也表明：活跃的地下水导致含气量下降。

（1）水动力条件控制煤层气的富集成藏。

从含气量的分布特征来看，其值大小与水动力场分区具有明显的关系，即滞流区或弱径流区富气，径流区及强径流区的含气量较低。同一系统的水动力分区内，低势区的含气量较高势区大，其原因为水动力的流动方向是从高势区流向低势区，即从等折算水位高值区流向低值区。以樊庄区块为例，东部强径流区折算水位大于 580m，含气量基本上都小于 10m³/t；中部弱径流区分布范围较大，自东向西折算水位逐渐减小，含气量呈逐渐增大的趋势，总体上大于 18m³/t；西部和南部的部分地区为滞流区，折算水位小于 520m，含气量很高，大于 20m³/t，局部在 26m³/t 以上。同时，强径流区及附近煤层气含量较低，各离子的毫克当量数很低，主要离子为 HCO_3^- 和 Na^++K^+，总毫克当量数仅为 34；滞流区煤层含气量一般较高，Cl^-、HCO_3^-、Na^++K^+ 含量均较高，最大特点是 Cl^- 含量明显增加，甚至超过 HCO_3^- 的含量，总毫克当量数可达 100；弱径流区含气量则介于强径流区和滞流区之间，HCO_3^-、Na^++K^+ 含量最高，总毫克当量数一般为 50～60。

鄂尔多斯盆地东缘北部煤层气井产水量明显大于南部，煤层气井产出水 Ca^{2+}、Mg^{2+} 离子含量总体上在北段保德地区较高（图 1-8），在中段三交—柳林地区以及南段韩城地区总体上较低，在吉县—韩城地区最低，说明地下水动力条件在北段最为强烈，在南段相对较弱，由北向南水动力条件依次减弱，煤层含气量、甲烷浓度逐渐增加。

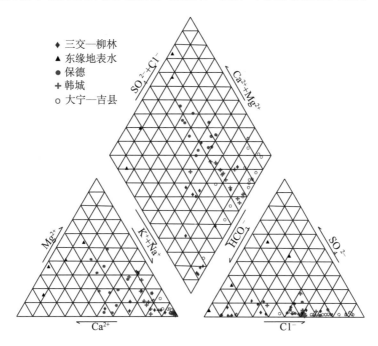

图 1-8 煤层气井产出水阴、阳离子在 Piper 三线图上的分布

（2）水溶解作用与水动力运移速度控制着煤层气组分及甲烷碳同位素的分布。

水溶作用不仅使煤的含气量降低，气体组分变轻，同时通过游离气与吸附气的交换作用和甲烷碳同位素的累积效应使煤层甲烷碳同位素发生了明显的分馏作用。水是弱极性溶剂，$^{13}CH_4$ 极性大于 $^{12}CH_4$，根据相似相溶原理，$^{13}CH_4$ 在水中溶解性大于 $^{12}CH_4$。水溶作用会倾向于先把 $^{13}CH_4$ 带走，剩下较多的 $^{12}CH_4$，使游离气中甲烷碳同位素变轻。游离气中 $^{12}CH_4$ 再与煤中的吸附气发生交换，部分 $^{12}CH_4$ 变成吸附气，把吸附气中部分 $^{13}CH_4$ 交换出来变成游离气，交换出来的 $^{13}CH_4$ 再被水溶解带走。这种过程不停地发生，气藏遭到不断的破坏，通过累积效应，导致煤层气 $^{12}CH_4$ 大量富集，煤层气甲烷碳同位素变轻。水动力的运移速度越快，这种累积效应越大，对煤层气的控制作用越明显，煤层含气量更低、甲烷碳同位素更轻。

因此，影响煤层气富集的主要水文参数包括钠氯系数、脱硫系数，影响煤层气高产的主要参数包括氢、氧同位素，并建立了煤层气富集高产的水文地质指标（表 1-4），优选 HG 井区、HX 井区及 HP 井区为煤层气高产区块。沁水盆地南部其他区块可通过地质条件类比，地质条件类似的区块可利用此水文地质指标优选煤层气高产区。

表 1-4　煤层气富集高产的水文地质指标表

区块划分	不富集区	过渡区	较富集区	富集区	
				高产区	非高产区
水动力	补给区，水力交替最活跃	中等径流区，水力交替较强	弱径流区，水力交替较活跃	阻滞—弱还原区，地下水径流弱	
水成因	以大气降水或地表水渗入为主		以渗入成因水为主	以渗入成因水为主	
矿化度，mg/L	<1600	1600～2000	2000～2300	>2300	
钠氯系数	>9	1～9		<6	
脱硫系数	>5	1～5		<1	
水型	$SO4^{2-}+HCO_3^-$ $Ca^{2+}+Mg^{2+}$	$SO_4^{2-}+HCO_3^-$ $Ca^{2+}+Mg^{2+}$	$HCO_3^-+Cl^-$——Na^+	$HCO_3^-+Cl^-$——$Ca^{2+}+Na^+$	
$\delta D/\delta^{18}O$	—	—	—	<0.5	>0.5

3）局部构造调整煤层气富集区展布特征

现今煤层气藏的富集程度是聚煤盆地回返抬升和后期演化对煤层气保持和破坏的综合叠加结果。研究证明，构造未调整或调整弱煤层气藏有利于煤层气富集，而煤层气成藏后期构造破坏严重的不利于煤层气的保存。

沁水盆低调整型煤层气藏至少包括燕山期、喜马拉雅早期两期成藏。在喜马拉雅早期 NE-SW 向挤压作用下，燕山期 NE-SW 向褶皱遭受改造，但改造程度弱，继承了原生气藏的大部分成藏优势。煤层气藏的规模主要取决于新一轮构造变形叠加后气藏的规模。樊庄区块的固县北背斜及 TL006 西背斜属于该类气藏。如固县北背斜位于固县背斜南高点，喜马拉雅期受寺头左旋走滑断层的影响，在燕山期 NE-SW 向褶皱背景上叠加了新的一期构造变形，走向调整为 NNW 向（图 1-9），煤层气藏未遭受明显的破坏，主力煤层含气量高，3# 煤层含气量总体上介于 22～26m³/t，煤层气单井平均日产气量 3000m³ 左右。

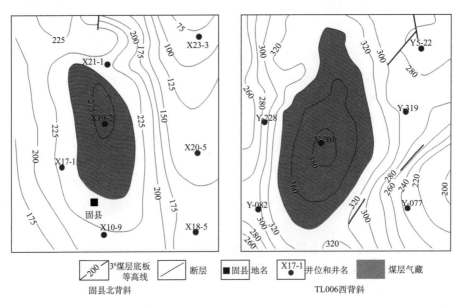

图 1-9　沁南地区樊庄区块调整型煤层气藏示意图

樊庄区块中部的玉溪背斜以及东部的樊庄背斜为典型的改造型煤层气藏（图1-10），如玉溪背斜受寺头断层影响，走向由 NE-SW 向调整为 NNW 向，受断层切割影响，造成煤层气大量散失，煤层气单井平均日产气量仅几百立方米左右。

此外，开放性断层导致煤层气大量散失，调整煤层气富集区分布。开放性断层切割煤层，破坏顶底板的封存条件，释放出煤层压力，导致煤层气大量散失。樊庄—郑庄地区，靠近寺头大断层区域，受断裂影响，煤层含气量普遍偏低，距离寺头断层越近，含气量越低。沁南—夏店地区五阳井田多发育张性开放断层，煤层含气量明显降低，多分布在 8～12m³/t。

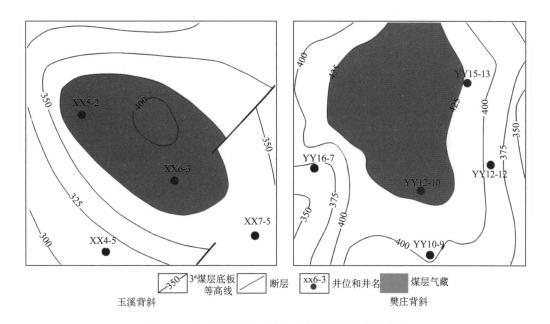

玉溪背斜　　　　　　　　　　　　　　　　　　　　　樊庄背斜

图1-10　沁南地区樊庄区块改造型煤层气藏示意图

2. 煤储层"地应力＋裂缝双重控渗"机制

渗透率是影响煤层气可采性及煤层气井产量的关键因素。埋深通过对地应力的影响控制着煤储层渗透率的大小。由于煤层本身塑性较强，地应力增大使煤体被压缩，导致基质压缩，基质渗透率降低；而裂隙则是决定煤层渗透性的关键因素，在地应力作用下，当煤储层主要裂隙的割理面法向力为压应力时，裂隙被压缩变形，壁距减小甚至封闭，会导致煤层渗透性变差。

区域应力场产生区域性的裂隙系统，控制着煤储层渗透率区域性分布，而局部构造地带的应力集中和差异分布，则是渗透率在不同区块存在差异的重要原因之一。外生裂隙是构造应力的直接产物，内生裂隙（割理）是构造应力下煤化作用的结果，两者都受构造应力场的影响。通过对煤层渗透率与有效应力的相关研究发现，煤层渗透率与地应力增加呈指数关系降低，古构造应力场中的低应力分布区往往是裂缝高密度分布带。

1）浅部低地应力区易高产

浅部地区由于地应力作用较弱，处于伸张带，煤层渗透率较高。对沁水盆地南部不同区块主力煤层试井渗透率与煤层埋深的统计分析发现，煤层渗透率具有随埋深增大而递减的趋势，并根据渗透率大小划分出高渗透、中渗透、低渗透及致密四个带（图1-11）。

高渗透带一般位于煤层埋深 600m 以浅的地区，渗透率大于 1mD，同时也为高产井分布区，煤层气井单井日产气量大于 3000m³。中渗透带一般位于煤层埋深 450 ～ 800m 的地区，渗透率介于 0.1 ～ 1mD，单井日产气量大于 2000m³。通过高渗透带与中渗透带的对比分析，发现煤层埋深 450m 以浅的地区都为高渗透煤储层分布区，因此可把 450m 以浅的地区视为低地应力控制下的原生煤储层高渗透带，而 450m 以深地区的高渗透煤储层可视为裂隙发育的较低地应力控制下的次生型高渗透带。低渗透带分布范围较广，一般位于埋深大于 600m 的地区，渗透率介于 0.01 ～ 0.1mD，单井日产气量小于 2000m³。

以樊庄—潘庄地区 3# 煤层为例，单井产量大于 2000m³/d 的高产井只分布于煤层埋深小于 600m 的中高渗透区。南部潘庄区块 3# 煤层埋深小于 450m，为煤储层原生高渗透带及中渗透带分布区，单井产量大于 2000m³/d；中北部樊庄区块 3# 煤层埋深大于 500m，为煤储层中渗透带及低渗透带分布区，与潘庄区块相比单井产气量明显偏低，总体上介于 1000 ～ 2000m³/d。

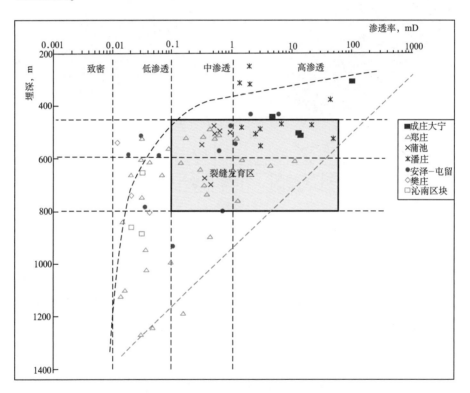

图 1-11　沁南地区煤储层渗透率与埋深关系图

2）深部煤层裂隙发育带易高产

虽然在一般情况下，随着埋深增加，受地应力增大的影响，煤层渗透率减小，但因为深部的煤储层裂隙发育带有利于渗透率的改善，煤层气井同样可获得高产。因此，寻找煤储层的裂隙发育带对深部煤层气的开发具有十分重要的意义。

利用测井技术可以方便高效地识别出煤储层的裂隙发育特征，在井径（CAL）测井曲线上表现为有扩径，在双侧向视电阻率曲线上表现为深浅侧向电阻率值高（大于 8000Ω·m），正幅度差值大。深浅侧向电阻率值越高，正幅度差越大，表明煤层裂隙厚度越大，煤层气井易高产。郑庄区块郑试60井3#煤层埋深在1300m左右，其深侧向电阻率值（RD）高达25190Ω·m，正幅度差值为2921Ω·m（图1-12），相应的煤层裂隙厚度为4.2m，有效地改造了煤层的渗透率，单井产气量达到2000m³/d。郑试64井3#煤层埋深在1200m左右，其深侧向电阻率值（RD）为5202Ω·m，正幅度差值为1200Ω·m（图1-13），相应的煤层裂隙厚度仅为1.75m，不利于煤层渗透率的改善，单井产气量也只达到100m³/d。

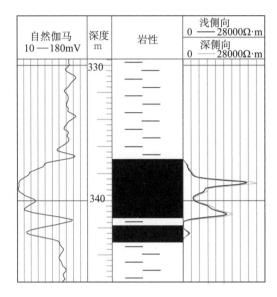 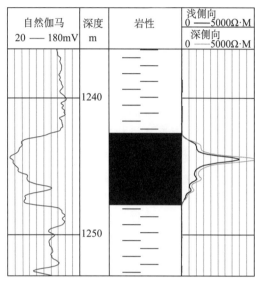

图1-12　郑试60井综合录井图　　图1-13　郑试64井综合录井图

3）局部构造的影响

（1）局部宽缓的构造高部位高产条件优越。

早期煤层埋藏深，生气条件好，后期处于构造抬升部位的煤层埋藏相对浅，压实作用较弱，未发生显著的构造变形，原生气藏得以保存，且地应力较低，次生割理发育，渗透性好；在上覆有利盖层条件下的滞水环境中煤层割理裂隙尚未矿化，煤层气藏未被水打开；两翼又是烃类供给的指向区，易形成高含气量、高饱和、高渗透的富集高产区。樊庄区块稳定日产气量大于4000m³的高产直井一般分布于局部宽缓的构造高部位，蒲南1-3井达到8000m³/d；FzP02-3、FzP04-3及FzP04-5等水平井日产气量大于20000m³，FzP04-5井高达50000m³/d。通过樊庄区块樊4井组不同构造部位水平井产气特征的对比分析发现，3#煤底板海拔高度大于220m的FzP04-3井和FzP04-5井，位于构造高部位，日产气量大于20000m³；而3#煤底板海拔高度小于210m的FzP04-1井、FzP04-2井和FzP04-4井，位于构造低部位，日产气量都小于10000m³（表1-5）。

表1-5　樊庄区块樊4井组多分支水平井产气特征表

井号	海拔，m	日产气，m³	累计采气，10⁴m³	日产水，m³	产气特征
FzP04-3	230	23069	4740	0.5	构造高点产量高
FzP04-5	220	51809	5808	0.1	

井号	海拔，m	日产气，m³	累计采气 10⁴m³	日产水，m³	产气特征
FzP04-2	210	5995	1244	0.1	低部位与老井沟通
FzP04-4	210	8738	1403	0.2	低部位产量较低
FzP04-1	180	6977	1358	1.8	

（2）富集区的上斜坡高产条件优越。

上斜坡是盆地受构造挤压或地壳不均匀抬升作用的结果，因其构造应力相对集中，构造变形相对明显而区别于盆地向斜轴部区域。以潘庄区块为例，该区块整体上为一个西倾的单斜构造，发育次级褶皱构造，断层极少，煤层埋深较浅，多在600m以浅，主体埋深260～320m；且位于低地应力分布区，煤渗透率介于1.6～3.6mD，因此煤层气高产特征明显，多分支水平井单井日产气（2～10）×10⁴m³（PZP01-2定向羽状水平井煤层进尺4919m，单井日产气10×10⁴m³）。

3. "连续型甜点区"与"构造型甜点"

1）甜点区类型及主控因素

基于6个典型气藏解剖及12组成藏物理模拟，提出煤层气"连续型甜点区"与"构造型甜点"两种类型，该理论成果实现煤层气富集区评价向高产区预测的深化，完善了中高阶煤煤层气成藏地质理论。

煤层气"连续型甜点区"一般位于大型单斜或宽缓向斜一翼，煤层发育较连续，水动力条件基本稳定，富集区大面积连续分布。高渗透带受埋藏深度、沉积微相及局部构造控制，潟湖—潮坪、浅湖相、三角洲间湾相带煤层孔隙发育。通常地应力转换深度以浅，割理裂隙张开，发育高渗透带呈带状规律分布，高渗透带即为甜点区。一般地，平面含气量展布与优势深度区间区域叠合，煤层气高产，且随着技术进步，甜点区能够向外围连续拓展，储量规模进一步增大。

煤层气"构造型甜点"通常处于应力集中的相对构造稳定的断块，断块内煤层层数多，分布不连续，煤层倾角较大，断层影响水力联系，水动力条件波动范围较大。高位体系域控制煤层气富集区，富集区规模较小；受高应力影响，高渗透带总体受构造控制明显高，应力导致煤储层形变，发育外生裂隙，脆性变形带为高渗透区，甜点区一般呈独立断块分布，一般不能向外围连续拓展。通常水平应力较低的断块，煤层经受一定程度的脆性变形，利于煤层气高产。

2）甜点区实例

沁水盆地南部为典型"连续型甜点区"。沁南水动力稳定、埋深620m以浅的区域，潘庄—成庄—樊庄—柿庄等甜点成片连续分布，勘探发现沁水盆地沁南—夏店、马必—郑庄、樊庄—潘庄、沁源—安泽等多个煤层气富集区，新增煤层气探明地质储量超3000×10⁸m³。

蜀南地区中国石油矿权区内2000m以浅资源约6203×10⁸m³，其中筠连区块资源1563×10⁸m³。研究认为，蜀南筠连煤层气田为典型"构造型甜点"，上二叠系乐平群煤层受限于残留断块规模，应力较集中，规模较小，埋深变化较大，313～1168m，产状相对较陡。区块处于地下水滞流区—弱径流区，含气量 10～25m³/t，饱和度大于 85%，潮坪相泥岩发育，渗透率大于 0.3mD，单层厚 0.5～3m，煤层气呈"构造型甜点"分布，其中沐爱核心区埋深 600～900m，R_o 2.63%～2.90%，厚度 3.3～12.2m，含气量 8～22.6m³/t，有利资源量为 860.6×10⁸m³。目前已经实施 2×10⁸m³ 先导方案，截至 2016 年 12 月 30 日，投产 230 口，产气井 166 口，日总产气量约 25×10⁴m³，最高单井日产气 4366m³。

三、中深层煤系天然气"同源叠置"立体成藏模式

1. 高温高压条件下煤层气吸附—解吸特征

深部煤层所处特殊地质条件，即深埋、高压、较高温度，含气性测试很难进行且按照现行方法测试误差较大。因此，高温高压条件下吸附测试是分析其煤—气匹配作用、吸附—解吸动力学特性、含气性表征有效手段。本书采用容量法对较高温压条件下（最高压力 45MPa，最高温度 100℃）等温吸附曲线特征及吸附—解吸动力学特征进行分析探讨。

1）样品采集

样品采自鄂尔多斯盆地东部上古生界煤，镜质组最大反射率介于 0.80%～3.30%，分别为长焰煤、气煤、焦煤、瘦煤和无烟煤（表 1-6）。

表 1-6　实验样品基础测试结果　　　　　　　　　　　　单位：%

采样点	阳坡泉	望田矿	南峪矿	双柳矿	毛则渠矿	象山矿	成庄矿
R_{omax}	0.57	0.84	1.17	1.58	1.76	2.20	2.87
镜质组	55.65	76.61	68.93	56.84	61.48	59.97	62.57
惰质组	37.73	11.31	24.65	37.71	33.27	29.01	23.19
壳质组	4.86	10.13	5.24	3.13	1.35	5.81	6.05

2）实验测试

采用容量法进行。实验设备为美国生产的 IS-300。基准缸和样品缸置于恒温水浴中，其温度误差为 ±0.2℃；基准缸和样品缸的实验压力由高精密压力传感器监控，精度 3.51kPa。实验最高温度 105℃，压力 35MPa。为了再现储层条件，采用美国材料实验协会（ASTM）所推荐的标准（ASTMD1412-93，1981），即在储层温度和平衡水含量条件下进行气体吸附实验。

按照 GB 474—1996《煤样的制备方法》将样品破碎到 0.25～0.18mm（60～80 目）。在等温吸附实验前，按照 GB/T 212—2001《煤的工业分析方法》进行样品的工业分析，以测定样品的水分、灰分、挥发分和固定碳含量。最后样品平衡水处理。平衡水步骤为：称取空气干燥基煤样，样重不少于 35.0g（精确到 0.1g）；将称重的煤样置于器皿中，均匀加入适量蒸馏水；将装有样品的器皿放入底部装有足量的硫酸钾过饱和溶液的密封装置中。每隔 24h 称重一次，直到相邻两次重量变化不超过样品重量的 2%。容量测定严格按照 GB/T 19560—2008《煤的高压等温吸附试验方法》进行。

3）分析与讨论

望田矿、双柳矿、成庄矿 30℃、50℃和 70℃的高压下等温吸附结果如图 1-14 所示，根据 GB/T 19560—2008《煤的高压等温吸附试验方法》计算望田矿、双柳矿、成庄矿

Langmuir 体积和压力，结果显示：望田矿 Langmuir 体积介于 15.6 ～ 26.9m³/t，Langmuir 压力介于 8.6 ～ 14.2MPa；双柳矿 Langmuir 体积介于 13.4 ～ 22.9m³/t，Langmuir 压力介于 4.2 ～ 4.9MPa；成庄矿 Langmuir 体积介于 45.1 ～ 46.4m³/t，Langmuir 压力介于 4.4 ～ 11.6MPa。

对比分析各煤类吸附常数，在 30 ～ 70℃温度区间，不同煤阶煤样、不同 Langmuir 常数随温度的分布规律各有差异。就 Langmuir 体积来看：气煤以 50℃条件下的最高，30℃温度点次之，70℃温度点的最低；焦煤从 30℃至 70℃，Langmuir 体积依次减小，尤其在 50 ～ 70℃区间降幅显著较大；无烟煤的 Langmuir 体积在 70℃温度点最高，30℃温度点次之，50℃温度点的最低。不同煤阶煤样 Langmuir 压力随温度的变化规律与 Langmuir 体积类似，不同之处在于两个方面，一是气煤和无烟煤 Langmuir 压力的变幅较大而焦煤几乎没有变化，二是在任何温度点气煤和无烟煤的 Langmuir 压力均大于焦煤（图 1–15）。

实验结果表明：温度较低时，煤的甲烷吸附量随压力的增加而增加，煤阶高者吸附量大于煤阶较低的，最大吸附量超过 28m³/t。吸附量随温度增加均减小，同一样品相同压力下温度每增加 15℃吸附量减少 2 ～ 6m³/t（图 1–16）。煤阶增高，同一煤样在同温度同压力条件下的吸附量增大；温度升高，同煤阶煤样在相同压力下的吸附量减小；煤阶增高，同煤阶煤样同压力吸附量差异减小，在高煤阶阶段甚至趋同。后一规律暗示，就高煤阶煤而言，埋藏深度越大，地层温度越高，地层压力越大，温压条件对高煤阶煤吸附性的影响越弱。

特别地，在等压条件下，煤的甲烷吸附量随温度增高呈线性降低；在温度和压力综合作用下，在较低温度和压力条件下压力对煤吸附能力的影响大于温度的影响，在较高温度和压力时（>85℃、>30MPa），温度对煤吸附能力的影响大于压力的影响。

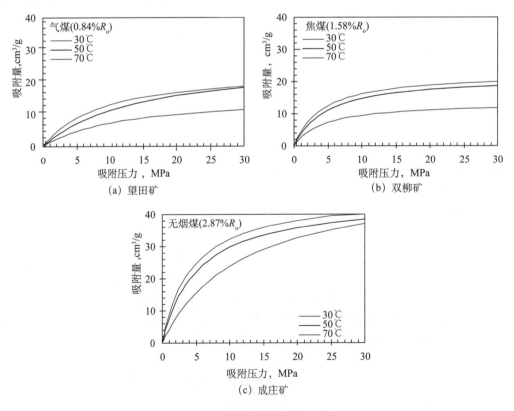

图 1–14　不同温度下高压等温吸附曲线

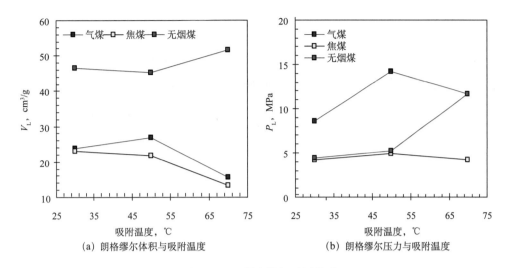

（a）朗格缪尔体积与吸附温度　　　　　　（b）朗格缪尔压力与吸附温度

图 1-15　吸附常数与温压关系

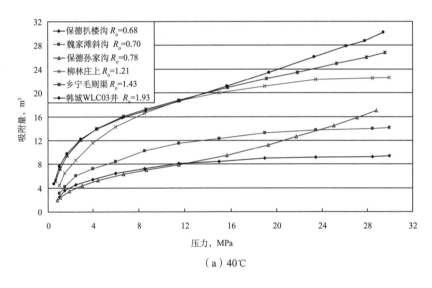

（a）40℃

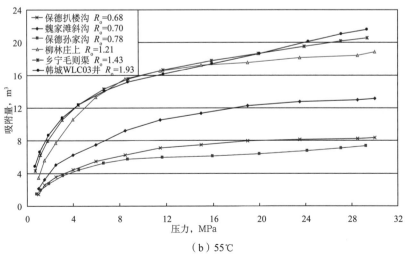

（b）55℃

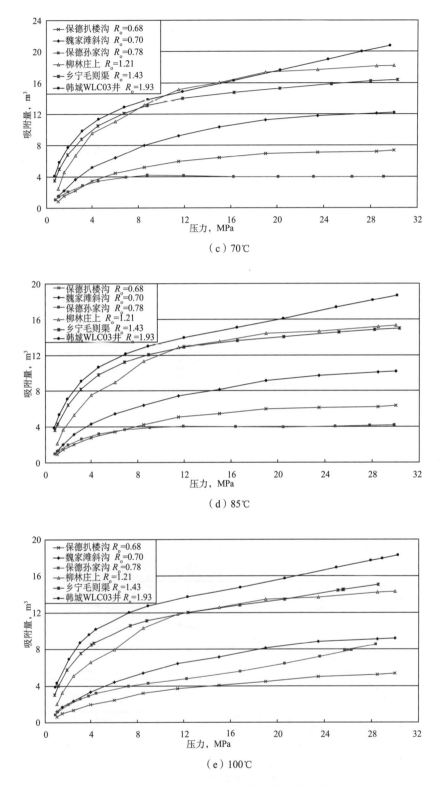

（c）70℃

（d）85℃

（e）100℃

图 1-16 不同温度下的煤层气吸附曲线

根据吸附动力学原理，镜质组反射率增加，有效扩散系数增大，进入高阶煤阶段后增幅迅速加大。有效扩散系数随温度的增加呈线性增大，同煤阶煤样达到平衡的吸附时间随温度升高而减小。吸附平衡压力增大，无烟煤有效扩散系数呈负指数减小，反映分子扩散驱动力主要来自游离气浓度，扩散方式主要以菲克型和 Knudsen 扩散为主。

根据上述关系，采用多元非线性回归方法，建立了无烟煤有效扩散系数（D_e）计算模型：

$$D_e = 0.67T + 55.44e^{-0.15p} - 232.39 \tag{1-2}$$

据此模型，可进一步预测不同温度、压力条件下煤层气的扩散速率，为进一步开展煤储层产能数值模拟等提供依据（图 1-17）。

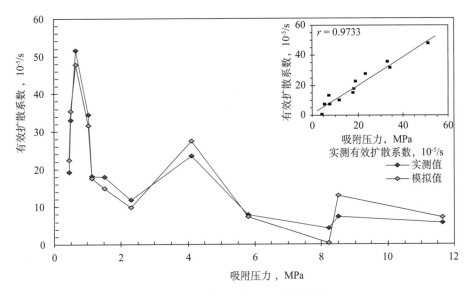

图 1-17　煤样吸附动力学曲线特征

2. 深层煤层含气量预测模型

通过温压条件下吸附模拟实验或大量测试数据的数理分析，结合煤—气匹配作用、吸附—解吸动力学等理论分析，建立深部煤层含气量预测的数学模型。统计模型所依据的平衡水煤样等温吸附实验数据 108 件，样品主要采自华北上古生界煤层。其中，鄂尔多斯盆地东部 51 个，沁水盆地 29 个，实验温度 20～70℃，镜质组最大反射率 0.52%～4.38%。

利用上述实验依据，在 Langmuir 体积和 Langmuir 压力 - 镜质组反射率 - 吸附温度单因素相关分析的基础上，利用多元非线性回归方法，建立了温度压力条件下 Langmuir 常数的预测模型：

$$V_L = \left(12.08579R_{o,max} + 11.46\right)e^{-0.004024t} \tag{1-3}$$

$$P_L = \left(0.3863R_{o,max}^2 - 1.9396R_{o,max} + 3.4934\right)e^{0.01841t} \tag{1-4}$$

将上述模型带入 Langmuir 等温吸附方程，得到综合煤阶、地层压力和地层温度的深部煤层含气量预测模型：

$$V = \frac{p(12.08579R_{o,max} + 11.46)e^{-0.004024t}}{p + (0.3863R_{o,max}^2 - 1.9396R_{o,max} + 3.4934)e^{0.01841t}} \tag{1-5}$$

根据上述统计数学模型，给出深部煤层含气量与埋深、煤阶、压力梯度、地温梯度关系。深部煤层含气量具有两个基本特点：其一，若地温梯度恒定，同一埋深条件下，煤阶增高，煤层含气量增大；其二，同一煤阶条件下，含气量与埋深关系存在"临界深度"，即浅部煤层含气量随埋深增大而增高，在一定埋深达到最大值，超过此埋深之后含气量随埋深增大而趋于降低。

煤层含气量"临界深度"受煤阶、温度、压力的匹配控制。在模拟条件范围内，临界深度分布在 700～1500m 之间（图 1-18）。同储层压力梯度条件下，煤阶增高，临界深度变浅，但进入高煤煤阶后不再变化，指示高煤阶煤层吸附性对储层压力的敏感性弱于低—中煤阶煤层。同煤阶条件下，储层压力梯度增大，临界深度变浅。相同煤阶和相同储层压力梯度条件下，地温梯度增大，临界深度变浅。同时，临界深度变浅，临界含气量增大。这一结果，在显示预测模型对地层温度、地层压力和煤阶具有高度敏感性的同时，强烈地指示临界深度以浅地层压力的影响更为显著，临界深度以深则温度起着更为重要的作用，即深部煤层含气量不能简单采用浅部梯度进行推测。

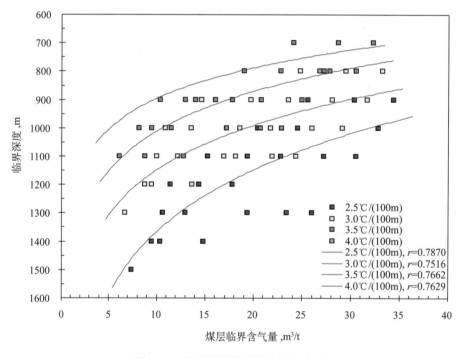

图 1-18　临界深度与临界含气量关系

模型预测结果与浅部煤心实测含气量分布规律相符。除煤层气风化带（含气量 < 4m³/t）数据外，两个地质条件的预测曲线将鄂尔多斯盆地东部 381 件煤层含气量实测数据全部包容，预测曲线分布趋势与实测含气量 - 埋深趋势完全一致。最低含气量预测曲线的模拟条件为压力梯度 0.40MPa/100m、地温梯度 4.0℃ /100m、煤阶 0.60%R_o，最高含气量预测曲线模拟条件为压力梯度 0.98MPa/100m、地温梯度 3.5℃ /100m、

煤阶 $2.50\%R_o$，揭示鄂尔多斯盆地东部上古生界煤层含气量的上、下限值范围。实际上，在压力梯度 0.98MPa/100m、地温梯度 3.0℃/100m、煤阶 $2.00\%R_o$ 条件下，模拟曲线基本涵盖了鄂尔多斯盆地东部 381 个煤心解吸成果，更符合深部的实际地质条件。

3. 煤系地层天然气"同源叠置"立体成藏模式

煤层游离气与煤系地层吸附气与上覆砂岩游离气具有同源共生、动态转化、立体成藏特点。煤系地层游离气处于天然气的运聚动态平衡状态。游离气和吸附气在成藏过程中，层内和层间吸附态与游离态动态转化，构造抬升加速煤系地层游离气向吸附气转变为主。

研究发现，煤层游离气与吸附气伴生出现，两者具有相近的温压条件，存在于统一的吸附气－游离气共存系统中。天然气生成以后大量吸附在煤岩表面上，随着地层抬升地层压力下降或者地温升高时，吸附气解吸并沿一定的路径自煤岩孔裂隙向煤岩外部储层中运移。温压条件改变，煤岩吸附能力增强时，由于煤层有较好的封堵能力，运移至煤层外部的游离气难以进入煤岩孔裂隙并为煤岩重新吸附，形成煤层吸附气与游离气的不对称迁移。煤系地层吸附气与上覆砂岩游离气天然气的运聚处于动态平衡状态，具有同源共生、纵向叠置机制，具备共采地质基础（图 1-19）。

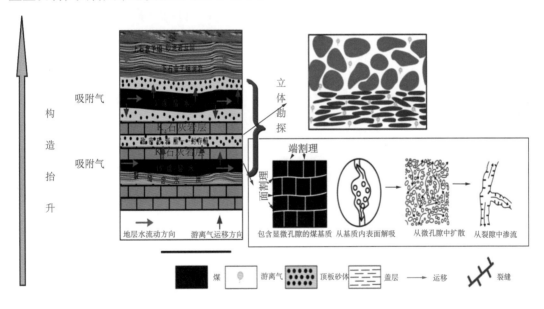

图 1-19 中深层煤系地层立体成藏机制模式图

自生自储型煤层气藏模式分为吸附型和游离型。吸附型：例如沁水盆地郑庄区块煤层气开发已超过 1200m，显示了良好的前景；如郑试 60 井区，煤层厚度 5.4m，埋深 1336.9m，平均日产气 2100m³。游离型：准噶尔盆地彩南地区划分为东道海子凹陷和白家海凸起，区内发育石炭纪大断裂和侏罗纪北东向次级小断裂，呈雁行排列，是该区煤层气运移的主要通道；煤层气主要富集于白家海凸起的高部位；由于彩南地区断裂非常发育，深部坳陷厚煤层中生成的气沿煤层向白家海凸起部位运移富集成藏，形成自生自储游离气藏模式。

研究成果将煤系地层，尤其是薄煤层与砂泥岩互层段，作为统一勘探评价目标，明显提升资源丰度，并延伸勘探的深度下限，垂向上拓展勘探空间，实现了单一浅层煤层吸附气勘探向煤系地层多元天然气勘探的拓展，同时更有利于钻完井及储层改造工艺实施。

鄂东大宁—吉县区块上古生界煤岩裂隙中的游离气与其顶、底板砂岩石中的游离气处于相同（相近）温压系统中，纵向叠置、横向分布连续，具备深部煤层气＋煤系地层砂岩气立体成藏条件。2013年中国石油煤层气公司快速组织实施煤系地层立体勘探工作，揭示多层系复合含气，24口试气井均获工业气流，单井平均产气超 $5 \times 10^4 m^3/d$，提交探明储量 $400 \times 10^8 m^3$。

第三节　煤储层物性特征及有利储层评价方法

一、煤储层物性特征及评价方法

为了更有效准确地评价低煤阶煤岩孔隙特征，"十二五"期间对于煤岩储集性评价是以核磁共振（NMR）、环境扫描电镜（ESEM）、微米CT（Micro-CT）、氦气孔隙度、GRI等为主要测试方法，针对不同分析测试手段测试方法尺度差异，结合多种实验方法进行煤储层孔隙特征分析，完成对低煤阶煤储层从定性分析到定量分析、从微小孔到割理及裂隙的综合表征及研究。通过核磁共振测试（NMR）T_2谱表征煤岩孔径分布，通过环境扫描电镜（ESEM）有效识别煤岩孔隙成因、显微组分半定性识别及孔径定量分析，通过微米CT实现煤岩孔隙、裂隙及矿物的平面及三维重构，进行煤岩总孔隙度、孔容分布评价。有效结合氦气孔隙度测量数据及GRI分析方法，探索低煤阶煤岩裂隙孔隙度评价。

1. 核磁共振测试（NMR）

根据 T_2 对应不同的孔径大小及 T_2 谱分布，可以将煤孔隙按照孔径大小分为小于 $0.1\mu m$ 的微小孔、大于 $0.1\mu m$ 的中大孔和裂隙，对应的 T_2 分别为 $0.5 \sim 2.5ms$，$20 \sim 50ms$ 和大于 $100ms$，所对应的三个谱峰分别代表了吸附孔、渗流孔和裂隙，谱峰面积越大，则该峰所代表的孔隙越大。根据 T_2 谱，将准东南地区低煤阶煤储层孔径分布特征类型可分为两类（图1-20、图1-21）。

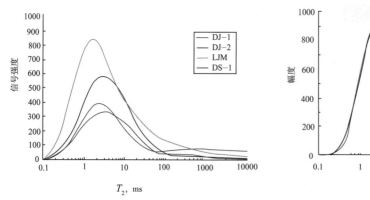
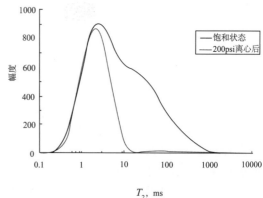

图1-20　类型 I 代表性样品 T_2 谱

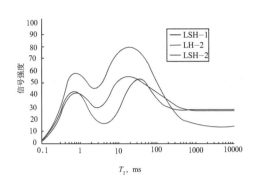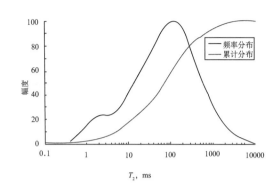

图 1-21 类型 Ⅱ 代表性样品 T_2 谱

以准噶尔盆地东南地区煤储层物性精细评价为例。从测试结果来看，五彩湾露天煤矿区煤岩样品孔隙度大于 60%，最高 75.80%，渗透率介于 20～350mD。孔隙度测试结果与氦气注入法测试结果存在较大差异（平均 30%）。从样品信息来看五彩湾露天煤矿煤层埋深浅于 100m，煤岩热演化程度低，R_o 为 0.4%，煤岩成熟度较低为褐煤阶段，此外煤层埋藏浅，所受围岩压实作用弱。在核磁共振样品处理阶段，五彩湾地区煤岩样品在经过水饱和作用时，发生膨胀吸水，煤岩体积增大明显，产生部分裂隙，为不可逆作用。经历离心作用后，次生裂隙仍未闭合，且部分裂隙仍含水。故该区煤岩核磁共振测试异常，饱和水样品谱峰出现单一宽高峰，部分谱峰未能闭合，进而导致煤岩样品孔隙偏大异常。饱和水样品离心处理后，谱峰仍呈现典型单峰形态，但孔径主峰出现在 1～15ms 之间，认为煤岩样品主孔径分布对应吸附孔及过度孔。但是，由于饱和水过程中煤岩产生不可逆裂隙，在两次谱峰测量图谱差值计算中无法分离原生大孔、裂隙与次生裂隙。故经离心处理后样品测试结果仍存在较大误差，并不适用于低煤阶煤岩样品孔径分布分析及孔隙度测量。

所以，研究认为对于核磁共振方法在低煤阶煤岩孔隙度及孔径分布的应用准确性及可靠性仍有待商榷，故不建议对低煤阶煤岩孔隙度测量采用核磁共振方法。

2. 环境扫描电镜（ESEM）

环境扫描电镜下将煤岩放大 100～3500 倍观察，分析煤岩孔隙成因及连通性，认为准噶尔盆地东南缘煤储层孔隙成因可分为两类（图 1-28）。类型 Ⅰ：以五彩湾地区为代表的高惰质组含量褐煤以原生结构组织孔为主。类型 Ⅱ：阜康、昌吉地区高镜质组含量气煤、肥煤中可见后生气孔、原生组织孔及屑间孔。

类型 Ⅰ：原生组织孔高度发育。扫描电镜下，SDTL 系列样品、LJM、TCNY 及 XXG 等煤岩样品低倍全貌可见片状层理发育，满视域为丝质体、半丝质体保留的木质部的细胞腔组织、组织孔—植物细胞残留孔隙，呈纤维状顺层排列，且大量分布。丝质体纵切面镜下可见细胞腔筛网状形态，不规则的椭圆状、槽状等形态细胞结构，但胞腔有一定程度形变，空间连通性较差，仅限于一个方向发育，少见互相连通，且部分被黏土矿物填充［图 1-22（a）］。

类型 Ⅱ：原生组织孔、屑间孔及后生气孔发育。屑间孔指煤中各种机质碎屑之间的孔，由成岩和变质初期的固结、失水等物理变化作用形成。扫描电镜下，FKLY 系列样品局部可见碎屑孔及少量组织孔。碎屑孔孔隙形态为不规则的棱角状、似圆状，大小在 1.0～8.0μm 之间，孔的大小均小于碎屑，且仅在碎屑体周围发育，连通性较差［图 1-22（b）］。煤岩中原生植物胞腔孔数量锐减，仍可见部分横切面筛网状结构，但植物胞腔孔多发生形变，孔隙横向连通性差。TFMY 系列样品中可见气孔，气孔是煤变质过程中由生气和聚气作用而形成的孔，是煤层气形成、运移的直接见证。样品中气孔出现在镜质组中，孔隙直径为 $0.5 \sim 1.0 \mu m$ 左右者多见，属中孔，与核磁共振测试孔径分布相吻合。气孔多为圆形、椭圆形及水滴形，边缘光滑，多孤立存在，连通性不好，没有填充物［图 1–22（c）］。样品中气孔分布不均，呈稀散状。

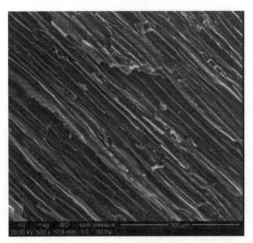

（a）SDTL–3 惰质组丝质体纵切面，部分被充填 ×500   （b）FKLY–2 阜康植物胞腔孔发生形变 ×600

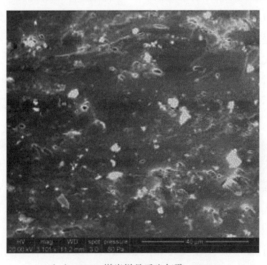

（c）TFMY 煤岩样品后生气孔 ×2480

图 1–22　扫描电镜下煤岩孔隙形态

3. 微米 CT

实验所用设备为 MICROXCT–400 型微米 CT 仪，在中国石油勘探开发研究院廊坊分院天然气成藏与开发重点实验室完成。完成微米 CT 测试样品计 9 项次，单项次平均切片数量 1700 张，完成样品 360° 全扫描切片。

根据微米 CT 扫描照片中煤岩有机组分、矿物质及孔、裂隙的 CT 数级灰度值的差异，可有效区分煤岩割理裂隙，样品切片面垂直于裂隙的主延伸面，裂隙较为密集，多粗细长短不一。镜质体条带中端割理及面割理清晰可见。

该区煤储层埋藏较浅，未经历过较强压实作用，煤岩经历后期泄压及失水作用后，内生裂隙非常发育。通过处理软件，将煤岩中孔、裂隙提取，孔、裂隙网络平面形态清晰可见，组合形态多呈网格状或树枝状发育，裂隙未被矿物充填。结合扫描电镜下大孔及裂隙、层理面连通情况，认为五彩湾地区煤岩孔、裂隙连通性强，可组成有效的渗流通道，有利于煤层气在煤储层中渗流。

4. 氦气注入法的孔隙度

实验所用设备为 ULTRAPORE-400 型氦气孔隙度仪，在中国石油勘探开发研究院廊坊分院天然气成藏与开发重点实验室完成。

利用大煤岩样品钻取柱样，干燥后进行氦气充注法测量孔隙度，得测量数据见表 1-7。

表 1-7 氦气注入法实测孔数据表

样品	渗透率，mD	孔隙度，%	密度，g/cm³	视密度，g/cm³
SDTL-1-13	10.6	26.1	1.04	
SDTL-2-13	39.8	33.1	0.97	1.43
SDTL-3-13	56.7	30.0	1.01	

初步认为，五彩湾地区煤岩孔隙度偏大，可能存在异常，将进一步通过核磁共振及 GRI 方法进行确认及校正。

5. GRI 方法应用

1）实验方法及样品

样品准备：分别将五彩湾地区天龙矿采集的煤样（编号 SDTL-2-13）和阜康地区六运煤矿采集的煤样（编号 KLY-4-13）送到美国盐湖城 Terratek 实验室进行 GRI 分析。如照片（图 1-23）所示，煤样送到实验室后仍保存较好的块样。

（a）FKLY-4-13   （b）SDTL-2-13

图 1-23 用于 GRI 测试用的煤样

2）实验结果

实验分析的目的是应用 GRI 方法测试煤基质的密度、孔隙度、气（水）饱和度和渗透率。测试结果见表 1-8 和表 1-9。

表 1-8　两组煤样实验室 GRI 分析结果数据（1）

样品编号	SDTL-2-13	FKLY-4-13
样品深度，m	50	400
总密度（收到基），g/cm³	1.016	1.262
颗粒密度（收到基），g/cm³	1.438	1.330
有效颗粒密度（干燥基），g/cm³	1.446	1.352
氦气测试的孔隙度，%（BV）	29.35	5.08
含烃孔隙度，%（BV）	29.44	5.14
有效孔隙度，%（BV）	30.60	11.00
有效水的饱和度，%（PV）	3.80	53.27
有效气的饱和度，%（PV）	95.91	46.23
有效油的饱和度，%（PV）	0.29	0.50
束缚烃饱和度，%（BV）	6.26	0.83
黏土矿物束缚水饱和度，%（BV）	2.59	12.38
结构水饱和度，%（BV）	7.15	3.65
压力衰减法测得渗透率，mD	0.000079	0.000345

表 1-9　两组煤样实验室 GRI 分析结果数据（2）

样品编号	总密度（收到基）g/cc	有效颗粒密度（干燥基）g/cc	总颗粒密度（干燥基）g/cc	总孔隙度%（BV）	总的水饱和度%（PV）	总的气饱和度%（PV）	总的油饱和度%（PV）
SDTL-2-13	1.016	1.438	1.464	33.20	11.31	88.42	0.27
FKLY-4-13	1.262	1.330	1.409	23.38	78.02	21.75	0.24

（1）实验表明 GRI 方法可以用于不同煤级下的孔隙度精细测定。数据表明，准噶尔盆地侏罗系西山窑组及八道湾组煤岩的孔隙度远高于其他盆地，这与其较低的演化程度有关。其中五彩湾地区煤岩石孔隙度高达 33.20%，阜康地区煤岩孔隙度为 23.38%。

（2）传统意义上，煤层中甲烷的储集主要是以微孔隙中的吸附状态存在，大孔隙对吸附的煤层气无太大的实际意义。但是较高的有效气饱和度（虽然实验数据并不代表地下原位状态）仍能间接反映研究区煤岩高孔隙性，即可预测如果其他储层条件和地质条件亦可，或许可形成游离气藏。

（3）比较五彩湾和阜康的测试结果，发现其煤岩孔隙度差异较大，反映孔隙分布的较大差异性。无论含气饱和度，还是含烃饱和度，还是有效饱和度，五彩湾煤的饱和度值要明显高于阜康的煤。可是两地煤的总饱和度相对来说差别不是很大。这表明五彩湾地区煤的大孔隙要高于阜康的煤。相反，阜康的煤中的微小孔隙要高于五彩湾的煤。因此造成两者总孔隙度接近。黏土矿物束缚水和结构水饱和度的结果也说明了阜康的煤中的微小孔隙发育这一点。

所以，GRI分析数据表明，阜康的煤以微小孔形成吸附气潜力要高于五彩湾的煤。而对于以大孔隙为主的五彩湾的煤，可能具有游离气的潜力。

两个地区煤的渗透率测试结果数据极低，为纳米级。由于煤样被粉碎很细，采用压力衰减法测试，测的是煤的基质渗透率。通常煤储层发育割理，储层渗透率主要由割理贡献，可以达到毫达西级以上。实验结果再次表明，煤基质的渗透率很小，可以忽略不计。

二、有利储层评价技术

煤储层物性评价的关键是确定高渗透储层的分布规律。目前形成了通过煤层结构（即夹矸多少），煤体结构（原生结构、碎裂结构、碎粒结构、糜棱煤），孔裂隙描述，渗透率大小来综合评价有利储层（图1-24）。

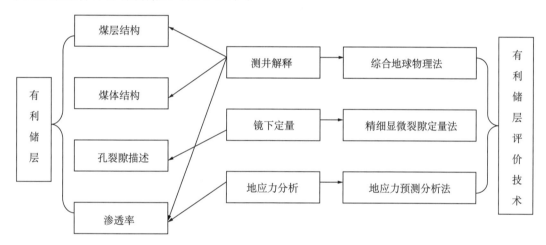

图1-24 优势储层评价模式

相应地发展出通过测井技术预测煤层结构、煤体结构、反演渗透率，形成了综合地球物理法，方法日趋成熟，预测较为准确。孔裂隙描述与定量是直观认识储层物性的最基本方法，裂隙尤其是显微裂隙在沟通孔隙与大裂隙中发挥着关键作用，显微裂隙的发育程度，直接决定了后期流体渗流能力。通过全区大量的煤心显微裂隙镜下观测，建立了全区显微裂隙宽度、密度的定量表征，形成了精细显微裂隙定量方法。渗透率大小与地应力密切相关，地应力的大小及其方向影响了裂隙的开合。通过最大水平主应力、最小水平主应力及垂向应力的分析判断地层应力状态，预测渗透率大小，形成了地应力预测分析法。

综合通过地球物理法、精细显微裂隙定量法及地应力预测分析法，可以对区块尺度下的高渗透储层分布规律做出准确的预测。

1. 煤岩特征与渗透性关系

渗透率值的大小是内生裂隙、外生裂隙的发育程度及其连通性的宏观表征。内生裂隙发育与否与煤层形成过程中的脱水缩聚、气体的生成量、流体、储层压力和应力等作用有关。外生裂隙发育与否主要受控于构造应力对煤层作用的强烈程度及作用时间的长短。中国煤层一般受到多期构造应力作用，形成了复杂的外生裂隙系统。煤层从原生结构煤到碎裂结构煤的变形过程中，渗透率呈现增加的趋势，但当煤体变形超过一定值后，渗透率反而降低（表 1-10）。

表 1-10　不同煤体结构下渗透率

煤体结构	K, mD	$K_{平均}$, mD	煤体结构	K, mD	$K_{平均}$, mD
原生	0.09	0.07	碎裂	1.02	0.23
	0.07			0.10	
	0.01			0.10	
	0.10			0.09	
	0.03			0.02	
	0.12			0.04	
碎裂/原生	0.14	0.25	碎粒	0.01	0.01
	0.02			0.01	
	0.02		—	—	—
	0.82		—	—	—

煤体结构是构造对煤储层改造的宏观体现（表 1-11）。对于简单的单一的褶皱构造，处于褶皱中和面之上的煤层，在地应力的挤压作用下，煤层发生弯曲变形所形成背斜构造，其轴部主要受到张应力作用，易形成张裂隙，裂隙相对较发育，渗透率较好。处于褶皱中和面之上的煤层，在地应力的挤压作用下，煤层发生变形所形成的向斜构造，其轴部主要受到挤压作用，容易造成孔隙闭合，渗透性变差；其翼部受到的挤压作用小，渗透率相对较好。也就是说在靠近断层的地方，构造形态起伏较大的地方以及构造曲率较大的地方，煤体结构的完整性被破坏，构造裂隙开始形成，为煤层气的运移、产出提供了通道，具有良好的渗透率。随着构造应力的进一步增加，煤体进一步破碎，部分煤被破裂成小块，成为碎粒结构，裂隙进一步增加，渗透率达到最大后开始降低。构造应力进一步增加时，煤体可能由于碎裂破碎到更细小的粒或粉，成为糜棱结构，煤中已看不见裂隙，气体在其中主要以扩散形式运移，渗透性最差。

表 1-11　不同构造条件下井下观察的裂缝发育程度描述及评价

构造位置	外生节理发育情况	内生裂隙发育情况	评价
背斜轴部	大型外生节理（1m 以上）平均密度 1 条/m；小型外生节理（0.2～1m）平均密度 8 条/m，长度以 0.2～0.4m 居多，穿透顶板的节理只有 1 条，煤层中可见长度约 2m	密度 13 条/（5cm）	裂隙系统较发育，煤储层为高渗透率低饱和度气藏
断层处	煤体被严重切割成碎裂煤，其间充填大量松散的碎粒状软煤，煤体结构稳定性差		
单斜构造向斜轴部	大型节理不发育，小型外生节理（0.2～1m）平均密度 5 条/m，长度以 0.2～0.3m 居多，主要集中在夹矸附近	密度 12 条/（5cm）	裂隙系统欠发育，煤储层为低渗透率高饱和度煤层气藏
背向斜翼部	外生节理比较发育，平均达到 8 条/m，其中 4 条/m 穿过煤层延伸到夹矸层，节理规模普遍较小，一般为 10～20cm，未超过 1m，没有穿透顶底板	密度 12 条/（5cm），气胀节理 3 条/（5cm）	裂隙系统发育适中，煤储层为中高渗透率较高饱和度煤层气藏

2. 地应力场与渗透性关系

采用注入—压降试井方法，获取破裂压力、闭合压力和煤储层压力及渗透率等储层参数。注入—压降试井作为一种常用的试井方法，已在煤层气井中广泛应用。以沁水为例，多次试井都获取了多个煤层的试井参数，其结果见表1-12。

表1-12 郑庄—樊庄区块水力压裂实验参数成果统计表

区块	井号	埋深，m	储层压力 MPa	渗透率 mD	闭合压力 MPa	最大水平主应力，MPa	垂直主应力 MPa	测压系数
樊庄	樊61	460.81	2.33	0.91	9.89	17.25	12.44	1.09
	樊64	654.78	3.92	0.24	11.66	19.47	17.68	0.88
	樊66	643.75	2.42	0.20	11.78	21.33	17.38	0.95
	樊67	541.60	4.50	0.01	14.95	25.70	14.62	1.39
	华固4-14	785.57	4.43	0.63	9.72	13.39	21.21	0.54
	华溪10-20	740.60	3.34	0.02	12.00	18.44	20.00	0.76
郑庄	郑试27	749.05	6.59	0.03	14.77	22.17	20.22	0.91
	郑试64	1245.26	10.53	0.05	27.65	43.37	33.62	1.06
	郑试67	1272.80	11.32	0.03	29.09	44.97	34.37	1.08
	郑试69	1190.55	9.21	0.15	19.19	29.12	32.14	0.75
	郑试76	519.33	3.49	0.01	15.97	28.29	14.02	1.58
	郑试78	705.44	3.59	0.34	11.88	20.20	19.05	0.84
	郑试80	755.80	5.53	0.02	13.45	21.24	20.41	0.85
	郑试82	706.30	5.07	0.02	13.08	20.62	19.07	0.88
	郑试89	524.10	4.19	0.06	13.47	21.77	14.15	1.25
	郑试102	1104.30	9.34	0.02	25.99	41.39	29.82	1.13
	郑试14	1125.30	10.08	0.01	26.40	41.78	30.38	1.12
	郑试15	899.38	7.51	0.43	16.87	25.79	24.28	0.88
	郑试19	562.85	5.10	0.09	15.98	26.73	15.20	1.41
	郑试30	641.06	6.27	0.29	10.51	14.59	17.31	0.73
	郑试31	603.03	5.64	0.03	13.21	20.00	16.28	1.02
	郑试38	662.40	6.95	0.02	18.87	30.47	17.88	1.38
	郑试39	995.29	10.60	0.09	18.92	26.00	26.87	0.84

煤储层物性与地应力状况关系密切，其中煤体结构、渗透性受地应力影响最大。而煤储层渗透性影响着流体状态，因此地应力是煤储层流体状态的主要控制因素之一。根据实测资料，可以直接确定 σ_v 与 σ_{hmin} 的大小，分析 σ_v/σ_{hmin} 与渗透率之间的关系可以发现，以 σ_v/σ_{hmin} 等于 1.2 为分界点，当 σ_v/σ_{hmin} 大于 1.2 时，渗透率随 σ_v/σ_{hmin} 值的变大而迅速变大。这表明，当 σ_v/σ_{hmin} 大于 1.2 时，σ_v/σ_{hmin} 越大，越接近应力释放区，煤储层渗透率相对越好；反之，当 σ_v/σ_{hmin} 小于 1.2 时，σ_v/σ_{hmin} 越小，越接近应力集中区，煤储层的渗

透率相对越差，且变化幅度越小（图1-25）。

Hoek 和 Brown（1978）依据全球不同地区现代地应力测量结果，拟合出了平均水平应力与垂直应力的比值与埋深的关系：

$$100/H+0.30 \leqslant K_0 \leqslant 1500/H+0.50 \qquad (1-6)$$

式中 K_0——水平最大主应力与最小主应力的平均值与垂直应力比值，即侧压系数。

侧压系数是用来描述地应力状态的一个物理量，侧压系数等于1时，即为地应力转换深度。在转换深度以浅，以水平应力为主，最大水平应力与最小水平应力之间的应力差较大，使沿水平主应力方向展布的煤层裂隙呈相对拉张或相对挤压状态。在转换深度以深，水平应力与垂向应力之间的相对大小发生转换，主应力差相对减小，煤储层三轴受压，垂直应力开始起主导作用，裂隙趋于闭合，孔渗性变差[22, 23]。图1-26是郑庄—樊庄渗透率与侧压系数的关系图，从图中可看出：侧压系数以 K_0 等于1为界，当 K_0 大于1时，渗透率值较小且变化幅度小，而当 K_0 小于1时，渗透率随着侧压系数 K_0 值的减小快速增大。由此说明了在拉张盆地中平均水平应力小于覆岩压力（垂直应力）或侧压系数 K_0 小于1，且相对于挤压盆地煤储层天然裂隙发育、煤储层渗透性好。

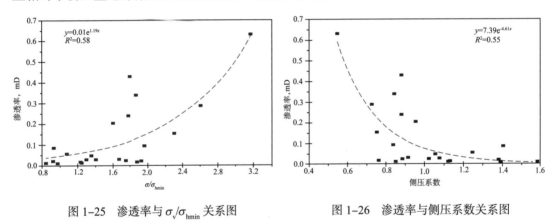

图1-25　渗透率与 σ_v/σ_{hmin} 关系图　　　　图1-26　渗透率与侧压系数关系图

3. 优势储层评价

进一步研究煤储层渗透率的影响因素，认为煤储层煤体结构、煤岩裂隙特征、构造以及地应力场的耦合作用，决定了研究区有利储层的分布格局。其中，地应力场特征起主要作用，以樊庄区块加以说明。

樊庄区块褶皱轴主要有两个发育方向：（1）燕山期 NWW-SEE 向挤压形成的北北东向褶皱；（2）喜马拉雅早期 NNE-SSW 向挤压形成的 NWW 向褶皱；（3）喜马拉雅晚期 NW-SE 向伸展，使北北东向褶皱主应力差增大，裂隙开启，渗透率改善。郑庄区块处于复向斜轴部，小褶皱发育较多，同时断层发育，应力释放较差，整体应力水平较高，仅在断层附近及缓坡带应力释放较好。郑庄北部以 NNE 方向断层为主，断层较密集。郑庄南部以 NEE 方向断层为主，且较为密集。总体来说，研究区北区背向斜、断层较南区发育，裂隙以过度发育与不发育相间分布为特征，渗透率分布较为复杂；南区背向斜发育规模相对小，裂隙整体发育适中，渗透率较好；中部缓倾角单斜构，构造裂隙整体不发育，局部断层处发育，渗透率较差。

综合煤储层渗透率各主控因素对研究区进行划分，其中郑庄区块Ⅰ区为拉张应力＋埋深主控模式；Ⅱ区平衡应力＋构造＋埋深主控模式；Ⅲ区挤压应力＋构造＋埋深主控模式。樊庄区块Ⅳ区为拉张应力＋构造主控模式；Ⅴ区平衡应力＋埋深主控模式；Ⅵ区挤压应力＋构造主控模式（图1-27）。

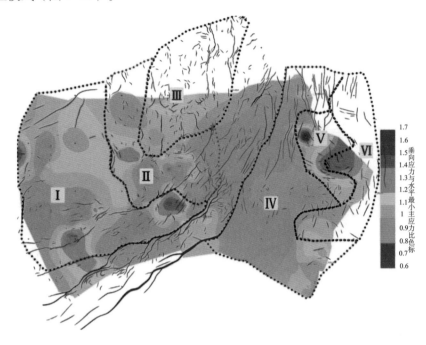

图1-27　沁水盆地南部不同区域储层划分模式

第四节　中国煤层气资源潜力及有利目标评价

一、中国煤层气资源潜力

中国煤炭资源主要分布在华北和西北地区，北起漠河，南至海南岛，西起伊宁，东至海域均有分布。全国主要39个含煤盆地（群），可划分为60个主要含煤区，煤炭资源总量约为5×10^{12}t，居世界第三位。在时代分布上，有6个成煤期，即石炭纪、二叠纪、三叠纪、侏罗纪、白垩纪和古近—新近纪。其中以石炭—二叠系、上二叠统—三叠系、下—中侏罗统、上侏罗统—白垩系4套含煤层系煤层气资源量最大，占各套地层90%以上。

石炭—二叠纪是华北盆地最为重要的成煤期，山东、河南、河北、山西、陕西都有煤层广泛分布。含煤地层主要为太原组和山西组，前者以滨海沼泽相为主，后者以三角洲相为主。太原组煤的层数不多，但总厚度大，可达10～30m，最厚可达80m。山西组含煤3～7层，普遍厚10m以上。这两组煤的显微组分以镜质组为主，局部夹有壳质组层，如冀中苏桥地区，不但能生气，还能生油，煤阶从气煤到无烟煤都有。晚二叠世以龙潭组煤层为代表，在中国南方最为重要，遍及南方12个省，煤层多达20～40层，煤可采厚度0.5～43m，显微组分以镜质组为主，从江西到湖南、贵州、昆明一带，煤中壳质组较多。早、中侏罗世是中国非常重要的成煤期，几乎遍及全国，但煤层气资源量主要富集于西北地区，各地聚煤规模十分悬殊，昆仑山—秦岭以南较差，以北较好，如准噶尔盆地、吐哈盆地和鄂尔多斯盆地。煤中惰质组含量高，一般为 25%～40%，只有东北的小于 10%。煤的变质程度普遍较低，以长焰煤、气煤为主。煤层厚度变化大，为 1～160m，以准噶尔盆地、吐哈盆地含煤区较好。

根据第四轮油气资源评价结果，中国有 39 个含煤层气盆地，114 个含气区带，煤层埋深 2000m 以浅的煤层气资源面积 $41.5 \times 10^4 km^2$，资源量 $30.5 \times 10^{12} m^3$。其中 $0.5 \times 10^{12} m^3$ 以上 14 个，资源量占 93.4%；（$0.1 \sim 0.5$）$\times 10^{12} m^3$ 10 个，资源量占 5.6%；小于 $0.1 \times 10^{12} m^3$ 17 个，资源量占 1.0%。

二、中国煤层气有利目标优选

通过对全国煤层气盆地进行综合评价，优选出有利区带后，开始进入有利区带研究阶段。对有利选区进行评价，进一步筛选出煤层气的有利目标区。国外煤层气勘探，在有利选区评价上充分考虑地质条件、资源量、供气环境及下游工程、投资效益等因素；在目标评价上充分考虑构造条件、煤层埋深、含气量、渗透率等条件。在充分借鉴国外经验的同时，也形成了一套符合中国煤层气勘探开发特点的有利目标优选与评价的指标体系和优选方法。

1. 评价方法与结果

通过总结中国 30 多个地区 2000 多口煤层气勘探试验井的勘探经验和教训的基础上，同时根据中国煤层气高产富集特点，综合考虑煤层气地质因素、资源因素、物性因素以及各因素之间的相互关系，建立了地质综合选区评价三类 15 项指标。

（1）在优选方法上，首先确定相对独立指标，然后进行主要参数分析，接着借助专家系统权重确定，在此基础上优化界定煤层气有利区块优选关键参数的临界值，按等级厘定不同类型有利区块关键参数的取值标准。

（2）运用加权数学方法选取参数标准：应用相关分析法，确定相对独立指标；应用主成分分析，确定主要指标集，分别计算含气量、煤层厚度、渗透率、煤储层压力等。

①从协方差阵 V 出发，先求出 V 的一切非零特征根，依大小顺序排列成 $\lambda_1 \geqslant \lambda_2 \geqslant \cdots \geqslant \lambda_k > 0$. 其余 $P-k$ 个特征根均为 0；

②求出与 k 个特征根相应的 k 个特征向量，将其单位化，得到单位化特征向量 a_1, a_2, $\cdots$, a_k；

③取 $Y_1=a_1 t_X$, $Y_2=a_2 t_X$, $\cdots Y_k=a_k t_X$，即得第一，第二，$\cdots$第 k 个主成分，而且 Y_1, Y_2, $\cdots$, Y_k 互不相关；

④以累计贡献率为测度，来确定主成分的个数 q。通常以累计贡献率为准。

（3）建立煤层气多因素耦合空间分析算法。

以盆地为评价对象，建立煤层气目标区基本数据库，将目标区各基本要素值录入数据库。根据煤层气地质特征，对煤层气目标区进行多层次的优选，根据勘探开发的具体情况，优选采用以下三个层次：

第一层次，利用资源丰度—面积关键因素进行筛选，主要考虑目标区规模和资源丰度对目标区进行筛选；

第二层次，利用含气量这一关键因素进行一票否决；

第三层次，关键因素组合优选排序，在该层次中采用的关键因素包括目标区面积、资源丰度、含气量、吸附饱和度、煤阶、临界解吸压力、渗透率（表1-13）。

由上可以看出，随着优选排序层次的提高，考虑的关键因素综合性越高、代表性越强，优选结果与实际情况越接近。

通过以上煤层气目标区优选思路及采用的方法，形成煤层气目标区优选方法，并以常用地理信息系统软件 ArcGIS 作为二次开发平台，高级语言 C# 作为二次开发语言，编制软件实现。

煤层气地质综合选区评价软件在前人及前期研究工作的基础上，权重赋值采用多名专家综合评分的方式，避免了太多的人为因素；引入了风险概率法、综合排队系数法和区间数模糊综合评判法，其中区间数模糊综合评判法对于每个指标值采用区间的方式表示进行计算，更适合指标的煤层气地质属性。运用层次分析的思路建立了适合中国煤层气地质特点的多层次综合递进评价方法，并形成了软件系统。可进行有利区块的优选与参数的评价、平面图形的绘制、不同参数之间相关性分析、图件的管理与查询。

表 1-13 煤层气有利区块评价结果表

因素		最有利	较有利	不利
资源丰度，$10^8 m^3/km^2$		>1.5	0.5 ~ 1.5	<0.5
煤层单层厚度 m	中高煤阶	>8	3 ~ 8	<3
	低煤阶	>15	10 ~ 15	<10
地解压力比，%		>0.8	0.5 ~ 0.8	<0.5
压力梯度，kPa/m		>10.3	9.3 ~ 10.3	<9.3
镜质组含量，%		>75	50 ~ 75	<50
吸附饱和度，%		>80	60 ~ 80	<60
埋深，m		风化带至 800	800 ~ 1200	>1200
储层渗透率，mD		>1	0.5 ~ 1.0	<0.5
有效地应力，MPa		<10	10 ~ 20	>20
构造条件		简单	较简单	复杂
煤体结构		煤体结构完整	煤体结构轻度破坏	煤体结构严重破坏

在综合对资源参数、物性参数、地质参数、地面参数和地球参数分析的基础上对全国煤层气盆地进行筛选评价，按煤阶共评价出 23 个有利区块，资源量约 $7.74 \times 10^{12} m^3$，优选 4 个Ⅰ类目标、3 个Ⅱ类目标、11 个Ⅲ类目标和 5 个Ⅳ类目标。其中Ⅰ类为有利建产目标；Ⅱ类为产能接替目标；Ⅲ类为战略突破目标；Ⅳ类为重点潜在目标（表1-14）。

2. 典型有利区块

1）鄂尔多斯东缘保德区块

保德区块行政上位于山西省西北部的保德县境内，构造上位于鄂尔多斯盆地东缘晋西挠曲带北段，总体上表现为向西倾的单斜构造，地层倾角 5° ~ 10°，断裂构造不甚发育。含煤地层为上石炭统太原组和下二叠统山西组，主要由砂岩、泥岩和煤层组成，厚度 120～210m。区内发育煤层 15～16 层，总厚一般 14～34m，山西组 4#+5# 和太原组 8#+9# 煤层为主要煤层。其中，4#+5# 煤层单层厚度 5～14.6m，平均 7.6m；8#+9# 煤层单层厚度 5～14.2m，平均 10.2m。

该区煤层煤的镜质组最大反射率（R_o）一般在 0.60%～0.97% 之间，平均 0.8% 左右，以气煤为主。具有镜质组含量高、灰分产率低的特征，镜质组含量一般大于 70%，灰分产率一般低于 25%。4#+5# 煤层含气量一般 4～10m³/t，平均 6m³/t 左右；8#+9# 煤层含气量多为 4～12m³/t，平均 8m³/t 左右。

表 1-14 "十二五"全国煤层气有利区块评价结果表

勘探对象	分类	有利目标	主煤层深 m	主煤层厚 m/层	R_o，（%）	含气量 m³/t	面积 km²	资源量 10⁸m³
中高煤阶	I	夏店—沁南	200～1200	7～19	1.9～4.3	10～32	5334	8900
		蜀南筠连	500～650	12	2.0～3.2	4～15	350	923
		宁武南部	800～1500	11～14	1.0～1.3	11～21	534	1665
	II	武威营盘	600～900	5～14	0.9～1.4	5～8	912	944
		盘关	500～1500	6～13	2.3～3.4	6～24	610	1900
	III	萍乐英岗岭	300～1500	0.5～3.5	1.7～2.0	2～5	208	214
		古蔺、叙永	600～1500	5～8	1.9～3.3	10～32	601	1000
		阳泉—和顺	150～1500	9～12	1.9～2.2	13～35	2668	6448
中低煤阶	I	保德	300～1300	5～22	0.6～1.4	9～24	600	1700
	II	鸡西	400～1500	2～18	0.6～1.4	6～18	1014	1400
	III	吉尔嘎朗图	100～900	120～160	0.3～0.5	1～3	220	845
		阜康大黄山	400～1200	60～70	0.6～0.8	7～11	300	800
		陇东	300～1200	3～17	0.5～0.9	2～6.4	6200	3467
		西峡沟	500～1500	10～50	0.5～0.7	1～4	1884	1659
		霍林河	300～900	7～34	0.3～0.6	5～8	380	1025
		准格尔	500～1200	5～9	0.4～1.0	2～7	2565	3100
		鹤岗	400～1500	2～18	0.7～1.0	6～18	1014	1533
		昌吉	300～1200	25～32	0.6～0.9	5～15	2080	5600
	IV	呼和湖	350～1500	7～30	0.4～0.6	—	800	1325
		乌审旗	900～1200	15～48	05～0.6	0.2～6	16930	17000
		三道岭	300～900	26	0.5～0.7	—	630	1300
		西峡沟	600～1500	7～36	0.5～0.7	—	2855	2170
		神木	300～1500	10～35	0.6～1.4	6～17	1359	2281
合计							50869	77421

区内煤层不同来源气样的甲烷碳同位素组成差别不大，煤心解吸气的 $\delta^{13}C_{CH_4}$ 在 -55.52‰～ -46.52‰，平均 -52.34‰；井口排采气 $\delta^{13}C_{CH_4}$ 为 -54.10‰～ -50.50‰，平

均 –52.85‰。井口排采气 $\delta^{13}C_{CO_2}$ 为 4.6‰～ 8.5‰，平均 7.1‰；δD_{CH_4} 在 –225‰～ –233‰ 之间，平均 –229.89‰。保德地区煤层气 $\delta^{13}C_{CH_4}$、δD_{CH_4} 主要分布在热成因气范围，部分分布在热成因与 CO_2 还原型生物成因范围之间，表明该区煤层气来源可能存在生物气的补充（图 1–28）。

综合评价保德地区含气面积 476km²，煤层气资源量 983×10⁸m³。根据保德地区煤层气富集地质条件，结合生物气形成条件，优选出保德北有利区。保德北有利区总体构造为一西倾单斜，东高西低，构造相对简单。主力煤层为山西组 4#+5# 煤、太原组 8#+9# 煤，煤层厚度一般 10～24m，最厚达 38.2m，煤层埋深一般 300～1200m，以原生结构煤为主，煤储层渗透率 2.5～12mD，含气量 4～11m³/t。有利区面积 159.9km²，资源量 373×10⁸m³。

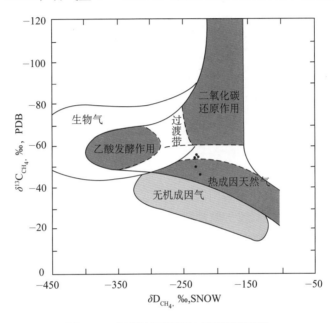

图 1–28　保德地区煤层气成因判识图版

2）内蒙古二连吉尔嘎朗图区块

吉尔嘎朗图区块行政上位于内蒙古自治区阿巴嘎旗，区域构造位于兴蒙断裂带以西，是内蒙古—大兴安岭海西褶皱基底上发育的中新生代断陷沉积盆地。区块含气面积 320km²，通过计算 6 套主力煤层煤层气资源，吉尔嘎朗图地区煤层气资源量为 845×10⁸m³（表 1–15）。

表 1–15　吉尔嘎朗图煤层气资源量计算表

煤层组	煤层厚度，m	含气量，m³/t	煤密度，t/m³	含气面积，km²	资源量，10⁸m³
II 类	3～71	1.5	1.29	94.9	55.07
III 类	10～160	2.5	1.30	291.4	615.58
IV 类	10～40	3.0	1.30	94.8	92.43
V 类	10～40	3.5	1.30	37.4	34.03
VI 类	10～30	4.0	1.30	46.3	48.15
合计	120～160			220.0	845.26

优选吉尔嘎朗图地区煤层气有利目标 1 个（图 1-29）：中洼槽林 5- 吉 91 有利区。中洼槽林 5- 吉 91 井区面积 149km²，资源量 513.8×10⁸m³，丰度 3.45×10⁸m³。

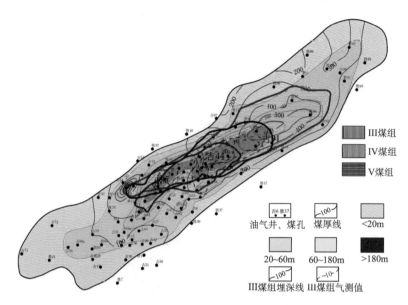

图 1-29　吉尔嘎朗图凹陷赛罕塔拉组煤层气有利目标评价图

3）准噶尔盆地南缘阜康—大黄山区块

阜康—大黄山区块行政上属于新疆维吾尔自治区昌吉回族自治州境内，地处天山东段（博格达山）北麓、准噶尔盆地南缘，构造上属于北天山山前坳陷，经历了早二叠世裂谷、中—晚二叠前陆盆地、三叠纪至白垩纪复合前陆盆地以及古近—新近纪以来的类前陆四个阶段。阜康—大黄山有利区主力煤层为八道湾组，煤层总厚 60～70m，埋深一般 400～1200m，煤层产状较陡。煤层镜质组含量高，一般 70%～80%，R_o 0.6%～0.75%，以气煤为主。多气源补给使得煤层含气量较高，7～11m³/t。阜康有利区面积 300km²，煤层气资源量 800×10⁸m³（图 1-30）。

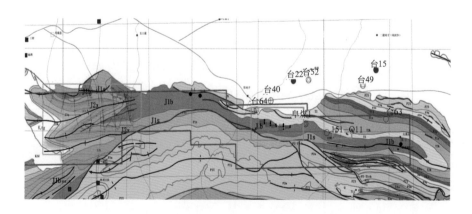

图 1-30　阜康—大黄山有利区块分布图

目前阜康—大黄山有利区煤层气勘探取得较好效果，科林斯德在阜康以南神龙矿区钻井 40 余口，排采 21 口，产气效果好，CSD01 井日产气 $1.72 \times 10^4 m^3$；新疆煤田地质局前期实施白杨河井组（5 口），2 口日产气大于 2000m³，2014 年在大黄山实施 50 口井。

4）东北三江盆地鸡西区块

近几年，东北地区中低煤阶煤层气发展十分迅速，铁法、阜新、依兰、珲春等地区已实现小规模商业化开采，东北地区煤层气井总体产气效果较好。着眼于全国低煤阶煤层气有利目标，"十二五"对研究区以外的三江盆地群鸡西、勃利开展了初步评价。

东北地区煤系地层普遍具有煤层薄、层数多，与砂岩互层的特点，煤层气与砂岩气共采普遍产量高。三江盆地煤层气资源丰富，煤层气地质条件好，是煤层气规模开发的现实目标区。三江盆地群以白垩系薄煤层为主，单层厚度小于 2m，层数 30 ～ 110 层，以中低煤阶为主，煤层含气量 0.6 ～ 16m³/t。

鸡西盆地煤层主要分布具穆棱组和城子河组，穆棱组含煤 10 ～ 17 层，煤层相对不发育，总厚度小；城子河组含煤 20 ～ 70 余层，总厚度大，是主力煤层。煤层总厚 5 ～ 60m，层数多，薄层状，其中城子河组含煤 20 ～ 70 余层，单层厚度薄，最厚超过 50m，盆地北部鸡东坳陷、南部梨树镇坳陷煤层厚度大，是重点勘探区。

鸡西盆地主要以中煤阶为主，低煤阶次之，北部比南部煤岩演化程度高，垂向上浅部为低煤阶，中深层为中煤阶。鸡西盆地煤层含气性较好，煤矿多属高瓦斯矿井。煤层含气量一般 6 ～ 14m³/t，随埋深及演化程度增加，含气量增加。综合评价鸡西盆地煤层气含气面积为 3375km²，煤层气资源量 $1745 \times 10^8 m^3$。

优选出鸡西盆地有利目标 2 个：北部滴道目标、南部合作目标（图 1-31）。其中，滴道目标含气面积约 200km²，煤层气资源量 $504 \times 10^8 m^3$；合作目标含气面积约 300km²，煤层气资源量 $735 \times 10^8 m^3$。

大庆油田在 2 个有利目标区钻煤层气井 2 口，对南部合作区鸡气 1 井城子河组（1250 ～ 1304m）煤与砂岩段分 4 层压裂，最高日产气 2471m³，显示出较大的勘探潜力。

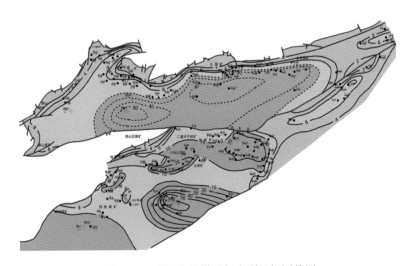

图 1-31　鸡西盆地煤层气有利目标评价图

5）沁水盆地南部有利区块

沁水盆地南部煤层气勘探开发有利区块及其相关参数见表 1-16。

表1-16　沁水南部煤层埋深小于1500m煤层气资源预测数据表

区块	面积 km²	煤层厚 m	含气量 m³/t	R_o %	单井日产气 m³	远景资源量 10⁸m³
樊庄、郑庄	935	12～19	12.0～26.0	2.6～3.8	1200	2656
潘庄、成庄	553	8～12	16.0～22.6	2.6～4.0	1450	1500
寺河、大宁	30	7～10	12.0～21.4		400～29000	50
马必	304	9～12	8.0～25.4	3.0		485
安泽—屯留	2317	4～10	11.4～21.2	1.9～2.2		1939
浮山	1195	6～16	2.0～15.0	2.0～4.3		2270
合计	5334					8900

（1）安泽—屯留区块。

安泽—屯留区块位于山西省南部安泽县以东，屯留县以西，构造基本形态在近EW向断层发育背景上，进一步又受喜马拉雅运动NE向二岗山、王文山等断层切割成断块构造。面积2317.4km²，其中煤层埋深小于1000m的约1060km²，6口探井揭露3#煤埋深475.8～848.6m，最深1600m；为贫煤，R_o1.9%～2.2%；含气量11.4～21.2m³/t，平均15.5m³/t。15#煤含气量5.2～16.8m³/t，没试气；顶底板以泥岩为主，厚度一般大于2m，局部为粉砂质泥岩或粉砂岩。

该区块内两口试气井均因工程原因未出气。QN002井排采2个月最高日产气140m³。压裂加砂仅有12m³，加砂强度仅有2m³/m，排量也很小，为4～5m³/m，煤层段又是裸眼完井，如此小的排量和加砂强度，砂子难以进入煤层深部，故产气量低。水平井QNO1H井钻井液采用提黏能力很强的黄胞胶添加剂，煤层严重伤害，并钻井落鱼（落鱼深892.78m），导致排采无气水产出。3#煤厚5.8～7.15m，平均6.4m。3#煤层气远景资源量1420×10⁸m³，资源丰度1.3；3#+15#煤总资源量1939×10⁸m³，资源丰度1.8。

（2）浮山区块。

沁水盆地南部浮山区块区域构造位于郑庄西部郭道—安泽褶皱带和临汾断陷东部。构造总体为西倾，东北部最高；区内均为正断层，中部发育了一条浮山大断层，倾角60°～70°，断距1000～1500m。

3#煤埋深东部300～900m，西部局部超过2000m；厚4～9m，高煤阶，R_o2.0%～4.3%，含气量2～15m³/t，直接盖层最厚11.5m。太原组15#煤比3#煤埋深约100m，厚一般为4～7m。3#煤层与15#煤层均为南部较厚。浮山区块面积1195km²，煤层气远景资源量2270×10⁸m³。

参考文献

［1］Lubinski A. A study of the Buekling of Rotary Drilling Strings［J］.ApIDrill.and Prod.Prac.1950，178–214.

［2］Lubinski A，Woods H B.FactorsAfecting the Angle of inclination and Doglegginging in Rotary Bore Holes［J］.API Drill.and prod.prac.1953：222.

［3］Paslay P R, Bogy D B. The stability of a circular rod laterally constrained to be in contact with an inclined circular cylinder［J］. Journal of Applied Mechanics, 1964, 31（4）: 605-610.

［4］Ayers W.B. Coalbed gas systems, resources, and production and a review of contrasting cases from the San Juan and Powder River basins. AAPG Bulletin, 2002, 86: 1853-1890.

［5］Thielemann T, Cramer B, Schippers A. Coalbed methane in the Ruhr Basin, Germany: A renewable energy resource［J］. Organic Geochemistry, 2004, 35（11）: 1537-1549.

［6］Waples D W, Marzi R W. The universality of the relationship between vitrinite reflectance and transformation ratio［J］. Organic Geochemistry, 1998, 28（6）: 383-388.

［7］Whiticar M J. Carbon and hydrogen isotope systematics of bacterial formation and oxidation of methane［J］. Chemical Geology, 1999, 161: 291-314.

［8］苏现波, 陈江峰, 孙俊民, 等. 煤层气地质学与勘探开发［M］. 北京: 科学出版社, 2001.

［9］Song Yan, Liu Shaobo, Zhang Qun, et al. Coalbed methane genesis occurrence and accumulation in China［J］. Petroleum Science, 2012, 9（3）: 269-280.

［10］Glasby G P. Abiogenic origin of hydrocarbons: An historical overview［J］. Resource Geology, 2006, 56（1）: 83-96.

［11］RAMASWAMYS, AYERS W B.Best drilling, completion and stimulation methods for CBM reservoirs［J］. World Oil, 2008（10）: 125-132.

［12］AnirbidSircar.A review of coalbed methane exploration and exploitation［J］.Cerrent Science, 2008, 79（4）: 14-17.

［13］邹才能, 张国生, 杨智, 等. 非常规油气概念、特征、潜力及技术 - 兼论非常规油气地质学［J］. 石油勘探与开发, 2013, 40（4）: 385-399.

［14］邹才能, 杨智, 张国生, 等. 常规 - 非常规"油气有序聚集"理论认识及实践意义［J］. 石油勘探与开发, 2014, 41（1）: 14-28.

［15］赵庆波, 孙粉锦, 李五忠. 煤层气勘探开发地质理论与实践［M］. 北京: 石油工业出版社, 2011.

［16］孙平, 刘洪林, 巢海燕, 等. 低煤阶煤层气勘探思路［J］. 天然气工业, 2008, 28（3）: 19-22.

［17］雷群, 李景明, 赵庆波. 煤层气勘探开发理论与实践［M］. 北京: 石油工业出版社, 2007.

［18］王红岩, 李景明, 刘洪林, 等. 煤层气基础理论、聚集规律及开采技术方法进展［J］. 石油勘探与开发, 2004, 31（6）: 14-16.

［19］陈振宏, 贾承造, 宋岩, 等. 高、低煤阶煤层气藏物性差异及其成因［J］. 石油学报, 2008, 29（2）: 179～184.

［20］陈振宏, 王一兵, 宋岩, 等. 不同煤阶煤层气吸附、解吸特征差异对比［J］. 天然气工业, 2008, 28（3）: 30～32.

［21］陈振宏, 王一兵, 孙平. 煤粉产出对高煤阶煤层气井产能的影响及其控制［J］. 煤炭学报, 2009, 34（6）: 229-232.

［22］Jalal F. Owayed, Djebbar Tiab.Transient pressure behavior of Bingham non-Newtonian fluids for horizontal wells.Journal of Petroleum Science and Engineering, Volume 61］Issue 1］April 2008］Pages 21-32.

［23］张泓, 王绳祖, 郑玉柱, 等. 古构造应力场与低渗煤储层的相对高渗区预测［J］. 煤炭学报, 2004, 29（6）: 708-711.

第二章 煤层气地震技术

地震技术是煤层气勘探开发的重要技术手段。"十二五"期间，针对国内煤层气勘探开发特点和工程、地质技术需求，持续开展地震采集、处理、解释技术攻关，形成了经济有效的煤层气地震采集处理解释配套技术，为煤层气勘探开发井位部署和地质综合评价提供了可靠的依据和经济有效的技术支撑。

第一节 煤层气地震采集技术

"十二五"期间中国煤层气勘探开发的主战场位于鄂尔多斯盆地东缘和沁水盆地南部，该地区煤层气区块多为黄土山地区，地表地形起伏剧烈、近地表结构复杂，煤层气储层埋藏浅、埋深变化大、厚度较薄、非均质性强，煤层气地震采集技术面临与常规天然气不同的难题。

一、煤层气地震勘探理念与思路

煤层气地震技术必须适应煤层气勘探开发低成本方针的需求，需要发展高性价比的经济有效的地震勘探技术。地震采集的方法设计应从煤层气的地质和地球物理特点出发，寻求煤层气地震技术关键参数与开发低成本之间的合理平衡，优选观测系统、激发、接收等采集关键参数，探索既能解决地质问题又能用得起的煤层气地震勘探技术。

煤层气地震勘探的根本理念是经济技术一体化，要综合考虑地震地质条件、勘探价格、地质任务等因素，优选经济有效的地震采集方法和关键参数，满足煤层气勘探开发地质需求。煤层气勘探设计主要思路如下。

（1）以煤层"低密度、低速度、低波阻抗、高反射系数"为依据，系统分析论证观测系统关键参数，优选地震采集方案。

（2）高性价比。用低于常规油气的地震工程成本，采集到能够满足煤层气勘探开发主要地质任务要求的地震资料。

（3）不同阶段采用不同的地震方法。根据煤层气勘探开发进程，可将煤层气地震勘探工作划分为普查、详查和精查三个阶段。

①地震普查是在前期物探地质工作的基础上，对预测煤层气区域部署较稀测网的二维地震，对探区煤层气资源价值做出初步评估。其主要地质任务为：

（a）了解煤层的起伏及其埋藏深度；

（b）了解区域构造特征及主要断裂分布特征；

（c）了解区域地层特征及各套煤层的厚度变化；

（d）开展煤层气资源评价，提供参数井及预探井井位。

②地震详查应在普查的基础上或在已明确有煤层气勘探开发价值的地区，进行加密二维或三维地震部署，为煤层气储量计算、井位确定提供依据。其主要地质任务为：

（a）查明探区煤层气储层的构造格局、构造形态，研究区域构造发育及热演化过程；

（b）查明煤层的平面展布、厚度变化及断裂分布；

（c）预测煤层气储层裂缝发育特征，查明陷落柱、侵入体等异常地质体；

（d）计算探区煤层气储量，综合评价煤层气富集的有利区带；

（e）提供评价井和开发先导试采井的部署建议，辅助煤层气水平井、丛式井的井位设计。

③地震精查应在详查的基础上，在煤层气开发区进行小间距测网的二维或三维地震部署，为煤层气开发井的部署和高效开发提供依据。其主要地质任务为：

（a）精细查明开发区煤层气储层构造格局、形态、平面展布、厚度变化、顶底板特征；

（b）精细落实煤层气储层断距及断层分布，精细预测裂缝发育特征；

（c）预测煤层气储层的物性、压力等参数，综合评价和优选煤层气"甜点区"；

（d）提供开发井部署建议，为煤层气水平井、丛式井、分支井等地质设计提供依据。

二、经济技术一体化的煤层气三维观测系统优化设计

煤层气三维地震观测系统应保证覆盖次数适中，面元大小满足技术要求，方位角和炮检距分布均匀，炮道密度合理，成本经济，地震资料能够满足煤层气勘探开发地质任务要求。

观测系统设计应在详细分析以往资料的基础上，紧密结合研究区目的层地下地质构造及其地球物理响应特征，进行面元大小、覆盖次数、最大炮检距、接收线距、方位角等不同观测系统参数论证及属性分析[1]，建立地质模型，进行正演分析、照明分析、AVO分析等，优选形成满足地震成像及偏移要求的观测系统方案。同时，开展观测系统方案的经济性评估，在满足煤层气勘探技术需求的前提下实现经济技术一体化。

（1）面元边长：面元设计要以防止产生空间假频、满足横向分辨率要求为前提，根据空间采样和覆盖次数的要求确定。通过以往二维地震资料分析，在鄂尔多斯盆地东缘和沁水盆地南部，因煤层赋存稳定，地层倾角较小（一般小于10°），单炮信噪比较高，不同面元的煤层反射特征及构造形态差异较小，采用较大面元不会产生空间假频，能够保证较好的分辨率及小倾角归位成像[2]，满足煤层气勘探的地质需求。"十二五"期间，该地区三维地震采集面元一般采用（20m～30m）×（20m～60m）。

（2）覆盖次数：根据主要目的层地质情况、地震激发方式与资料品质和经济评估等因素综合评定。根据以往试验及资料分析认为，煤层具有强反射和高信噪比的特点，可采用较低的覆盖次数，横向上应有足够的覆盖次数，以满足各向异性的分方位角分析需求。煤层气三维覆盖次数一般选择为30～48次，所获地震资料品质较好，信噪比较高，能够满足地震资料成像精度的要求。

（3）最大炮检距：除满足速度分析精度、动校拉伸畸变、反射系数稳定等要求，还要满足AVO分析时对观测范围的技术要求。由于煤层速度低、密度小，与围岩波阻抗差异大，采用较大炮检距能较好避开强面波、折射波干涉区，有利于煤层成像，更好地满足AVO分析需求，最大炮检距一般选择为目的层深度的1.5～2倍。

（4）接收线距：一般不大于垂直入射时的菲涅尔带半径，其大小与区内地质结构有关，并要有利于精确的速度分析、AVO分析及DMO分析。煤层气三维地震采集接收线距一般为120～240m。

（5）炮道密度：应满足叠前偏移成像需求，要综合考虑信号特征分析、噪声压制、高频信号保护以及地震波场的连续性等因素。根据煤层气探区地震地质条件和技术要求，道炮密度一般为 20000 ～ 50000 道 /km²。

（6）炮检方位角：煤层各向异性特征明显，裂缝较发育，宜采用宽方位角观测。方位角应大于 0.5，针对煤层的方位角应大于 0.85。

针对不同地区的地震地质条件及地质任务要求来确定合理的煤层气三维观测系统方案。地表及地下构造条件简单、资料信噪比较高的地区可采用面元较大、覆盖次数较低的观测系统，表层及深层地震地质条件复杂的地区应采用较小面元、较高覆盖密度的观测系统。以鄂尔多斯盆地东缘为例，韩城地区采用了 30m×60m 面元、36 次覆盖的三维观测方案。而保德地区构造复杂、小断层发育、埋深变化大，三维面元优化为 20m×40m，有助于提高小断层和薄煤层识别精度；覆盖次数选择为 42 次，确保浅层资料的有效覆盖次数，满足分方位角处理时资料品质的要求；纵向最大炮检距为 2620m，满足地震成像精度和 AVO 分析需求；炮道密度为 45000 道 /km²，提高采样密度和均匀性，有利于提高叠前偏移成像效果。采用较宽的方位角，有利于各向异性研究，满足振幅属性及裂缝预测需求。保德地区采用了 12 线 3 炮 132 道的三维观测系统，属性分布均匀，参数选择合理，所获地震资料信噪比和分辨率较高，获得了良好的效果。

三、黄土山地区激发技术

鄂尔多斯盆地东缘和沁水盆地为典型的黄土山地区，地表条件非常复杂，表层岩性空间变化快，分布有黄土、红土、基岩等不同岩性，不同岩性激发资料品质差异大。黄土覆盖区表层吸收、衰减严重，资料信噪比较低，激发效果相对较差。红土区含水性较高、速度较高，激发条件相对较好。岩石区速度高，成岩性较好，激发单炮信噪比及分辨率较高。因此，合理激发分区，针对不同岩性优化设计不同的激发参数，是提高资料信噪比和分辨率的关键。

1. 基于多信息的激发分区设计

综合应用高精度航拍照片、卫星照片、DEM 数据、表层调查、地质岩性等信息，进行精细的激发岩性分区，针对不同表层岩性、黄土厚度、速度及含水性，开展井深、药量、井数的激发参数试验，通过试验资料定性和定量分析，确定不同岩性区的最佳激发参数，逐点设计不同区域的激发参数。

激发分区设计的主要技术流程如图 2-1 所示。

（1）利用表层岩性录井调查、微测井调查、高精度航拍照片、卫星照片、高程数据等资料进行全区岩石、红土和黄土等不同表层岩性的激发分区。

（2）根据表层调查结果，在黄土区构建含水性较好、速度较高、激发条件良好的湿黄土厚度模型，得出湿黄土埋深顶界面。

（3）以潮湿黄土层作为最佳的激发岩性，根据湿黄土埋深顶界面进行黄土区激发井深逐点设计，确保黄土区激发效果。

（4）利用高程数据准确计算黄土区每个激发点的黄土厚度，根据不同的黄土厚度逐点设计激发井数。一般在薄黄土区采用 3 ～ 5 口组合井，厚黄土区采用 5 ～ 7 口组合井激发；在岩石区、红土区一般采用单井激发，能够保障资料信噪比。

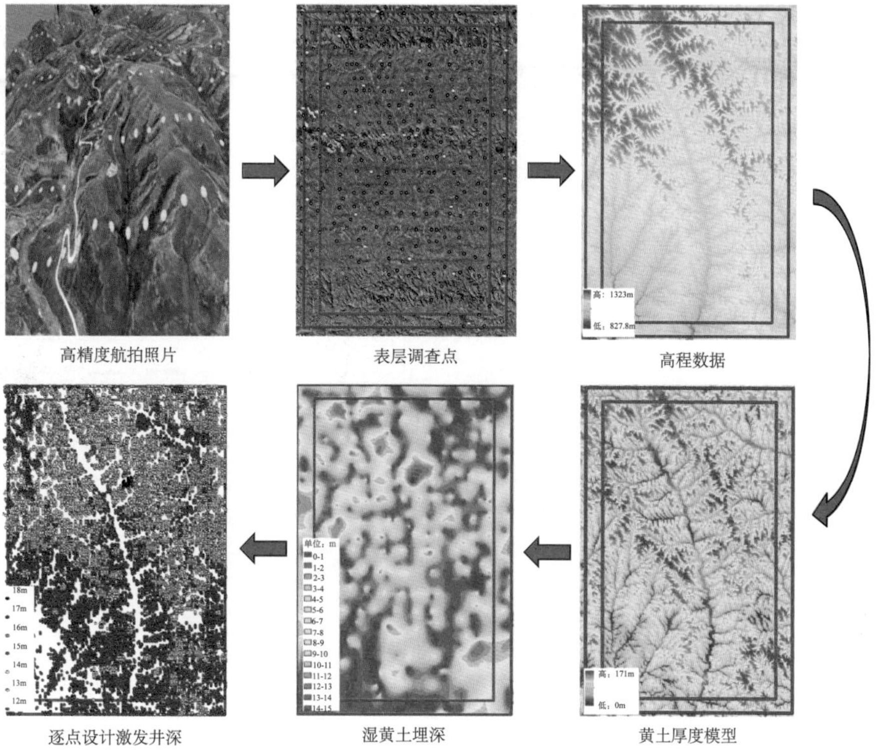

图 2-1　基于多信息的激发分区设计流程

2. 激发参数优选技术

为提高黄土区采集资料品质，拓展目的层频宽，确定合理的激发参数，应开展深井微测井调查。通过分析不同深度激发的能量、频谱、速度等参数，指导激发井深设计，并进行激发参数对比试验，优选合理的激发参数。

从鄂尔多斯盆地东缘中部大宁—吉县区块深井微测井调查资料进行激发能量及频谱分析看（图 2-2），井深在 8 ～ 16m 之间激发能量强，子波特征稳定，频带较宽，尤其在 12 ～ 14m 区间激发效果最佳，16m 以后激发能量及频带逐渐降低。从黄土区不同井深的激发参数试验分析（图 2-3），井深 12 ～ 15m 煤层反射连续，信噪比较高，频带较宽，激发效果较好，充分验证了微测井调查资料分析结论。

从鄂尔多斯盆地东缘北部的保德区块不同药量对比试验资料分析可知（图 2-4），单井药量不宜过大，2 ～ 3kg 激发频带较宽，煤层信噪比较高，单井药量大于 4kg 单炮资料频率明显降低。对黄土区不同组合井数对比试验分析（图 2-5），组合井数小于 3 口激发能量较弱，信噪比较低，组合井数 3 口以上信噪比较高，连续性较好，分辨率较高，激发效果较好。

大量的激发参数试验及采集实践表明，黄土山地区应分区设计激发参数，以提高资料品质，拓宽频带。黄土区激发参数一般采用（3 ～ 7）口 × （12 ～ 15）m × （2 ～ 3）kg，红土区采用 1 口 × （12 ～ 15）m × （6 ～ 8）kg，岩石区采用 1 口 × （9 ～ 12）m × （3 ～ 4）kg。

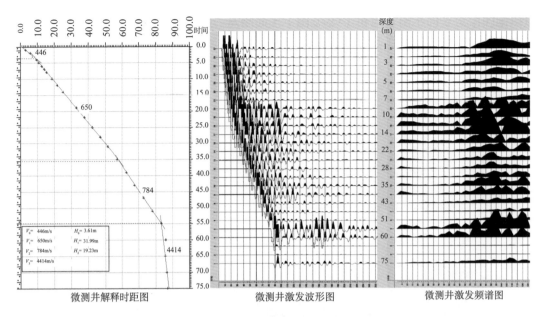

图 2-2　大宁—吉县区块深井微测井资料分析

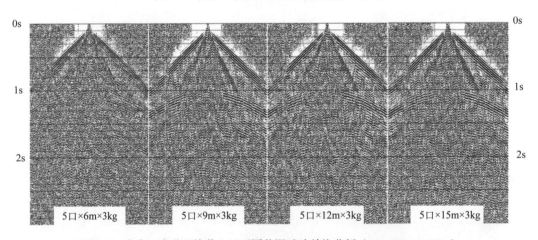

图 2-3　大宁—吉县区块黄土区不同井深试验单炮分析（BP：30 ～ 60Hz）

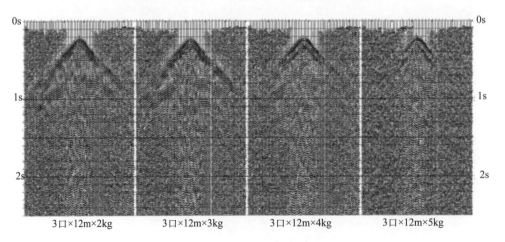

图 2-4　保德区块黄土区不同药量对比试验单炮分析（BP：40 ～ 80Hz）

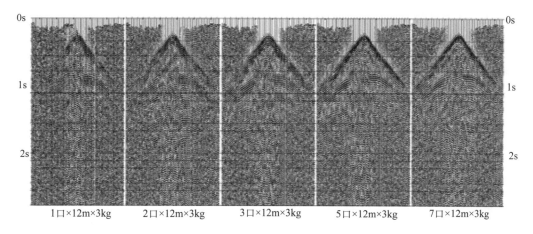

<table>
<tr><td>1口×12m×3kg</td><td>2口×12m×3kg</td><td>3口×12m×3kg</td><td>5口×12m×3kg</td><td>7口×12m×3kg</td></tr>
</table>

图2-5 保德区块黄土区不同组合井数对比试验单炮（BP：40～80Hz）

3. 炮检点优化布设

针对黄土山地区地表起伏大、表层岩性复杂多变的特点，激发点位及激发岩性的优选尤为重要。为合理有效地布设炮检点，在室内充分利用高精度的航拍照片、卫星照片、DEM高程数据等地理信息，按照"避高就低、避陡就缓"的原则，尽可能避开厚黄土区，优选在良好岩性中激发，并结合野外实际测量放样结果，调整优化炮检点位置，改善接收激发条件，提高采集资料品质。

保德区块三维区利用高精度航拍数据（0.25m分辨率）及DEM高程、坡度信息进行炮检点优化布设（图2-6），在保证物理点正点率的前提下尽可能在低洼区均匀布设点位，指导野外测量放样。原则上坡度大于45°的陡坡上不布设炮点，将炮点尽量布设在平坦区域和离陡坡20m以外的区域，有效保证激发效果。

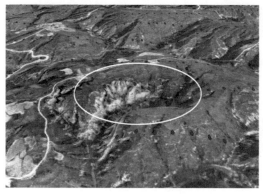

（a）检波点优化布设　　　　　　　　（b）炮点优化布设

坡度<30°　坡度30°～45°　坡度>45°

图2-6 利用高精度航拍照片及高程坡度数据优化物理点布设

四、黄土山地区组合接收技术

1. 小面积组合接收技术

检波器组合相当于一个低通滤波器，会造成地震波的波形畸变，压制有效波的频率。为提高分辨率，应采用小组合基距，采用直径5～10m的方形组合检波较为适宜[3]。根据研究区表层条件及干扰波特征，开展不同组合图形及组合高差分析研究，确定合理的接收参数，减弱对有效信号的压制，保护目的层高频信息，保证资料的信噪比。

大宁—吉县地区开展了不同检波器组合接收方法分析研究，优选适合于黄土塬地区的接收参数。分别对比了 3 种不同检波器组合图形：

（1）2 串 20 个 20DX–10Hz 检波器矩形面积组合，组内距 $D_x=D_y$=2m，组合基距 L_x=6m、L_y=10m；

（2）1 串 10 个 20DX–10Hz 检波器矩形面积组合，组内距 $D_x=D_y$=2m，组合基距 L_x=4m、L_y=6m；

（3）单个检波器 GS–one，共完成了 4.2km 的二维试验段，210 道接收，道距 20m，炮距 40m，采集 115 炮。

从不同检波器组合接收的单炮分析可知（图 2-7 至图 2-9），1 个检波器接收单炮能量相对较弱，远道信噪比偏低，1 串、2 串检波器组合接收差异较小，均能得到较好的目的层反射资料。

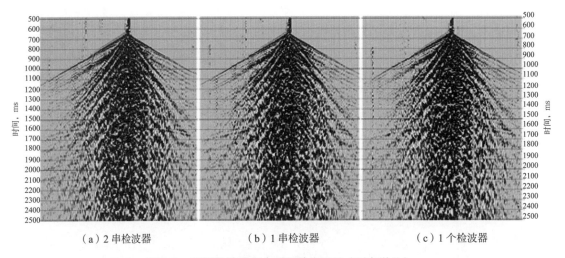

（a）2 串检波器　　　　　　（b）1 串检波器　　　　　　（c）1 个检波器

图 2-7　不同检波器组合对比单炮记录（固定增益）

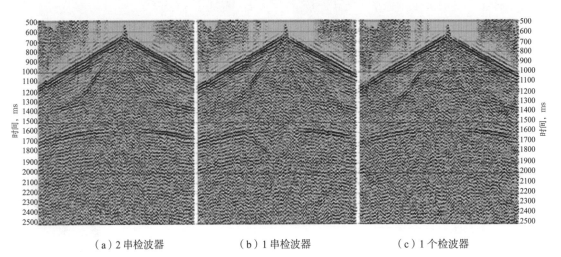

（a）2 串检波器　　　　　　（b）1 串检波器　　　　　　（c）1 个检波器

图 2-8　不同检波器组合对比单炮记录（BP：30 ～ 60Hz）

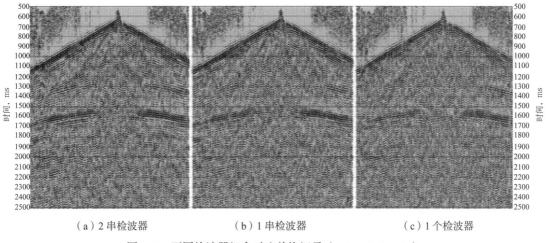

（a）2串检波器　　　　　　　（b）1串检波器　　　　　　　（c）1个检波器

图 2-9　不同检波器组合对比单炮记录（BP：50-100Hz）

图 2-10 为不同检波器组合接收的偏移剖面及频谱分析，1 串、2 串检波器接收差异较小，1 个检波器远偏移距信噪比偏低。2 串检波器组合接收主频略低，频带较窄，1 个检波器接收主频较高，频带较宽，尤其在高频端优势比较明显。

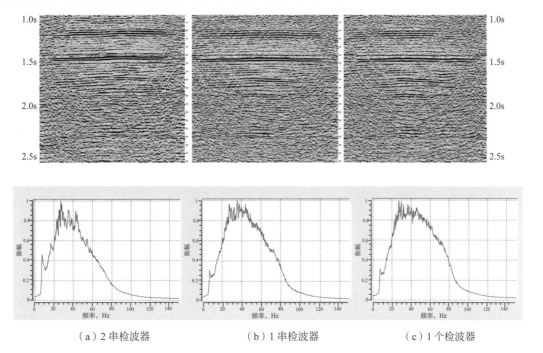

（a）2串检波器　　　　　　　（b）1串检波器　　　　　　　（c）1个检波器

图 2-10　不同检波器组合接收偏移剖面及频谱

综合考虑提高地震资料的信噪比和分辨率，黄土山地区适合采用 1 串检波器小面积组合接收，能保证检波器组内时差很小，减弱对有效信号的压制，提高分辨率；同时采用多个检波器接收，有利于提高资料信噪比。

2. 检波器组合高差

为保护接收到的有效波，应对组合高差进行限制，使检波组合的有效波同相加强。因此，组合时差必须小于主要目的层有效波最小视周期的 1/4。如图 2-11 所示，以黄土山表层速度为 500m/s 计算，对于主频 30Hz 的子波，在组合高差为 2m 时，主频降低到 28.8Hz。对比不同主频子波组合后的频率变化可见，频率越高，检波器组合的降频效应越明显；组合高差越大，组合后的地震子波主频越低，频带越窄。

"十二五"期间，在煤层气勘探开发不同阶段，地震采集技术从常规二维开始探索，发展到经济技术一体化的煤层气三维地震采集技术，地震采集方法逐渐优化。通过鄂尔多斯盆地东缘及沁水盆地多个三维地震采集方法研究及实践，获得了高质量地震采集资料，得到以下几点认识。

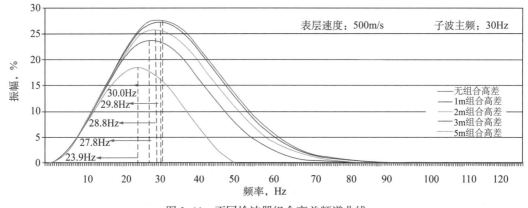

图 2-11　不同检波器组合高差频谱曲线

（1）煤层气观测系统设计应综合考虑研究区地震地质条件、勘探价格、地质任务等因素，优选经济有效的采集方法和关键参数，满足煤层气勘探开发地质需求。

（2）综合应用高精度航拍照片数据、地表高程、表层调查、地质岩性等信息，准确获得不同表层岩性分布及黄土厚度、速度及含水性等参数，为激发参数设计提供科学依据。

（3）检波器小面积组合接收，能保证检波器组内时差小，减弱对有效信号的压制，采用多个检波器接收，有利于提高资料的信噪比。

（4）经济技术一体化的煤层气地震采集技术适宜于煤层气勘探开发低成本的需要。

第二节　煤层气地震资料处理关键技术

在地震激发和接收过程中，近地表低降速层对地震波的吸收衰减作用强烈，所带来的静校正问题、高频信号衰减问题以及低信噪比问题成为影响煤层目的层准确地震成像困难的主要问题，也是地震资料处理技术的主要难点。煤层气地震资料处理技术重点关键技术主要包括黄土山地区高精度静校正技术、复杂区综合去噪技术、三维分方位处理技术。

一、黄土山地区高精度静校正技术

黄土山地区高精度静校正技术是针对煤层气勘探开发区地表条件十分复杂、野外表层条件引起的长波长现象、静校正问题较为突出的现象而形成的一项静校正技术。首先是通过详细分析工区地表情况（地表高程、近地表岩性厚度和速度纵横向变化），结合测井资料约束基准面静校正（高程静校正、模型静校正、折射波静校正、层析静校正）表层模型的建立，从而解决煤层气地震资料中的长波长静校正问题；其次通过初至波剩余静校正在共 CMP 域、共接收点域、共炮点域迭代校正，解决煤层气地震资料中的中波长静校正问题；最后通过反射波剩余静校正、综合全局寻优剩余静校正技术多次迭代，在保证构造形态准确的前提下，解决煤层气地震资料中的短波长静校正问题。通过上述方法综合利用，解决由于静校正问题引起的地下构造失真、有效反射成像差等问题。

1. 基准面静校正

煤层气地震资料的基准面静校正技术是在折射或层析静校正反演的基础上，利用微测井成果，通过深度域的标定得到巨厚黄土区表层的速度及厚度，约束、控制煤层气地震资料的近地表模型，提高煤层气资料基准面静校正计算的精度，消除长波长静校正问题，提高煤层气地震资料成像精度。

综合建模静校正首先要对大炮初至数据分别采用折射和层析方法进行反演，得到测线各物理点的延迟时和折射速度以及测线近地表一定深度范围内的速度模型；其次要对深井微测井数据得到的黄土底界在层析模型上进行深度标定，得到其深度处的层析速度，然后以这些点为控制点进行线性内插，得到测线其他物理点黄土底界的层析速度，从层析模型中提取各点速度对应的模型深度界面，即为测线各点的高速顶界面；最后将得到的高速顶界面作为折射反演的约束条件，得到各点的表层平均速度，从而建立起巨厚黄土山地区的表层模型，本方法较以往方法相比能在很大程度上提高表层模型的精度。

表 2-1 为二维测线上深井微测井及其相关数据标定结果表，图 2-12 为深井微测井深度标定建模示意图。由图可知，表层模型以 600m/s 作为常速进行反演并进行适当平滑得到的表层模型最接近微测井的实际数据，厚度误差范围控制较小，基本控制在剩余静校正解决的范围内，能够较好满足地震资料处理的要求，不会引起明显的长波长静校正问题。

表 2-1 三种模型及深微测井数据标定数据表

序号	桩号	高程 m	黄土埋深 m	对应深度 m	对应层析反演速度 m/s	模型一		模型二		模型三	
						高速顶 m	表层速度 m/s	高速顶 m	表层速度 m/s	高速顶 m	表层速度 m/s
1	2495	869.8	126	743.8	1591	767	589	734	778	700	966
2	2564	890.3	124	766.3	1365	784	599	750	787	715	976
3	2716	1043.4	56	987.4	1540	975	625	953	816	931	1006

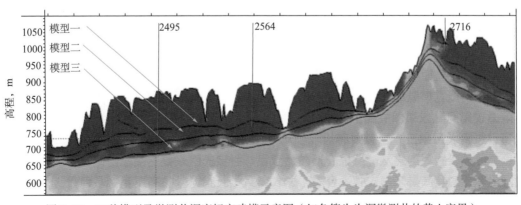

图 2-12 三种模型及微测井深度标定建模示意图（红色箭头为深微测井的黄土底界）

为了建立更为准确的表层模型（时间和深度），采用深井微测井标定的层析速度作为控制点，内插测线各点的高速顶对应的层析速度，然后从层析中按照内插的速度逐点提取各物理点的高速顶界面埋深，再结合折射分析的速度和延迟时，计算表层平均速度，建立起精度更高的表层模型（图2-13）。通过表层约束的基准面静校正较好地解决煤层气资料由于其近地表低降速带厚度及横向速度变化引起的长波长静校正问题，保证构造准确性、保证资料的成像精度（图2-14、图2-15）。

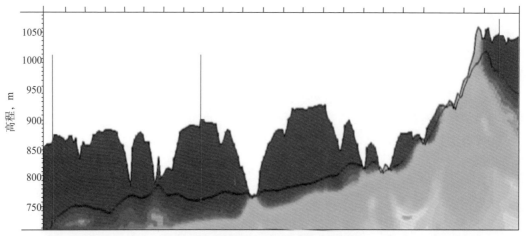

图2-13　深度标定的综合建模示意图

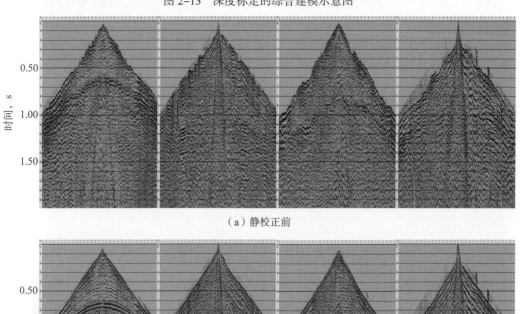

（a）静校正前

（b）静校正后

图2-14　综合建模静校正前后单炮

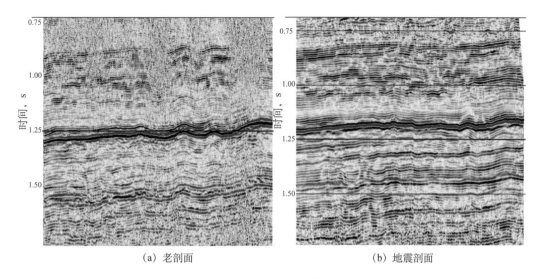

（a）老剖面 （b）地震剖面

图 2-15 老剖面与综合建模地震剖面对比效果图

2.剩余静校正

1）初至波剩余静校正技术

初至波剩余静校正技术不依赖低速层或高速折射面，只要求基准面静校正后单炮初至品质好，能分段连续追踪。初至波剩余静校正方法不需要确定近地表的厚度和速度，直接对初至波旅行时进行统计处理，通过拾取基准面静校正后的初至时间，利用最小平方原理估计延迟时和慢度，并将所计算的炮检点延迟作为炮点和建波点的校正量。该方法适用于复杂近地表地区，并且计算过程速度快、精度高，能够解决较大的高频静校正量问题。通过初至波剩余静校正技术可以进一步解决煤层气资料中的中、短波长静校正问题，进一步提高煤层气地震资料成像精度（图 2-16、图 2-17）。

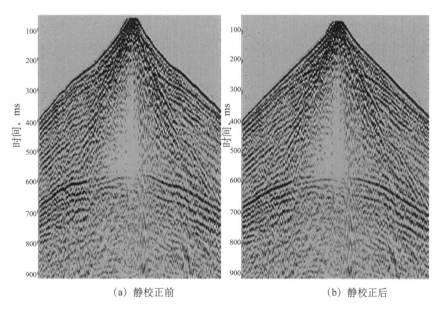

（a）静校正前 （b）静校正后

图 2-16 初至波剩余静校正前后单炮

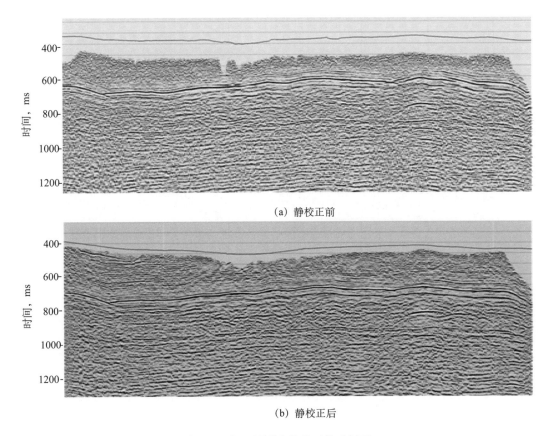

（a）静校正前

（b）静校正后

图 2-17　初至波剩余静校正前后剖面

2）反射波剩余静校正技术

反射波剩余静校正技术是利用动校正后的 CMP 道集数据，计算各炮点和检波点的剩余静校正量。对输入的 N 个连续 CMP 道集进行叠加，在叠加剖面段上定义的时窗内，自动拾取反射能量最强、空间连续性最好的反射层用于计算剩余静校正量；对某炮点（检波点）而言，从上述叠加段相对应的叠加道中减去该炮点（检波点）中的各道，产生相应的模型道。用该炮点（检波点）中的各记录道与相应的模型道在所确定出的时窗内作互相关，得到该炮点（检波点）中各记录道与模型道间的时差。对不同的炮点（检波点）重复上述处理，得到各炮点（检波点）的时差。根据统计原理采用迭代方法计算炮点、检波点的剩余静校正量，直到计算出的炮点或检波点校正值的平均值小于某一门槛值为止。对用这种迭代计算方法得到的炮点和检波点校正值进行滤波，消除低频成分以后得到最终的炮检点剩余静校正量。

反射波剩余静校正是地震数据处理中的常用技术，但煤层气地震资料具有目的层煤层埋藏浅（500～1000m，时间剖面上通常为 400～800ms）、煤层单层厚度较薄（通常不足 10m）及叠前道集浅层覆盖次数较低等特点，因此在反射波剩余静校正技术应用过程中，应充分考虑目的层成像效果对叠加速度、切除和相关时窗等参数的敏感性。通过反射波剩余静校正与速度分析的多次迭代，即可大幅度提高叠加剖面的信噪比和成像精度（图 2-18）。

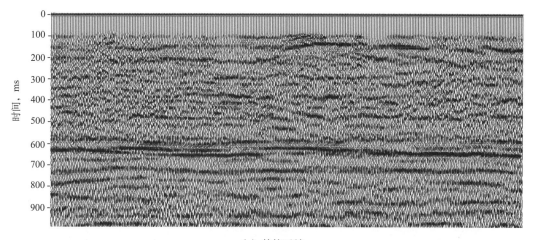

（a）静校正前

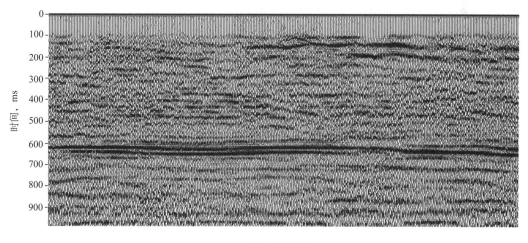

（b）静校正后

图 2-18 反射波剩余静校正前后剖面对比

3）综合全局寻优剩余静校正技术

由于煤层气勘探开发区域地表起伏大，近地表结构复杂，导致地震纵横向速度变化剧烈，采集的地震资料信噪比低。基于初至时间的近地表反演静校正方法（如折射、层析静校正等）能一定程度地解决煤层气资料的静校正问题，但仍然有相当严重的剩余静校正问题存在，使叠加的成像质量不高，甚至根本不能成像。反射波剩余静校正只能解决高频的短波长剩余静校正问题，在剩余静校正量值较大的数据上准确地拾取时差是很难的，近似的峰值可能以相同的可靠程度被拾取，容易出现周期跳跃。当剩余静校正量大于子波的半个周期时，叠加模型道的波形畸变严重、以致面目全非，未叠加道与模型道的互相关函数将出现多个大小近似的峰值，最大峰值时间并不能可靠地代表真正的时间延迟，造成反射波剩余静校正方法失效。

综合全局寻优剩余静校正技术利用最大能量法、模拟退火以及遗传算法等三种方法，交替式迭代求取剩余静校正量，大大减少算法收敛迭代的次数，而且能够自动舍弃造成周期跳跃的局部解，算法收敛到真正的全局最优解，求解的静校正量可超过子波的半个周期，可以较好地解决煤层气地震资料较大的剩余校正量（图2-19）。

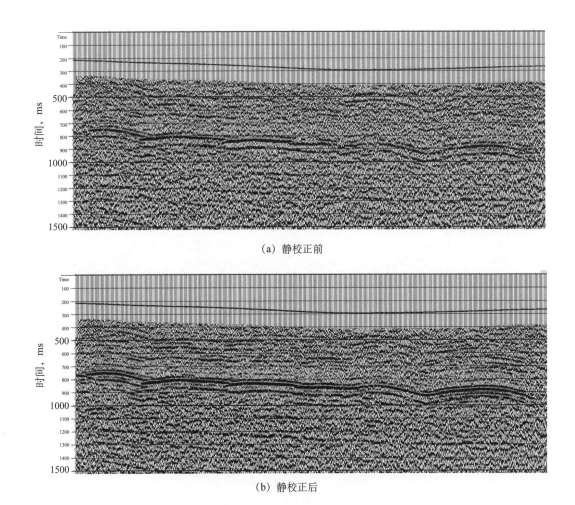

（a）静校正前

（b）静校正后

图2-19　全局寻优剩余静校正前后剖面对比

二、复杂区综合去噪技术

在鄂尔多斯盆地东缘和沁水盆地，地表地震条件复杂，低降速层变化剧烈，干燥、疏松的黄土对地震波产生了强烈的吸收和衰减作用，地震资料表现为低信噪比、低频特征，地震记录中存在着多种类型的干扰，主要包括面波、异常振幅和随机噪声。这些噪声分布广、能量强，压制了有效信号。通过系列叠前多域联合去噪技术可以压制干扰，净化叠前地震记录，为后续煤储层准确成像和叠前反演储层预测技术应用奠定数据基础。

面波干扰在炮点域或者检波点域表现为在近偏移距端线性特征，在远偏移距为近似双曲特征，而在空间呈锥形分布，因此可以对叠前数据抽到正交子集域（通常按照炮线、检波线、炮点站号、道顺序排序）进行傅氏变换，根据有效信号和面波干扰在傅氏变换域可分离的特征进行视速度滤波，达到叠前保真压制面波干扰的效果。

异常振幅干扰能量强、分布随机性强，在不同的频率、时窗范围中，具有不同的表现形式。根据"多道识别、单道去噪"的思想，在不同的频带内自动识别地震记录中存在的强能量干扰，通过振幅自动统计方法，分析有效信号和坏道的振幅分布范围，确定出噪声出现的空间位置，根据定义的门槛值和衰减系数，采用时变、空变的方式予以压制。煤层气资料异常振幅压制工作通常在炮域和 CMP 域都要进行，对那些振幅差异级别较大的野值或单道的能量异常，应用炮域的异常振幅衰减法进行衰减即可，并且可以有效地压制异常振幅；但是在单炮的远偏移距的多道能量异常，采用在 CMP 域内进行异常振幅衰减效果较好，有效保护有效波。

针对地震记录中的随机噪声，可以通过基于频率空间的 F–XYO 域预测去噪技术进行衰减。它假设地震记录中的有效波在频率空间域具有可预测性，而随机噪声无此特性，利用多道复数最小平方原理求取预测算子，并用该预测算子对该频率成分的地震数据体进行预测滤波，达到衰减随机噪声的目的。

图 2–20、图 2–21 为多域联合综合去噪前后的效果对比图，可以看见无论是单炮记录还是叠加剖面异常干扰都得到了很好地压制，信噪比得到了很好的改善。

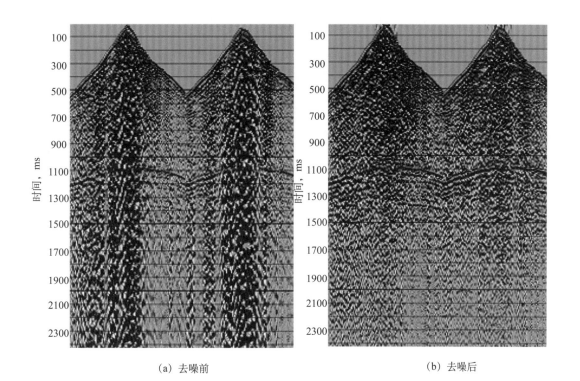

(a) 去噪前　　　　　　　　　　　　(b) 去噪后

图 2–20　综合去噪前后单炮

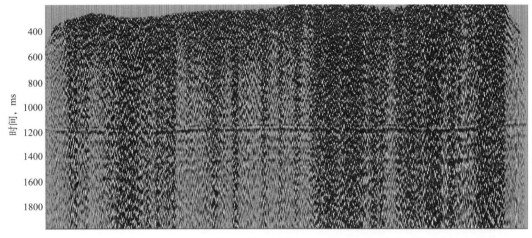

（a）去噪前

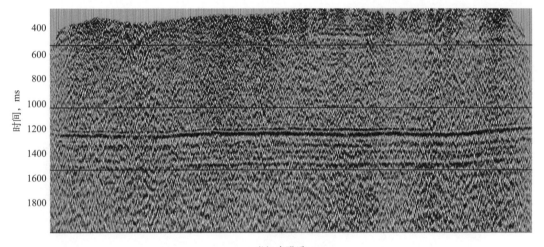

（b）去噪后

图 2-21　综合去噪前后剖面

三、三维分方位处理技术

目前三维地震勘探观测系统按照横纵比大小可划分两类，当横纵比小于 0.5 时为窄方位采集观测系统，横纵比大于 0.5 时为宽方位采集观测系统。随着油气勘探开发的深入，宽方位角勘探已逐渐代替窄方位角勘探。宽方位角勘探更有利于研究振幅随炮检距和方位角的变化及地层速度随方位角的变化，有利于对断层、裂缝和地层岩性的识别。

但是基于经济技术一体化勘探开发设计理念，煤层气三维地震资料一般面元较大、覆盖次数较低、横纵比较窄。同时，煤储层具有低孔隙度、低渗透率、低含气饱和度的特点，单一的处理成果难以满足开展裂缝检测和储层预测的需求，而煤储层内部断裂系统和裂缝发育程度的准确预测，对后续煤层气开采井位的部署却至关重要。通过对三维地震资料不同方位角的划分、道集形成等三维分方位处理技术等方面的研究（图 2-22），可以提供多套用于裂缝预测和储层预测的基础数据，不仅有利于提高煤层气资料成像空间分辨率和地下构造成像细节变化认识，而且有利于研究预测地下裂缝空间变化和断裂构造展布，掌握地下断裂特征和裂隙分布，为勘探和开发提供更多地震成果依据。

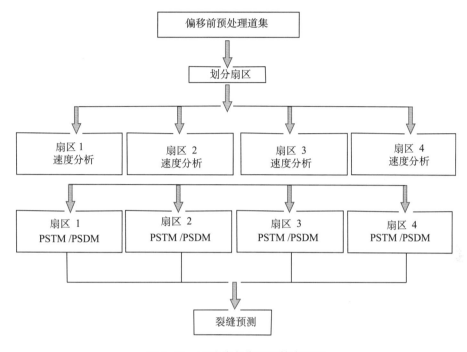

图 2-22　三维分方位处理技术流程

利用宽方位角地震数据的快慢波可以检测裂缝方向。当方位角的走向垂直于断层走向时，所接收到的反射波同相轴能量强，特征清楚；当方位角的走向平行于断层走向时，所接收到的反射波同相轴能量弱，聚焦性差，因此速度随方位变化的问题已经严重影响到不同方位角的速度谱质量以及成像效果。利用不同方位角道集分别求取速度，按照同一地层提取方位速度最小原则提取精确的叠加速度。

在地震勘探中，依据振幅随炮检点入射角的变化可以预测裂隙的发育方向和发育密度。不同的入射角对应不同的角道集，同时不同的入射角对应不同的偏移距道集，在叠前反演中不同的入射角道集往往反映不同的信息，小、中、大入射角道集对应近、中、远偏移距。分析不同道集叠加剖面的偏移距变化，是 AVO 反演和裂缝反演的基础。

道集划分是分方位角处理的基础，它涉及以后的速度分析的质量、道集的叠加效果以及后续的偏移成像精度，从而影响到解释人员对裂缝的方向特性的判断。分方位处理道集的划分原则是根据地震资料的炮检距以及覆盖次数的分布情况，再依据地质人员对资料的要求，合理调整各方位的角度间隔，使得各个方位角度域内的覆盖次数基本相等，炮检距分布均匀。

受采集区地表情况影响，煤层气地震资料的炮点和检波点分布不规则，会导致炮检距和方位角分布不均，如何合理划分方位角至关重要。

常规道集划分主要有以下三种分方位角道集形成方法。

（1）炮检距划分法：根据炮检距的分布范围，使得测线纵横向最大炮检距基本一致，切除之外的区域，从而使数据变为全方位数据，再等间隔角度划分方位角，这样更有利于研究方位角对速度分析的影响。

（2）借道法：通过借道（数据规则化）使面元内的覆盖次数和炮检距分布更均匀更合理。

（3）变角度法：根据地震资料的覆盖次数和炮检距的情况，合理调整各个扇区大小，力求各个扇区的覆盖次数基本相当。

针对煤层气地震资料方位角较窄（横纵比0.5左右）、面元较大（20m×40m或30m×60m）、覆盖次数较低（36次左右）的特点，上述单一方法都无法满足分方位处理要求。因此综合上述三种方法，在综合考虑野外施工排列方向、原始单炮的炮检距范围、区内主断层的走向以及覆盖次数的均匀分布的前提下开展分方位处理技术研究，创新采用数据规则化+不等间隔划分+重叠角度方式划分方位角，从而保证每个方位覆盖次数相当，还具有一定的信噪比，能较为真实反映地下构造信息。

数据规则化是针对不规则的地震采集数据进行的叠前插值及规则化处理手段，最大限度地避免低信噪比资料引起偏移划弧的影响。它在两个方向通过傅里叶重建的方法对原始数据进行规则化，原理示意图如图2-23所示。将输入的不规则数据，可以按照用户的要求进行偏移距分组，规则地输出调整数据至面元的中心点，从而消除了浅层由于施工因素导致覆盖次数低、信噪比低的影响，其效果如图2-24、图2-25所示。

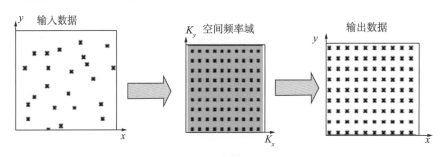

图 2-23　数据规则化原理示意图

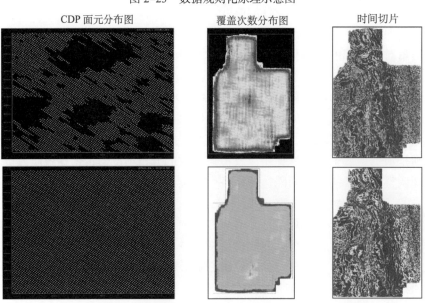

图 2-24　规则化前（上排）后（下排）属性对比

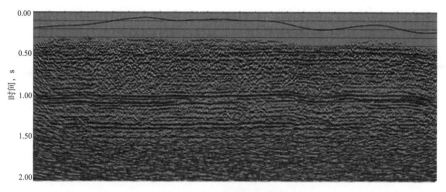

（a）数据规则化前

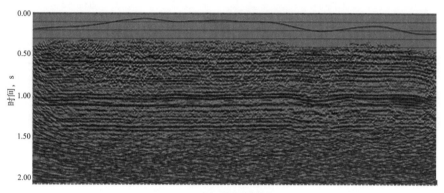

（b）数据规则化后

图 2-25　数据规则化前后剖面对比

在数据规则化的基础上通过不等间隔划分，保证每个方位都有一定的信噪比、覆盖次数相当，都能较为真实反映地下信息，如图 2-26 所示。

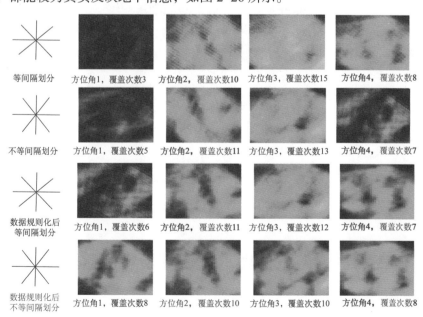

图 2-26　不同方位角划分后覆盖次数平面分布图对比

对划分的每个方位角进行处理，从剖面上（图2-27）可以看出不同方位角的断层成像有差异，从时间切片上（图2-28）可以看出不同方位角的断裂宽度有差异，这为准确落实水平钻井轨迹提供可靠的依据。

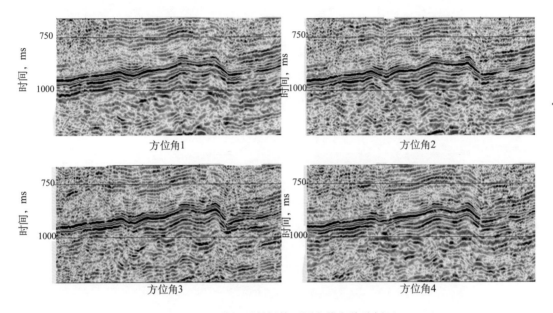

图2-27 三维地震数据体不同方位角偏移剖面

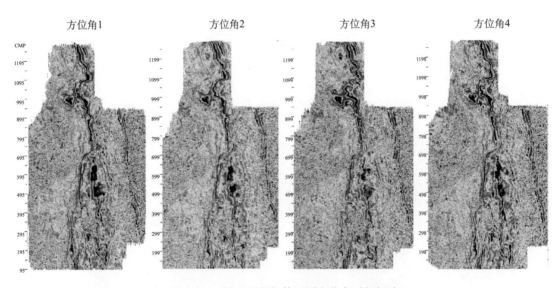

图2-28 三维地震数据体不同方位角时间切片

第三节 煤层气储层地震表征及有利区预测技术

利用地震资料精细刻画煤层及其顶底板的构造断层特征和煤层纵横向展布规律是煤层气地震工作的重要任务。"十二五"期间，通过技术攻关，初步形成了煤层气储层地震表征及有利区预测技术，包括煤层气储层构造表征、薄煤层地震反演、裂缝预测、煤层含气量预测和煤层气有利区综合评价等技术。

一、煤层气储层地震精细表征

煤层气储层地震精细表征是指用于精细描述煤层气储层特征的地震资料解释和储层预测的技术序列。本节着重介绍如何应用地震资料来精细刻画煤层气储层顶底板构造断裂、厚度变化、裂缝发育情况以及含气性等特征。

1. 精细构造表征技术

为了精细刻画主力煤层及其顶底板的构造断裂特征，在层位断层解释过程中除了采用加密解释提高精度之外，还综合利用多种地震属性信息，如相干、方差、瞬时频率、瞬时相位和蚂蚁体等属性，进行层位和断层精细解释，保证同一层位和断层在不同地震属性剖面上的一致性，提高小断层和微幅度构造的识别精度。

煤层构造位置和埋深是影响煤层气勘探开发的主要因素，以韩城煤层气三维研究区为例，针对两套煤层（5#煤、11#煤）顶界进行了构造断裂精细解释和变速成图，确定了研究区构造断裂特征。

韩城煤层气三维研究区中部构造形态为一个由东南向西北倾没的单斜构造，同时发育两个北西向倾没的鼻隆或挠曲，研究区西部由 F1 断层控制发育一个向西倾没的断鼻构造，北部由 F9 断层控制形成一个向北倾没的断鼻，并被伴生的小断层复杂化。

依据主要断层发育特征，以 F1 和 F9 断层为界将研究区划分为三个构造带，北部东泽村构造带、东南部象山井田西部构造带和西部前高家坡构造带。其中东泽村构造带为 F9 断层以北区域，被 4 条近东西向断层所切割，向东侧断层走向变为北东东向，为断裂破碎带，形成东南高、西北低的构造形态。象山井田西部构造带的东侧紧邻象山井田，西侧以 F1 断层为界，北侧以 F9 断层为界，整体来看构造带内部断层不发育，以小断层为主，断层走向为北西向和近东西向，呈现为东南高、西北低的构造形态，沿北东方向发育两个鼻突，主要受北东方向挤压而形成。前高家坡构造带为 F1 断层以西地区，受 F1 断层控制，该断层南部断距大，北部断距小，说明南部该断层活动剧烈。整体来说，前高家坡构造带受 F1 断层影响，呈现东高西低的单斜形态（图 2-29）。

韩城三维区 5#煤层埋深呈现东高西低、东南高西北低的形态，埋深在 450 ~ 1500m 之间。11#煤层埋深从东向西逐渐变深，埋深在 500 ~ 1600m 之间。

众所周知，断层是影响煤层气勘探开发部署及开发井产能的重要地质因素，其影响表现为：（1）断层在局部范围内使煤层构造形态、厚度或煤体结构发生突变；（2）断层会导通邻近含水层，导致煤层气开发井产排降压困难；（3）断层会沟通地表，使煤层气保存条件变差；（4）断层形成隔断，影响煤层气开发井整体开发效果。因此断层精细识别和解释对煤层气勘探开发地质评价和井位精细部署非常重要。

在断距较小的断层断点附近，反射波同相轴发生很微小的错动，单单依靠地震波的运动学特征，采用传统的人工方法可能会漏掉一些低序级断层。但是借助地震属性就易于识别，如地震反射波的振幅、频率、相位等属性在小断点处都有明显的异常，在相干、方差、边缘检测和曲率等地震属性切片上可以清楚地看到断层的展布方向和组合方式。此外应用谱分解技术得到的相位调谐体频率切片比传统的相位属性能更加准确地识别和解释断层，这是因为断层及其附近相位谱变得很不稳定，而在远离断层的位置相位谱则表现得比较稳定。同时可以借助蚂蚁追踪技术准确识别垂向断裂的展布，克服传统地震解释的主观性，在断裂和裂缝空间分布规律的描述上具有显著的优势。

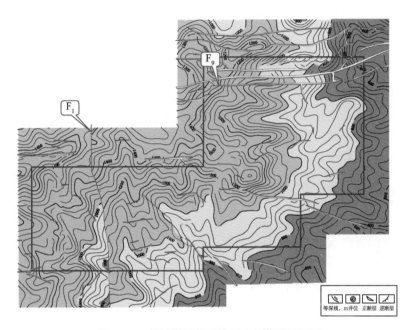

图 2-29　韩城煤层气三维区 11# 煤层埋深图

在小断层精确识别和解释方面，充分利用相干、方差、分频相位、蚂蚁体、曲率和倾角等多种属性，有效提高小断层解释精度，精细落实断层的空间展布特征，用于指导煤层气开发井位部署。

1）相干属性

相干属性是在特定的时窗内，分析相邻地震道波形的相似性，来突出那些不相干的数据。通过计算纵向和横向上局部的地震道波形相似性，可以得到三维地震相关性的估算值，在断层、地层岩性突变、特殊地质体发育处，地震道之间的波形特征发生变化，导致局部的地震道与地震道之间相关性的突变。具有相同反射特征（振幅、频率、相位）的区域呈相似性，相干值接近 0，而在断层发育处和岩性变化的突变点则呈非相似性，相干值接近 1。

断层的识别精度受地震资料品质的影响，高信噪比地震数据体是断层属性提取的基础。因此在提取相干属性之前，需要先对地震数据进行滤波处理，现在常用的方法是构造导向滤波，它根据地层倾角和方位角进行定向滤波，去除地震数据中的噪声，使地震数据同相轴的连续和间断特征更明显，提高了地震资料的信噪比。从剖面对比来看，构造导向滤波后断点更干脆、断面更清晰，更利于断层解释（图 2-30）。提取的相干属性切片上的断层信息得到加强，可以更清楚地得到断层的平面展布特征（图 2-31）。

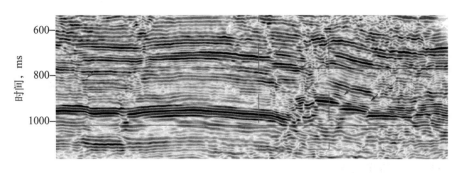

（a）原始地震数据

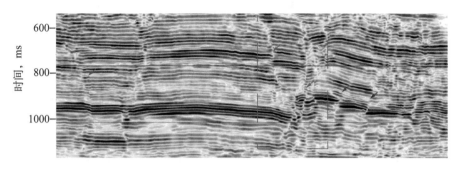

（b）构造导向滤波处理后地震数据

图 2-30　韩城煤层气三维区构造导向滤波前后地震剖面对比

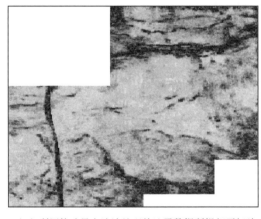 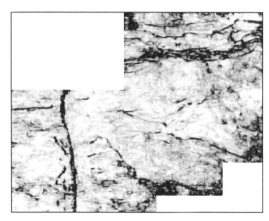

（a）利用构造导向滤波处理前地震数据所提相干切片　　　（b）利用构造导向滤波处理后地震数据所提相干切片

图 2-31　韩城煤层气三维区构造导向滤波前后沿目的层相干切片对比

2）方差属性

方差属性是利用数学上方差算法计算一定时窗内中心地震道与周边地震道数据之间的方差，反映中心地震道与周边地震道之间的差异，突出和强调地震数据的不相关性，帮助解释人员迅速认识整个工区断层等构造及岩性的整体空间展布特征。其步骤是：首先计算每个样点的方差值，即通过该点与选取时窗内所有样点的平均值之间的方差，然后再加权归一化即可得到要求取的值。断层处样点值与平均样点主值差值较大，计算的方差值大，因而利用方差体属性可以准确解释断层（图 2-32）。

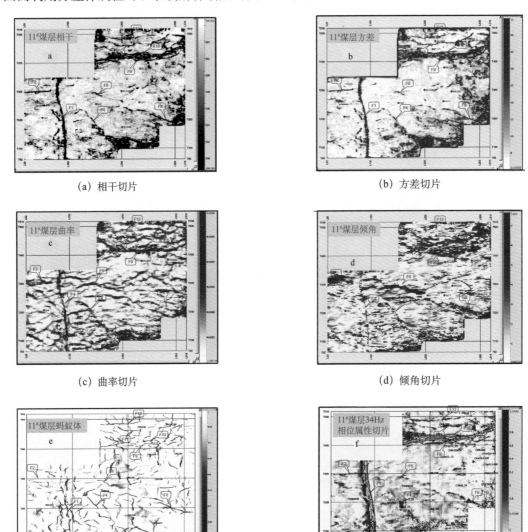

(a) 相干切片	(b) 方差切片
(c) 曲率切片	(d) 倾角切片
(e) 蚂蚁体切片	(f) 34Hz相位属性切片

图 2-32　韩城煤层气三维区 11# 煤层顶面各种属性切片平面图对比

3）分频相位属性

谱分解技术是通过短时窗离散傅里叶变换将地震资料从时间域转换到频率域，得到振幅谱及相位谱调谐数据体，其中振幅谱被用于描绘时间层的厚度变化，而相位谱被用于指示地质体的横向不连续性[3]。由于断层的存在往往使地震资料的相位不稳定，在地震资料有效频带内，随着频率的增高，小断层变得更加清楚。低频率切片反映断距相对较大的断层，而高频率切片主要反映断距相对较小的断层。相位调谐体的频率切片对于断距较大、断面较宽的正断层上下盘断点位置反映清晰，可以更好地指导断层的平面组合（图 2-32）。

4）蚂蚁体属性

蚂蚁追踪技术以蚁群算法为原理，在地震数据体中撒播大量的人工"蚂蚁"进行追踪，当有蚂蚁发现满足预设断裂条件的断层时将"释放"某种信号，召集该区域其他的蚂蚁集中对该断裂进行追踪，直到完成该断裂的追踪和识别。通过蚂蚁追踪，最终能够获得一个低噪声、具有清晰断裂痕迹的数据体[4]。

对于三维地震不满覆盖的边界区域，相干属性和方差属性切片上断层痕迹模糊，不易识别。而蚂蚁体属性信噪比较高，在其切片上可以清楚地看到噪声被过滤掉，断层被凸显出来。韩城煤层气三维区东部边界位置在最初解释过程中组成了一条断层，蚂蚁体属性剖面和切片中清晰地显示出两条断层的分叉现象，因而调整为两条断层的组合方式。韩城煤层气三维区南部边界断层在蚂蚁体属性中反映非常清晰。依据蚂蚁体属性特征对断裂尤其是不满覆盖区域的断裂解释进行了细化，增加了一些小断层，调整了断层组合方式（图2-32）。

综合应用"多属性"相结合进行断层解释，准确分辨断距3m以上断层。断层数量增多，韩城煤层气三维区 11# 煤层顶面反射层由原来的 45 条增加到现在的 68 条（图 2-33），断层的平面位置、组合关系以及延伸长度更为合理，为煤层气有利区评价提供依据。

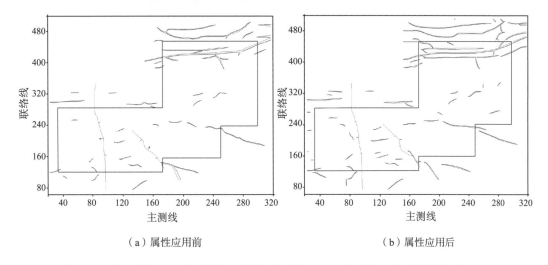

（a）属性应用前　　　　　　　　　　　　　（b）属性应用后

图 2-33　韩城煤层气三维区属性应用前后解释方案 11# 煤层顶面反射层断裂系统对比

2. 薄煤层地震反演技术

煤层厚度是煤层气资源量计算的基础数据，也是煤层气有利区评价的主要参数之一。近年来，三维地震在煤层气勘探开发中的应用越来越多，它不仅能够详细查清研究区的构造断裂特征，而且利用三维地震数据能够有效预测煤层纵横向的展布规律。预测煤层厚度的方法较多，包括利用地震属性进行煤层厚度预测[5]，利用测井约束地震反演方法预测煤层厚度和利用地质统计学方法预测煤层厚度[6]等。以韩城煤层气三维区为例进行薄煤层厚度预测，其预测思路主要采用先定性、后定量的研究思路，从振幅属性到叠后波阻抗反演方法，最后是精度更高的地质统计学反演方法，综合多种方法来提高薄煤层厚度预测精度。

1）利用地震振幅属性预测煤层厚度

从韩城煤层气三维示范区钻井所钻煤层厚度及邻区煤矿资料和文献统计来看，5#煤层埋深在 600～1300m，厚度在 1.5～9.9m 之间变化，说明研究区 5# 煤层厚度横向变化快，且属于薄层范畴，不能用追踪顶底界面的方法来预测。

根据韩城煤层气三维示范区煤层分布特征，同时参考地震采集参数，制作反映韩城煤层气三维示范区煤层发育特点的地质模型（图 2-34）。图中有三层低速、低密度地层代表 3#、5# 和 11# 煤层，通过正演模拟，得到正演地震剖面。从图 2-34（b）中可以看到，H1～H2 之间、H3～H4 之间、H5～H6 之间的三套煤层均为波峰反射，且均表现出随煤层厚度增大，地震振幅增强的特征。

通过分析井点处煤层实钻厚度和地震均方根振幅的关系，其中 11# 煤层厚度与均方根振幅的关系式为：$y=0.0002x+0.45$。沿层提取 11# 煤层均方根振幅属性平面图，利用 11# 煤层厚度与均方根振幅的关系式来预测煤层厚度（图 2-35、图 2-36、图 2-37）。

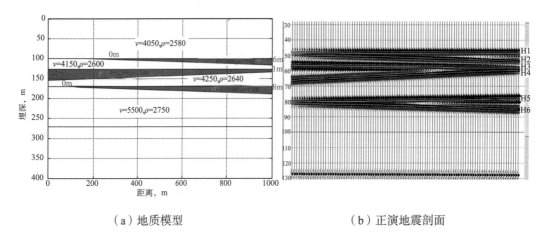

（a）地质模型　　　　　　　　　　　　（b）正演地震剖面

图 2-34　地质模型和正演地震剖面

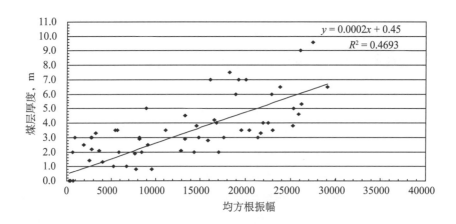

图 2-35　韩城煤层气三维区 11# 煤层厚度与均方根振幅之间关系图

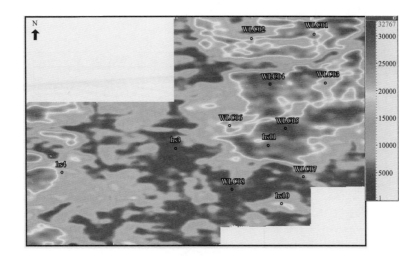

图 2-36　韩城煤层气三维区 11# 煤层均方根振幅平面图

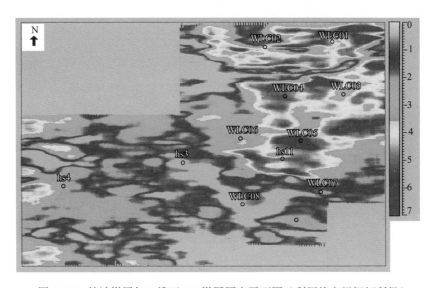

图 2-37　韩城煤层气三维区 11# 煤层厚度平面图（利用均方根振幅所得）

2）多种反演方法预测薄煤层厚度

测井曲线分析表明，煤层纵波阻抗明显低于砂泥岩，因而可以应用波阻抗反演方法预测煤层厚度。但由于研究区煤层厚度薄、不同井间厚度变化大，为提高薄煤层分辨能力，在叠后波阻抗反演基础上应用地质统计学反演得到了比较好的效果，从图 2-38 中可以看出地质统计学反演结果对薄煤层（蓝色为雕刻出的煤层）识别比叠后波阻抗反演分辨率更高，煤层更清晰，与井的实钻结果更吻合。

利用地质统计学反演结果编制韩城煤层气三维区 11# 煤层厚度平面图，精细刻画出煤层横向展布情况。11# 煤层在平面上呈现东厚西薄的趋势，在 0～11.5m 之间变化。东部 WLC01 井、WLC03 井、WLC04 井、WLC05 井和 WLC06 井附近的煤层厚度较厚，厚度大于 5m。在 hs4 井西北侧 11# 煤层厚度大于 3m，有增大的趋势。向西至 HS3 井预测厚度减少至 1m，在 WLC7 ～ WLC08 井连井线以南 11# 煤层厚度较薄，研究区南部空白区域为 11# 煤层尖灭区（图 2-39）。

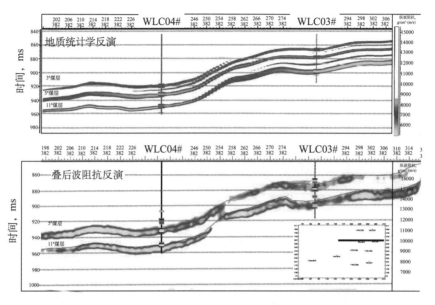

图 2-38　韩城煤层气三维区联络线 382 地震资料反演结果对比图

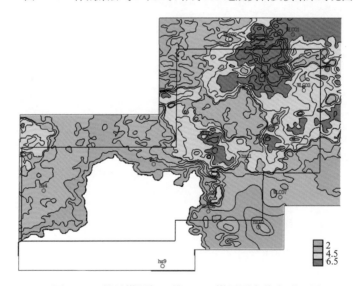

图 2-39　韩城煤层气三维区 11# 煤层厚度分布平面图

3. 煤储层裂缝预测技术

中国含煤盆地煤层气储层渗透率普遍偏低，寻找高渗透区是煤层气地质评价的主要任务之一。煤层的储集空间包括割理、微裂缝与微孔隙，其原始孔隙度较小，煤层的渗透性大小主要取决于其微裂缝是否发育。因此，煤层裂缝的发育程度是煤层气地质解释的重要任务之一。

煤岩变质程度是影响煤层割理裂缝发育程度的一个主要因素。一般来说，低煤阶的煤层割理不发育，随着煤阶的升高，割理逐渐发育，在焦煤、瘦煤中割理最为密集；此后到无烟煤阶段，由于较高的温度和压力，煤层割理裂缝会因发生重新愈合现象而减少。此外，成煤期后的构造活动也是影响煤层渗透性和封闭条件的一个重要因素。构造活动是产生煤层次生裂缝的主要因素，对煤层气的高产富集既有建设性作用，也有破坏性作用。一方面构造运动可促进煤层裂缝系统的发育，提高其含气量和渗透率；另一方面，强烈的构造活动又使得煤系地层抬升并遭受风化剥蚀，严重破坏煤层的原生结构，降低煤层的渗透率，同时使其保存条件也不好。

煤层裂缝的发育程度除岩心观察和测井单点证实外，平面上的发育特征主要应用地球物理方法进行预测。目前采用的煤层裂缝预测方法有：叠后地震属性定性预测煤层裂缝和叠前分方位各向异性煤层裂缝预测等。

1）叠后地震属性定性预测煤层裂缝

定性识别裂缝的地震属性主要有相干、曲率和玫瑰图等。其中相干属性不仅能够检测断层，同时还能定性预测裂缝发育带。相干属性值越大，相似程度越高，地层连续性就越好，裂缝不发育；而相干属性值越小，相似程度越低，地层连续性就越差，裂缝就越发育。

曲率反映煤层（或煤系地层）受构造应力挤压时层面弯曲的程度，一般曲率越大、张应力越大、张裂隙越发育，进而根据煤层发生形变和曲率的关系来预测煤层裂缝的分布。从保德南煤层气三维区 $4^\#+5^\#$ 煤层和 $8^\#+9^\#$ 煤层顶面沿层曲率属性平面图（图2-40）可以看出，曲率大尺度变化处代表断层，小尺度变化点代表裂缝的发育，在大断裂附近微裂隙比较发育，其展布方向以近南北向、北东—南西向及北西—南东向为主。

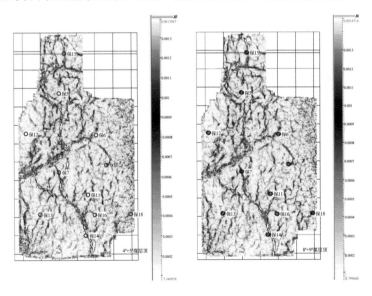

图2-40 保德南煤层气三维区 $4^\#+5^\#$ 煤层顶和 $8^\#+9^\#$ 煤层顶面沿层曲率属性平面图

玫瑰图分析方法常用来描述特定线状特征的方位分布，可以选择脊类曲率分量或河谷类曲率分量和最小曲率方位分量形成三维玫瑰图，来解释断裂系统和裂缝的分布和走向，玫瑰图上某个方位的花瓣长度依赖于在该方位裂缝出现的频率。

为了更直观显示裂缝的发育方位和密度，提取保德南煤层气三维区 $4^\#+5^\#$ 煤层和 $8^\#+9^\#$ 煤层顶面沿层玫瑰图切片（图2-41），图中玫瑰花瓣走向代表裂缝主应力方向，玫瑰花瓣的长度代表裂缝的发育密度。

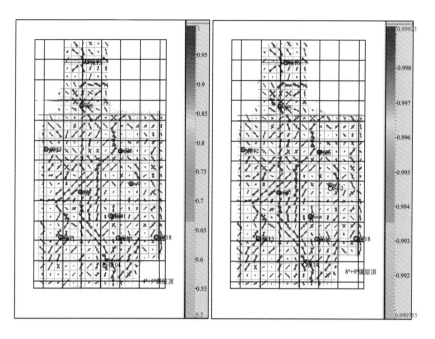

图 2-41　保德南煤层气三维区 4#+5# 煤层顶和 8#+9# 煤层顶面沿层玫瑰图

2）分方位各向异性技术预测煤层裂缝

地下不存在裂缝时，可近似地看作是各向同性。但当地震波非垂直入射时，P 波速度因定向垂直裂缝的存在，出现方位各向异性。如图 2-42 所示，当地下存在一定规模的平行排列的直立或近乎直立裂缝带时，地下介质可以看成是各向异性介质，地震波在垂直裂缝方向传播和平行于裂缝方向传播时的振幅、频率和速度等都会受到裂缝存在的影响。理论研究表明，纵波的传播路径与裂缝方向垂直时，纵波的振幅、频率、速度等受裂缝影响最大；传播路径与裂缝方向平行时，纵波的振幅、频率、速度等受裂缝影响最小[7]。

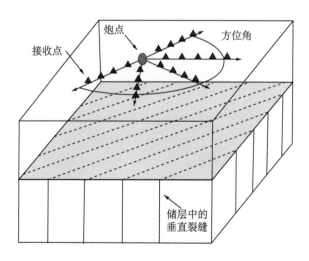

图 2-42　垂直裂缝型储层与三维地震方位数据采集示意图

反射 P 波通过裂缝介质时（图 2-43），对于固定炮检距，P 波反射振幅响应 R 与炮检方向和裂缝走向的夹角 θ 有如下关系：

$$R(\theta) = A + B\cos(2\theta) \qquad (2-1)$$

式中　A——均匀介质下的反射强度；

　　　B——偏移距随方位角变化的振幅调谐因子；

　　　R——任意方向 T 的方位反射振幅；

　　　θ——裂缝走向的夹角。

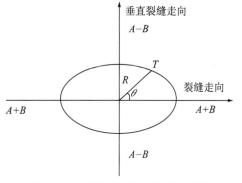

图 2-43　裂缝检测基本原理示意图

微裂缝发育造成地震波场呈现椭圆方位各向异性特征，提取分方位振幅、旅行时、旅行时差、AVO 梯度、速度以及相应的衍生属性，通过这些属性随方位角的变化特征，对各向异性的响应特征和分方位 AVO 进行分析。通过椭圆拟合方式，利用各向异性特征，对裂缝发育密度、方位和应力场进行刻画，为煤层后期压裂方案的优选提供依据。

裂缝预测流程图如图 2-44 所示。

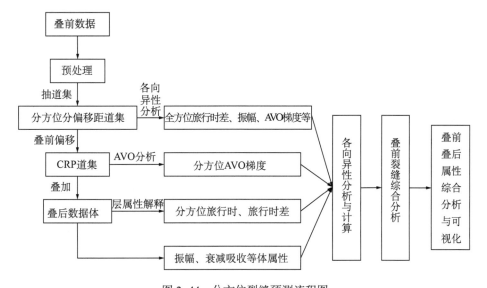

图 2-44　分方位裂缝预测流程图

以保德南煤层气三维区块为例，选取已知裂缝方向的井点道集进行单点分析，确定裂缝预测的面元大小、平滑参数以及炮检距范围等各项参数。道集要求有方位角信息的数据，通常是 NMO 和 DMO 处理后的 CMP 道集。首先对其覆盖次数进行统计分析，覆盖次数至少要大于 10 次。由图 2-45 可见，叠前 CMP 道集数据截取全工区中心部位数据，沿目的层 4#+5# 煤顶至 8#+9# 煤顶之间，进行其覆盖次数统计，为 34 ～ 37 次覆盖，空间采样密度高、方位角宽 0° ～ 180°，分布较均匀。最大偏移距 2900m 左右，有效偏移距 500 ～ 1500m，较适合进行叠前裂缝预测。通过试验面元大小和平滑参数，得到不同的玫瑰图，玫瑰图方位与井点裂缝方向相同的为合理的参数。

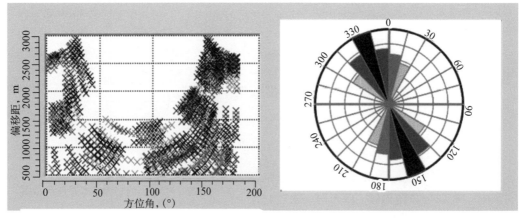

（a）偏移距与方位角交会图 （b）玫瑰图

图2-45 单点分析

在单点分析基础上，根据偏移距与方位角分布的特征，在有效偏移距500～1500m范围内，方位角范围0°～360°，采用方位角重叠，将0°～20°、340°～360°、160°～200°划分为第1个方位角，10°～75°、190°～255°划分为第2个方位角，55°～125°、235°～305°划分为第3个方位角，105°～170°、285°～350°划分为第4个方位角，分别进行分方位叠加。针对分方位叠加数据，进行振幅类、频率类及其他分方位叠后属性分析，利用各种属性的分方位信息，对裂缝引起的属性差异进行甄别。图2-46为不同方位角叠加数据沿4#+5#煤层顶向下20ms提取的分方位最大波谷振幅图，可以看到不同方位角提取的属性存在一定差异，反映4#+5#煤层存在空间各向异性。同样，沿8#+9#煤层顶向下20ms提取的分方位最大波谷振幅等属性，来进行煤层各向异性分析。

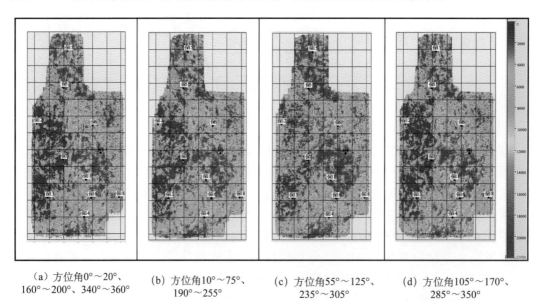

（a）方位角0°～20°、 （b）方位角10°～75°、 （c）方位角55°～125°、 （d）方位角105°～170°、
160°～200°、340°～360° 190°～255° 235°～305° 285°～350°

图2-46 保德南煤层气三维区沿4#+5#煤层顶向下20ms分方位最大波谷振幅平面对比图

在不同方位角数据基础上，利用椭圆拟合方式提取得到4#+5#煤层裂缝密度和裂缝方

向分布图（图2-47），通过分析，4#+5#煤层裂缝密度较大分布在北部保5井和保15井之间、保5井—保6井之间、保6井—保7井连线西北侧构造转折带以及保11井—保16井—保14井西侧。保德南煤层气三维区东部预测裂缝强度较大，但该区资料信噪比低、同相轴连续性差，可信度较低。另外，4#+5#煤层裂缝方向以北西向和北北东—北东向发育为主。

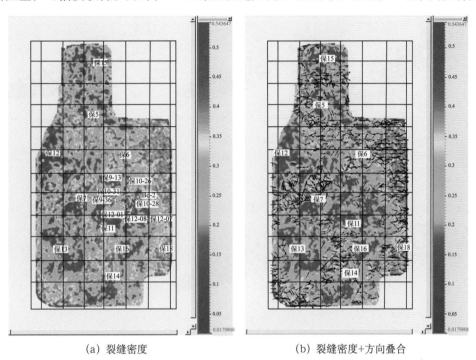

(a) 裂缝密度 (b) 裂缝密度+方向叠合

图2-47 保德南煤层气三维区4#+5#煤层裂缝密度和裂缝密度+方向叠合平面图

综上所述，通过叠后地震属性能够定性分析大断层的展布和煤层裂缝发育带的分布情况，对于大断层的预测和识别，利用叠后地震属性，特别是相干、方差和曲率等都能有效识别。同时能够定性预测煤层裂缝发育带，曲率属性对于裂缝发育带的识别和预测要好于相干和方差属性，其识别尺度要比相干和方差属性小，而用叠前分方位地震数据能够定量预测煤层裂缝发育情况以及裂缝发育方向，其预测裂缝尺度要小于曲率属性，精度更高。

4. 煤层含气量预测技术

煤层含气量预测技术是以地震和测井资料为基础，基于测井数据优选对煤层含气量敏感的弹性参数，利用叠前同时反演技术，得到煤系地层（包括煤层及其顶底板地层）的各种弹性参数数据体，进而对煤层含气量进行预测。

煤层含气量预测的基础是岩样测试结果及测井曲线分析，以保德南煤层气三维研究区为例，利用测井解释煤层含气量数据与煤层密度、纵波阻抗、纵横波速度比、泊松比以及拉梅常数等进行交会分析（图2-48）。通过分析发现，煤层测井解释含气量随着密度、纵波阻抗、纵横波速度比、泊松比及拉梅常数的增加而降低，呈负相关关系[8]，但是在纵横波速度比、泊松比、拉梅常数与煤层含气量交会图上，其聚焦程度欠佳，特别是在煤层含气量低值区，数据点较发散，规律性不强。而煤层密度、纵波阻抗与测井解释含气量的数据散点规律性要好于其他弹性参数。其中，煤层密度与煤层含气量线性关系最明显，是对煤层含气量最敏感的参数。究其原因，主要是煤层气以吸附气为主，游离气很少，煤层含气量与煤层矿物质（灰分）含量、水分含量等呈负相关关系。因此，利用煤层密度属性预测现今状态下煤层含气量，是可行有效的。

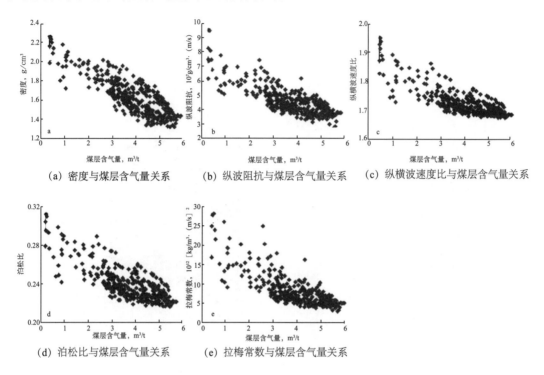

（a）密度与煤层含气量关系　　（b）纵波阻抗与煤层含气量关系　　（c）纵横波速度比与煤层含气量关系

（d）泊松比与煤层含气量关系　　（e）拉梅常数与煤层含气量关系

图 2-48　保德南煤层气三维区煤层测井解释含气量与不同弹性参数交会图

另外，利用保德南煤层气三维区 16 口探井煤层岩心实测含气量和相应的密度测井数据制作散点图，按线性关系拟合含气量与密度之间的数学关系，R 平方值为 0.7747，认为两者的线性关系是可信的（图 2-49），与煤层测井解释含气量和密度测井数据间的关系一致[9]。

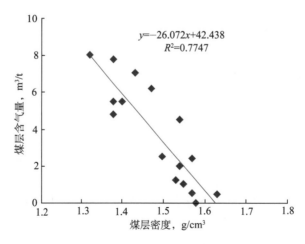

图 2-49　保德南煤层气三维区煤层岩心实测含气量与密度的关系

如果知道整个研究区煤层密度平面上的分布规律，就可以按图 2-49 拟合公式来预测煤层含气量。然而，确定煤层密度横向上的分布，是煤层含气量预测的关键，也是难点。使用叠前同时反演技术可以得到密度数据，即利用煤层气三维地震叠前道集数据，结合纵波阻抗、横波阻抗、密度等测井数据以及地质资料，可以反演出密度等数据体[10]。

从叠前同时反演得到的密度数据体中沿层提取 8#+9# 煤层密度属性，得到 8#+9# 煤层密度平面分布图。按图 2-49 所得公式转换为煤层含气量平面图（图 2-50）。整体来看，8#+9# 煤层含气量横向变化特征表现为东低西高，在研究区中部 W2—W3—W10 井区及东侧 8#+9# 煤层含气量小，为 0.5 ～ 4.0m³/t，而在研究区西北侧 W6—W9 井区和研究区东南侧的 W12 井附近 8#+9# 煤层含气量大，为 4.0 ～ 7.5m³/t。

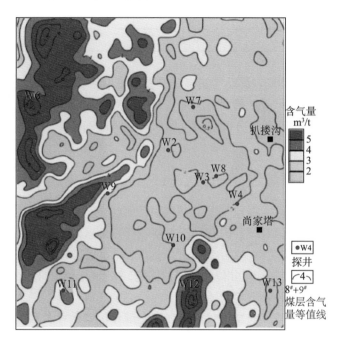

图 2-50　保德南煤层气三维区（局部）8#+9# 煤层预测含气量平面分布图

通过与钻井 8#+9# 煤层岩心含气量测试结果对比分析来看，10 口井绝对误差绝对值全部小于 1.0m³/t，而相对误差绝对值小于 20% 的有 8 口井，吻合率达到 80.0%（表 2-2）。其中 W13 井相对误差较大的原因，主要是处于三维地震区的边界上，可能受地震资料的影响。此外，在原始地层条件下，煤层气多为吸附气，是经过地质运动影响后的残余气，影响其含量大小的内部和外部因素较多，对于盆地范围的煤层含气量预测，利用煤层密度属性预测煤层含气量的这种方法有局限性，而对于小范围（处于相同构造区）的煤层含气量预测，这种方法就很实用。

表 2-2　8#+9# 煤层预测含气量误差统计表

井名	8#+9# 煤层平均含气量 m³/t	预测含气量 m³/t	绝对误差 m³/t	相对误差 %
W2 井	1.58	1.82	0.24	15.19
W3 井	1.23	1.40	0.17	13.82

续表

井名	8#+9#煤层平均含气量 m³/t	预测含气量 m³/t	绝对误差 m³/t	相对误差 %
W4井	2.34	2.05	−0.29	−12.39
W6井	7.79	7.10	−0.69	−8.86
W7井	1.97	1.60	−0.37	−18.78
W8井	2.56	2.00	−0.56	−21.88
W9井	2.51	2.70	0.19	7.57
W10井	2.38	2.25	−0.13	−5.46
W11井	6.18	5.30	−0.88	−14.24
W13井	0.46	0.82	0.36	78.26

"十二五"科研攻关期间，煤层气储层地震表征技术在鄂尔多斯盆地东缘韩城和保德、沁水盆地郑庄和沁南东等示范区得到了应用，充分发挥了地震资料的优势，弥补了钻井只能确定井点处煤层气储层情况、井间煤层气储层特征难以确定的不足，明确煤层气储层平面特征，取得良好的效果。

二、地震多信息煤层气有利区综合评价

煤层气有利区通常是指在煤层气勘探开发中，那些煤层埋藏适当、含气量相对较高、厚度相对较厚、渗性条件相对较好的有利于煤层气开发的区域。对煤层气储层精细地震表征所得参数进行分析，优选关键参数，制订评价标准，对煤层气有利区进行分类和综合评价，预测富集高产区，对于煤层气开发井位的部署与优化，对于煤层气的有效开发具有重要意义。

1.煤层气有利区地震评价思路

煤层气有利区评价就是以与煤层气富集高产关键评价参数相关联的地震信息和地震属性为主，多要素叠加，通过综合评价来预测煤层气有利区。不同区块煤层气有利区的含义是一致的，但综合评价所使用的地震信息和量化指标则是相对的，煤层气有利区的预测结果也是相对的，是同区中煤层气富集高产条件相对最好的区域。

在以往文献中，煤层气有利区评价主要从煤岩的矿物成分、热演化程度、吨煤含气量、埋藏深度、地质条件、资源条件等方面进行，以地质分析为主[11，12]。近年来也有一些研究人员开始利用地震资料进行煤层埋深、厚度及含气性预测，但分析着眼于单一或某几个要素，在多要素叠加综合评价方面有所欠缺。"十二五"科研攻关期间主要是基于地震资料对煤层气富集高产关键参数进行预测，认为煤层厚度和埋深是基础，煤层含气量和裂缝是最关键的评价参数，同时考虑有利构造部位和保存条件，进行多要素综合评价，优选煤层气有利区。其中，煤层厚度、埋深、断裂与裂缝、构造和保存条件等完全可以通过煤层气储层地震精细表征技术所得到，是地震多信息煤层气有利区评价的主要考虑因素。

2.煤层气有利区评价实例分析

1）韩城煤层气三维区

由于韩城煤层气有利区是在三维区小范围内进行评价和预测，整个三维区域内热演化

程度基本一致，不用做具体的评价；同时，整个三维区内煤层主要发育在斜坡带，属于煤层气有利储集构造带，不用单独进行评价。因此针对韩城煤层气有利区评价主要从煤层的埋深、厚度、渗透性（煤层裂缝）及含气量四个方面进行详细的预测和评价。

考虑到开采难度和开发成本的增加，同时根据前期探井生产情况和煤层厚度及含气量横向展布情况，把 11# 煤层埋深在 600 ～ 1200m、厚度大于 3m、含气量大于 10m³/t 和裂缝较发育作为韩城三维区 11# 煤层 I 类有利区的评价标准，保存条件方面考虑了断层的封堵性、顶底板岩性及厚度等（表 2–3）。最后综合应用多信息（煤层埋深、厚度、含气量、裂缝发育情况等）对 11# 煤层进行评价和预测，得出韩城三维区 11# 煤层 I 类有利区范围，面积为 27km²（图 2–51）。

表 2–3　韩城煤层气三维区 11# 煤层 I 类有利区综合评价标准

评价对象	埋深，m	厚度，m	含气量，m³/t	裂缝发育程度	与断层距离 m	顶底板岩性	顶底板厚度 m	构造位置
11# 煤层	600 ～ 1200	>3	>10	较发育	>200	泥岩	>20	单斜或向斜

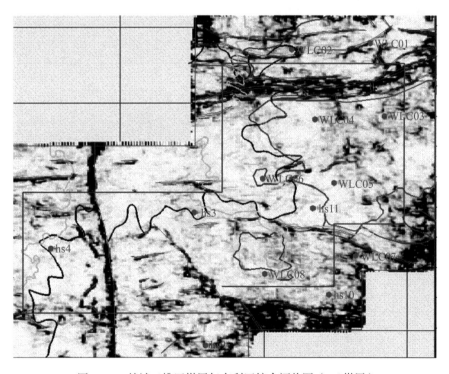

图 2–51　韩城三维区煤层气有利区综合评价图（11# 煤层）

注：底图为 11# 煤层沿层相干切片，叠加上解释的断层，紫色线为煤层气 I 类有利区范围。其中蓝色线：煤层含气量为 10m³ 等值线。黑色线：埋深为 1200m 等值线。黄色线：煤层厚度为 3m 等值线

通过后期煤层气开发井生产情况验证，截至 2014 年年底，韩城煤层气三维区内单井日产气量大于 1000m³ 的井有 64 口，其中有 46 口井在预测的煤层气 I 类有利区内，吻合率达到 72%，预测结果与开发井生产情况吻合较好，证实煤层气有利区评价方法正确。

2）保德南煤层气三维区

保德南煤层气三维区位于鄂尔多斯盆地东缘晋西挠褶带北部，为向东抬升的单斜，断裂活动相对不剧烈，主力煤层为4#+5#煤层和8#+9#煤层。

三维区内煤岩的热演化程度基本一致，但主力煤层属于中低煤阶，含气量相对较低，评价标准为大于2m³/t。由于整个三维区内单煤层厚度较薄，评价标准定为2m。相对于韩城地区中高煤阶煤层气有利评价标准有所降低，其他评价标准与韩城煤层气有利区评价标准一致（表2-4）。

根据保德南煤层气三维区4#+5#煤层和8#+9#煤层的发育特点，主要从煤层的埋深、厚度、含气量、断裂、顶底板岩性及厚度等几个方面对保德南煤层气有利区进行详细的评价。依照评价标准（表2-4）分别对4#+5#煤层和8#+9#煤层进行综合评价，评价出4#+5#煤层 I 类有利区面积55km²，8#+9#煤层 I 类有利区面积23km²（图2-52）。

表2-4　保德南煤层气三维区主力煤层 I 类有利区综合评价标准

煤层	埋深，m	厚度，m	含气量 m³/t	裂缝发育程度	与断层距离 m	顶底板岩性	顶底板厚度 m	构造位置
4#+5#煤层	600～1200	≥2	≥2.0	裂缝较发育	>200	泥岩	>20	单斜或向斜
8#+9#煤层	600～1200	≥2	≥2.0	裂缝较发育	>200	泥岩	>20	单斜或向斜

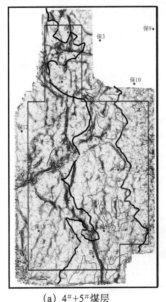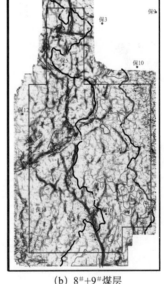

(a) 4#+5#煤层　　　　　　　　(b) 8#+9#煤层

图2-52　保德南煤层气三维区 4#+5#煤层、8#+9#煤层有利区综合评价图

注：底图为沿层曲率图，叠加上解释的断层，紫色线为煤层气 I 类有利区范围。其中蓝色线：煤层含气量为2m³等值线。黑色线：东侧为埋深600m等值线，西侧为1200m等值线。黄色线：煤层厚度为2m等值线

通过地震多信息煤层气有利区综合评价技术的应用，优选煤层气富集高产区，为煤层气开发地质评价和井位部署提供了可靠依据，所形成的经济有效的煤层气地震技术在煤层气高效开发中发挥了重要作用。

参考文献

［1］Andreas Cordsen. 陆上三维地震勘探的设计与施工［M］. 俞寿朋，等译. 石油地球物理勘探编辑部，1996.

［2］狄帮让. 熊金良，岳英，等. 面元大小对地震成像分辨率的影响分析［J］. 石油地球物理勘探，2006，41（4）：363-368.

［3］李庆忠. 走向精确勘探的道路［M］. 北京：石油工业出版社，1993

［4］史军. 蚂蚁追踪技术在低级序断层解释中的应用［J］. 石油天然气学报，2009，31（2）：257-258.

［5］程增庆，吴奕峰，张书生，等. 用地震反射波定量解释煤层厚度的方法［J］. 地球物理学报，1991，34（5）：657-662.

［6］李晓军，胡金虎，朱合华，等. 基于 Kriging 方法的煤层厚度估计及三维煤层建模［J］. 煤炭学报，2008，33（7）：765-769.

［7］甘其刚，杨振武，彭大钧. 振幅随方位角变化裂缝检测技术及其应用［J］. 石油物探，2004，43（4）：373-376.

［8］陈信平，霍全明，林建东，等. 煤层气储层含气量与其弹性参数之间的关系——思考与初探［J］. 地球物理学报，2013，56（8）：2837-2848.

［9］邵林海，徐礼贵，李星涛，等. 煤层含气量定量预测技术及应用［J］. 新疆石油地质，2016，37（2）：222-226.

［10］邵林海，刘池阳，丁清香，等. 韩城煤层气三维地震勘探区 11# 煤层含气量预测［J］. 地质科技情报，2016，35（1）：147-151.

［11］侯伟，温声明，文桂华，等. 临汾区块煤层气资源评价与有利目标区优选［C］. 2011 年煤层气学术研讨会论文集. 2011，57-64.

［12］关德师. 煤层甲烷的特征与富集［J］. 新疆石油地质，1996，17（1）：80-84.

第三章 煤层气储层测井评价技术

地球物理测井是煤层气勘探开发中十分重要的技术手段。"十二五"以前，煤层气储层测井评价主要局限于评价煤岩的组分、孔隙度、渗透率、含气量等煤储层参数；其评价方法主要是基于煤岩实验分析资料和测井资料，采用数学统计方法，建立煤岩工业组分计算模型、利用双侧向测井资料计算煤层裂缝孔隙度和渗透率、基于温度和压力的兰氏等温吸附方程预测煤储层含气量。此外，还将BP神经网络、支持向量机、遗传算法等计算处理技术应用于煤层气储层测井评价，这些方法虽然简化了储层参数建模过程、避免了合理选取解释参数的难题，但储层参数预测精度往往还不够高，方法的可推广性欠缺。

"十二五"期间，依托中国石油天然气股份有限公司重大科技专项《煤层气地球物理储层评价技术研究》（2010E-2202）和《煤层气地球物理综合评价技术研究》（2013E-2202JT），煤层气储层测井评价首次提出了煤层气系统测井综合评价新思路，基于煤层气系统测井综合评价新理念，把煤层以及煤层顶底板与构造、水动力等地质因素作为一个系统来进行综合评价；总结不同煤阶煤层测井响应特征并提出煤层气测井优化系列；基于常规和电成像资料对煤体结构进行测井精细描述；在煤层气关键参数评价方面，创新煤层含气量评价方法，首次提出了考虑破坏作用的煤层含气量评价技术；结合煤层气典型双重孔隙特征，形成了煤层割理孔隙表征和渗透率计算技术，解决了煤层超低渗透率难以获取的问题。通过构建煤体结构强度因子，对煤层及顶底板含水性进行综合评价，预测煤层产水量。通过"十二五"技术攻关，创新了煤层气系统测井综合评价理念，基本形成了一套适用于中国煤层气储层地质特点的测井综合评价技术系列，有效地解决了煤层气勘探开发过程中的测井评价关键技术问题，为煤层气储层有利区预测、射孔层位优选和储层改造提供技术支持。

第一节 煤层气系统测井综合评价新理念

一、煤层气系统测井综合评价新思路

煤层气系统是一个包含一套有效烃源岩即煤层和它生成的煤层气，以及煤层气富集所需的所有地质要素和地质作用过程的天然系统[1, 2]，如图3-1所示。

对于多套煤储层，不仅发育煤层，还发育常规的砂岩储层，可作为一个复合煤层气系统研究，如图3-2所示。

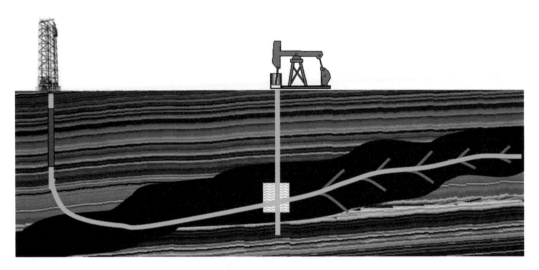

图 3-1　煤层气系统基本示意图

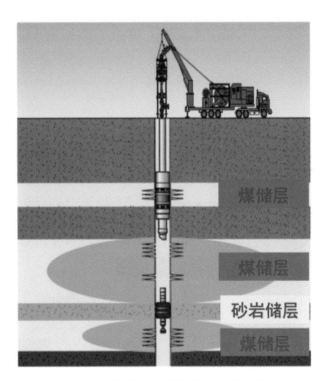

图 3-2　煤层与砂岩层组成的煤层气系统

　　煤层气系统概念来源于含油气系统的概念，但两者存在诸多差别，表现在几个方面，见表 3-1。

表 3-1　煤层气系统与含油气系统差别[1]

项目	含油气系统	煤层气系统
烃源岩	泥岩、页岩	煤级不同的煤
储集层	砂岩等碎屑岩、碳酸盐岩、火山岩	煤层：广义上包含顶、底板砂岩

续表

项目	含油气系统	煤层气系统
盖层	直接覆盖于烃源岩之上的地层	包括上覆盖层和下伏封闭层
圈闭	地层圈闭、构造圈闭、复合圈闭、水动力圈闭	圈闭包含水动力封闭因素
赋存	油气主要以游离态和溶解态存在；赋存空间为裂隙和孔隙	煤层气以吸附态为主，游离态和溶解态次之；赋存空间为基质孔隙和裂隙
运移	油气存在初次运移和二次运移，前者为从烃源岩到最近的储集层的运移，后者指进入储集层之后发生的运移	一般认为不发生运移，但新近研究发现存在运移，至少存在本煤层中运移，运移距离较常规油气小
生、储、盖组合	存在正常式、侧边式、顶生式和自生自储式	通常认为自生自储
封闭	存在物性封闭、浓度封闭、断层封闭、水动力封闭等	以水动力封闭为主，较为常见的还有物性封闭、浓度封闭、断层封闭等
持续时间	形成一个含油气系统所需要的时间	从煤层气开始生成至今
保存时间	指在油气生成、运移和聚集作用完成后今的时间	从系统范围内各部位煤层气开始进入保存阶段的最早时间至今
关键时刻	对应烃源岩埋深最大或所受温度最高，大量生烃	对成熟烃源岩，对应煤层埋深最大，大量生成热成因气；对未成熟烃源岩，对应大量生成生物成因煤层气

煤层气系统测井综合评价的思路主要是把煤层及顶底板作为一个有机整体，对煤层气系统进行综合评价。摆脱了过去单一评价煤层或者顶底板的局限性，对煤层气地质工程一体化勘探开发提供了更好的支撑。

二、煤层气系统测井综合评价要素

煤层气系统地质要素主要包括煤层气储层和保存条件两大部分，具体情况如图3-3所示。

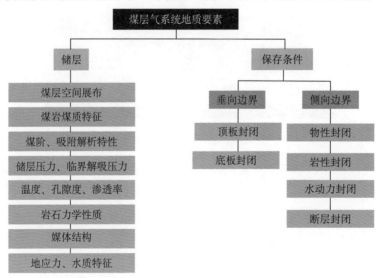

图3-3　煤层气系统地质要素[1]

立足区块整体研究与评价，从多个方面评价煤层气富集的有利条件，综合考虑煤层结构、煤层孔隙度、煤层厚度、煤层含气量、顶底板封隔性等多方面影响到煤层产气量的因素，最终把煤层及其顶底板综合成一个完整的"煤层气系统"进行含气有利因素分析，评价有利的含气层和产气层，见表3-2。

表 3-2　煤层气系统测井综合评价

煤层气系统	煤层气储层	煤层厚度
		工业组分与煤质
		夹矸与结构特征
		物性与割理
		含气量
	顶底板	岩性
		厚度
		孔隙度、渗透率
		含水性
		裂缝发育与封隔性
		游离气

第二节　煤层气储层测井响应特征与测井系列优化

地球物理测井是应用物理学的原理解决地质学问题的一种方法，可以反映地层岩石物理特性的一系列信息。根据测井资料综合解释的原理与方法，对测井资料进行综合性的地质解释，提供油气勘探开发所需的各种参数，因而对测井系列（项目）的选择就显得尤为重要。

根据多年来对煤层气测井技术的研究，对煤系地层测井系列的选择应根据不同的勘探开发需要来确定，具体选择原则可以从"识别、分析、开采"三方面来进行，同时还应考虑构造、沉积等方面的特殊需要。

煤层气测井评价的发展大体可划分为两个阶段。第一个阶段：在勘探时期，测井评价主要任务是煤层识别划分和煤储层参数计算，测井系列为基本的常规测井。第二个阶段：在煤层气大规模投入开采期，压裂、排采技术是煤层气产量的关键因素，煤层产气、产水量的预测成为迫切需求，成像测井因其丰富的地质信息带来了强大的评价能力，逐步形成了常规测井与成像测井相结合的煤层气测井系列，建立和完善了煤层气测井评价技术[3]。

一、不同煤阶煤层测井响应特征

由于煤阶类型的不同归根到底是煤化作用演化程度的不同，所有类型的煤在煤化作用演化过程中主要表现为两种特征：（1）碳（C）含量增加，氢（H）、氧（O）含量减少；（2）水分的减少，煤大分子结构芳香性程度增大，基团中处于俘获状态的电子可转变为自由激发态电子的能力增强，自由基（未成对电子）含量的增加。

根据前人研究成果，煤内部结构和物理性质在煤化作用的各个阶段发生着不同的变化，而这些变化间接反映了含氢指数和电阻率的变化。首先在 R_o 小于 0.6% 时，煤中发育的孔隙主要为原生大孔隙，且含有大量羟基和羧基官能团，这时的煤亲水而疏甲烷，生气能力较弱，造成水分含量非常高，骨架中 H、O 含量很高，C 含量很低，孔隙中水分含量很高，反映含氢指数较高，而这时对电阻率的影响主要是孔隙中的水分的多少，电阻率较低；当 R_o 介于 0.6%～1.3% 时，即处于第一次和第二次煤化作用跃变之间时，随煤阶增高原生大孔隙急剧减少，热变气孔逐渐增多，羟基和羧基官能团大量脱落，造成煤的亲甲烷能力显著增加，生气能力有所增强，水分降低，骨架中 O/C 原子个数比急剧下降，H/C 原子个数比变化不明显，加之气孔的增多和含气量的增大，在 R_o 小于 1.3% 时出现了随煤阶升高含氢指数升高的现象，而这时对电阻率的影响主要与水分含量多少有关，自由基不稳定，在化学作用下很容易重新组合，很难形成自由电子，电阻率值在这一阶段随煤阶的升高而升高；当 R_o 介于 1.3%～2.5% 时，即位于第二次与第三次煤化作用跃变之间时，几乎所有的含氧官能团都脱落，煤的微孔隙增多、比表面积显著增加，生气能力不断增强，水分含量很低，骨架中 H、O 含量非常低，C 含量很高，在这一阶段含氢指数随煤阶升高而降低，而自由基最不稳定，在化学作用下重新组合，很难形成自由电子，电阻率值在这一阶段随煤阶的升高而升高；当 R_o 介于 2.5%～4.0% 时，即位于第三次与第四次煤化作用跃变之间时，中孔、微孔的体积达到极大值，煤的芳环逐渐增大，排列逐渐有序，煤大分子结构芳香性程度的增强导致基团中处于俘获状态的电子可转变为自由激发态电子，从而使煤中自由基显著增加，煤的电阻率下降，导电性增强，在这一阶段含氢指数随煤阶升高而降低；当 R_o >4.0% 时，即第四次煤化作用跃变之后，煤的孔隙度和比表面积随煤阶增高不断下降，骨架中 H、O 含量越来越少，降至最低，C 含量增加到最高，这时含氢指数主要受骨架影响，随煤阶升高而降低。

煤的骨架密度在煤演化过程中随着煤阶升高而持续上升，在煤阶演化最高阶段——石墨，骨架密度最高。而体积密度却有着与骨架密度不同的变化规律，体积密度在从低煤阶的 1.15g/cm³ 左右持续增加到 1.24g/cm³ 左右，这时含碳量在 79% 左右；而后体积密度几乎持平，直到含碳量达到 88% 左右；之后体积密度在无烟煤阶段又随煤阶的升高而升高。如果考虑灰分、割理和裂缝的影响，体积密度的变化将更加复杂，但总体而言，体积密度随着灰分含量的增加而增加[4, 5]。

为了进一步验证煤阶演化与含氢指数的变化规律，按煤阶演化过程中 H/C 和 O/C 原子个数比对不同煤阶的含氢指数进行了模拟计算，如图 3-4 所示。不同煤化程度的煤 C、H、O 原子比见表 3-3。

假设煤组分中不含有灰分，煤的化学式为 $C_nH_yO_z$（n、y、z 为原子数，由 H/C 和 O/C 原子个数比确定），任何一种化合物组成的矿物或岩石的含氢指数可以由下式确定：

$$H = 9 \times \frac{x \times \rho}{M} \qquad (3-1)$$

式中　H——含氢指数；

　　　x——该化合物每个分子中的含氢指数；

　　　M——该化合物的摩尔质量，g/mol；

　　　ρ——骨架密度，g/cm³。

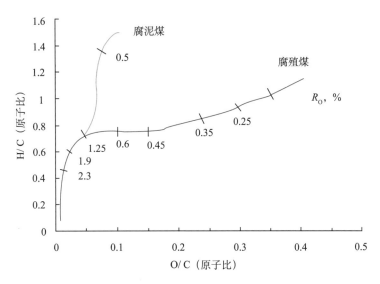

图 3-4 不同煤化程度煤的 C、H、O 原子比示意图

表 3-3 选取的不同煤化程度的煤 C、H、O 原子比

镜质体反射率，%	O/C 原子个数比	H/C 原子个数比
0.25	0.35	1.03
0.35	0.31	0.93
0.45	0.23	0.83
0.60	0.16	0.77
0.80	0.13	0.75
1.00	0.11	0.75
1.10	0.08	0.75
1.25	0.05	0.73
1.60	0.04	0.70
1.90	0.03	0.67
3.00	0.01	0.40

图 3-5 是计算得到的含氢指数随镜质体反射率的变化规律，纵坐标是含氢指数，从图中可以发现，在煤未发生变质前，煤的含氢指数很高，原因是在这阶段 H 元素在煤中富集最多；而后随演化程度的深入，含氢指数降低，在 R_o 大于 0.85% 时，含氢指数又随演化程度的加深升高，R_o 在 1.2% ～ 1.7% 之间时，含氢指数最高，对应的煤阶类型是焦煤；而后随演化程度的加深，含氢指数降低到最低。图 3-6 是不同煤阶类型的中子测井值随含氢指数的变化规律，图中不同煤阶类型的中子测井值是地区平均值，从图中可以看出，中子测井值随含氢指数的增大而增大，因此含氢指数随煤化程度不同的变化规律就间接地反映了中子测井响应的变化规律。

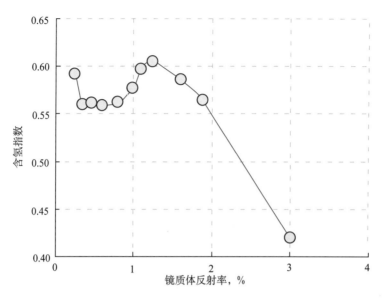

图 3-5 不同煤化程度煤的含氢指数变化

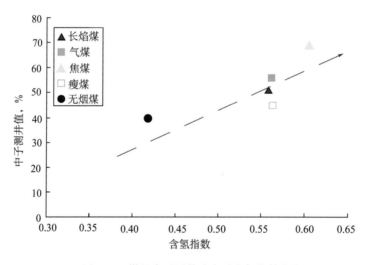

图 3-6 煤的中子测井响应随含氢指数变化

总结不同煤阶类型煤层气储层测井响应特征，见表 3-4，基本涵盖中国主要煤阶类型。相比较而言，长焰煤、气煤具有较低的电阻率，而焦煤具有很高的中子测井值，这些特征为后续研究奠定了基础。

表 3-4 6 种煤阶类型煤层气储层测井响应特征

煤阶类型	自然伽马，API	声波时差，μs/m	补偿中子，%	体积密度，g/cm³	深电阻率，Ω·m
长焰煤	20～40	420～470	40～60	1.4～1.7	20～100
气煤	10～30	420～450	40～60	1.4～1.7	100～200
焦煤	20～60	390～470	＞60	1.3～1.5	700～4000
瘦煤	45～60	425～470	35～50	1.3～1.5	900～2000

续表

煤阶类型	自然伽马, API	声波时差, μs/m	补偿中子, %	体积密度, g/cm³	深电阻率, Ω·m
贫煤	30～60	400～425	35～50	1.3～1.6	1000～10000
无烟煤	15～45	350～425	35～45	1.2～1.4	300～10000

二、常规测井煤层评价与测量选择

1. 煤层识别

识别煤层有两个含义，一是将煤层与其他岩性地层区分开来；二是将煤层与其他岩性的接触界限准确划分出来，即确定煤层的厚度。从常规意义上的 9 条测井曲线在煤层的响应特征来看，井径、自然电位和电阻率测井对煤层不具备明显区别于其他岩性的特殊响应，因而无识别煤层的能力，而煤层独特的成分和结构使得声波时差、补偿中子、体积密度具有明显的区别于其他岩性的响应特征。因此识别煤层，选测的测井项目应包括：自然伽马、补偿中子、声波时差、体积密度。

2. 煤质分析

在煤质分析过程中，由于煤层容易垮塌，首先需要利用井径曲线对煤层段测井资料进行质量控制和环境校正。同时，井径和电阻率曲线可以有效识别和划分煤体结构。自然伽马和体积密度可以计算灰分含量，进而评价煤岩工业组分。在煤层气储层物性参数评价方面需要综合体积密度、声波时差和补偿中子[6-10]。此外，不同探测深度电阻率组合可以有效评价煤层气储层裂缝（割理）发育情况[11, 12]。煤层含气量评价需要综合自然伽马、电阻率和孔隙度等多条测井曲线。因此在煤质分析中，通常要选择的测井项目有：井径、自然伽马、电阻率（双侧向和微球形聚焦）、补偿密度、补偿中子、补偿声波。

3. 常规测井项目选择

煤层气是否有工业开采价值，是由煤层的多种参数决定的，包括煤体结构、煤层工业组分、吨煤含气量、物性等[13, 14]。由于煤层气开发独特的排水降压模式，除了考虑煤层关键参数以外，煤层顶底板物性、含水性和封盖性也是测井评价的重要方面。电阻率、孔隙度及自然电位测井组合可以分析地层的水性变化情况、顶底板层物性发育情况及岩性组合情况等，这些评价均是油气勘探中最基础的评价。因此在煤层气勘探开发中，通常要选择的常规测井项目有：电阻率测井（双侧向、微侧向）、自然电位、自然伽马、体积密度、补偿中子、声波时差、井径。

利用常规测井资料，可以完成煤储层划分及主要煤储层参数的计算。参数包括了煤层含气量及煤层工业组分，如图 3-7 所示。

三、测井新方法煤层气储层评价适用性分析

1. 微电阻率扫描成像测井

1）基于电成像测井的煤层结构描述

煤层结构描述包括对煤体结构、煤岩裂隙进行分析和描述，构造煤层的识别，评价有利的煤层气储层段。

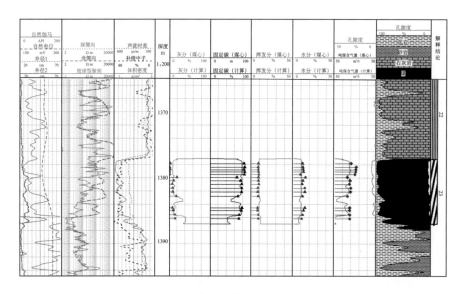

图 3-7　煤储层参数计算成果图

煤层气开发经验表明，煤层结构直接影响煤层压裂排采结果。除了煤层中夹矸对煤层压裂有影响外，煤层中构造煤特别是粉煤的发育对压裂和排采有着非常大的影响；煤岩的裂隙发育程度决定了煤层原始渗流能力，是压裂后的渗流能力的基础；煤层纵向非均质性和层状结构，是确定煤层有效压裂开采层段、提高采收率的重要依据，如图 3-8 所示。

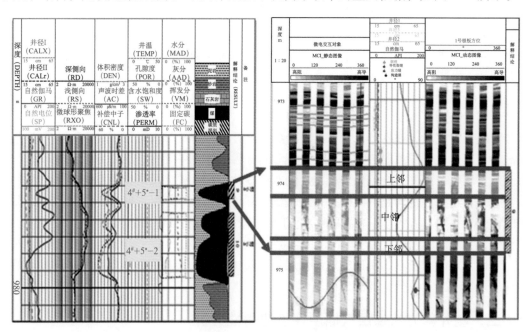

图 3-8　基于电成像测井资料的结构描述

2）基于电成像测井的构造煤层识别

煤储层中夹矸层、构造软煤层的存在会影响煤储层纵向上的渗透性，从而影响煤层气的产能。夹矸层划分依据是视电阻率曲线出现急剧下降，而密度曲线也出现较大幅度的增大，成像图上呈清晰完整的暗色条带。构造软煤层划分依据是视电阻率曲线低值，密度曲线相对稍高/稍低幅值，成像图上呈清晰完整的暗色条带，如图3-9所示。单纯运用常规测井曲线特征可以识别煤层中的夹矸层，但却无法识别煤层中的软灰煤，射孔时一旦将整个煤层全部射开，那么煤层底部的煤粉就会堵塞孔隙，造成煤层气产量的降低，对煤层气的开采造成很大的困难。通过对成像测井进行分析，发现成像测井资料可以有效识别这种构造软煤层，具有常规测井无法比拟的优势，射孔时可避开底部的构造软煤层，降低煤粉产出。

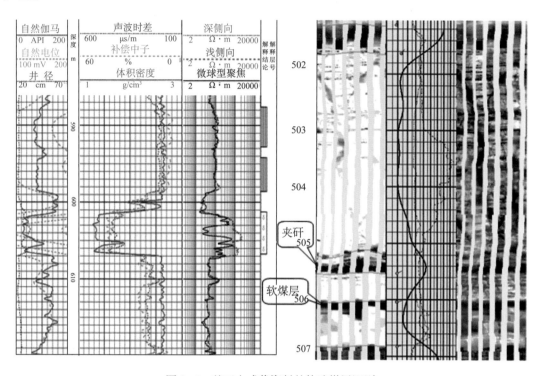

图3-9　基于电成像资料的构造煤层识别

2. 核磁共振测井

1）基于核磁测井的煤层及顶底板物性评价

煤层顶底板封隔性直接影响煤层气的保存及排采产气量。顶底板封隔性评价主要包括：岩性、物性、含水性、裂缝发育状况。常规测井主要针对岩性、物性进行评价，成像测井在裂缝发育状况及储层含水性方面有无法比拟的优势。

核磁共振测井是评价顶底板孔隙结构和含水性的有效方法。图3-10为煤层底板含水判别的实例。常规曲线分析，储层孔隙不是很发育，从核磁资料上则可清晰反映储层孔径分布以中大孔径为主，储层物性较好，孔隙度较大，主要为可动流体孔隙度。综合分析对煤层封隔性较差，较大的含水量对煤层气的产量也会造成一定的影响。

2）煤岩核磁共振实验物性分析

由于煤岩骨架值随煤阶、地区的不同而不同，甚至在同一井中的不同煤层其骨架值也有相差较大的情况，因此煤岩骨架值难以准确确定。一般地，主要利用常规密度测井曲线，分地区和埋深选定煤岩骨架值，对煤层孔隙度进行估算。

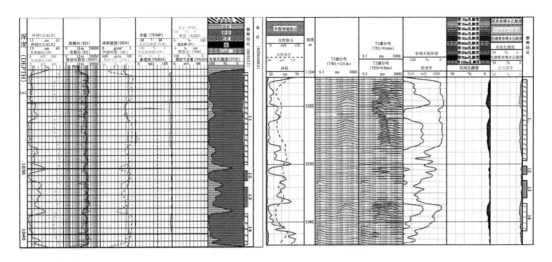

图 3-10　核磁资料顶底板含水性与渗透性评价效果图

目前最有效和可靠的方法是利用核磁共振测井和数字岩心技术确定煤层孔隙度，分析孔隙结构特征，估算基质渗透率。由图 3-11 可以看出，煤层的核磁孔隙度为 0.82% ～ 1.94%，数字岩心技术分析的孔隙度为 0.81% ～ 1.76%，煤层孔隙结构特征以小孔为主，为低孔特低渗透储层。

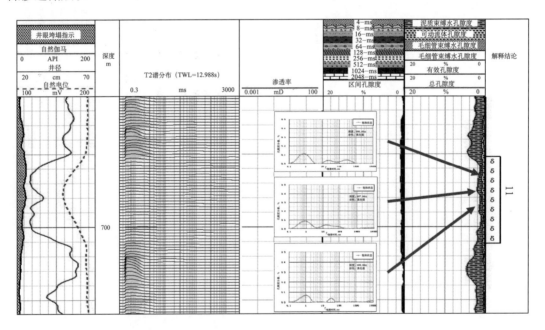

图 3-11　核磁共振测井和数字岩心技术评价煤层物性

3. 多极子阵列声波测井

1）岩石机械特性评价

分析煤层及顶底板层岩石力学性质，为煤层压裂排采方案优化提供参数和依据。利用阵列声波测井获得的横、纵波速度，结合地层密度，经岩石力学参数计算模块处理，得到多种岩石力学参数，解释成果中提供的岩石力学参数包括：杨氏模量、体积模量、剪切模量、泊松比、抗张强度、抗剪强度、破裂压力、坍塌压力等。

由岩石力学参数预测岩石强度，进行开展：（1）井眼稳定性分析，为钻井工程、压裂施工、煤层气开采等方面提供可靠信息；（2）压裂预测分析，煤层的压裂改造既需要考虑煤层本身的可压裂性，同时必须考虑顶底板的抗压性，防止因水窜而影响煤层气的解吸。

2）砂岩游离气识别

当煤层顶底板中存在一定的孔隙和裂缝且与煤层相连通时，煤生成的甲烷气逸散到煤系地层中，形成煤层游离气储层，属致密层范畴。常规测井利用三孔隙度重叠法常常不能识别致密气层，此时可利用阵列声波资料进行识别。图3-12中，常规资料显示含气特征不明显，阵列声波资料显示，纵波幅度有一定的衰减，含气特征较明显；气层识别图上，体积模量和泊松比、纵波时差和纵横波比值曲线重叠后有一定的含气包络面积，解释为差气层。

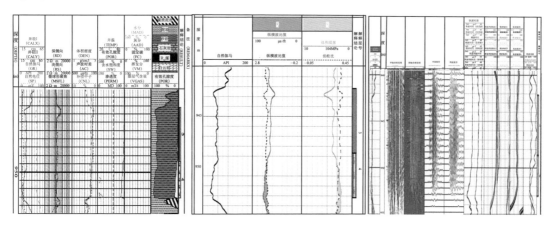

图3-12 阵列声波测井砂岩游离气识别效果图

4. 自然伽马能谱测井

利用自然伽马能谱识别高含铀有利煤储层，分析沉积环境。一般情形下，煤层应该具有低放射性，即煤层在自然伽马能谱曲线上的响应是：低自然伽马值、低钍值、低钾值、低铀值。然而，有相当一部分煤层自然伽马值偏高甚至很高，在没有自然伽马能谱测井的时候只能依据其他曲线综合划分煤层。

图3-13是煤层自然伽马能谱分析图。煤层底部自然伽马值很高，在本地区中很常见，都是依据其他测井曲线划分煤层底界。由去铀自然伽马曲线看出，该层段的去铀自然伽马值很低，为正常的煤层数值。由此说明该层段的高总自然伽马值是由高含铀放射性引起的，这种高含铀预示着更高的有机碳含量或更发育的裂缝孔隙，应该是更有利的煤层。

四、煤层气测井系列优化

煤层气的开采通常不是单井开采，而是区域上的多井开采，因此必须了解区域的地质构造情况，包括地层倾向、倾角、单井构造位置等信息，这些信息可以由地层倾角测井获得。而在对区域盖层评价方面，盖层的黏土矿物成分对盖层质量有一定的影响，如当黏土矿物以蒙皂石为主时，由于蒙皂石会遇水膨胀和有较大的韧性，会提高盖层质量，因而要得到这类信息应加测自然伽马能谱测井。在煤层的压裂中，需要煤层机械特性参数进行压裂设计，这些机械参数可由全波列测井提供。核磁共振测井是目前唯一可以直接测量地层有效孔隙度的测井方法，可以提供精确的物性参数，包括地层有效孔隙度、渗透率及束缚水饱和度等。成像测井可以识别裂缝，确定裂缝产状及发育方向，划分裂缝段，进行裂缝评价，确定地层产状，识别不整合面、断层等地质构造，识别层理、结核、冲刷面等沉积构造，描述沉积特征，进行沉积相解释，确定古水流方向及砂体延伸方向，精确划分煤层及砂泥岩薄互层的有效厚度。多极阵列声波一次测井可直接提取纵、横波数据，适用于软硬地层及套管井中测量。

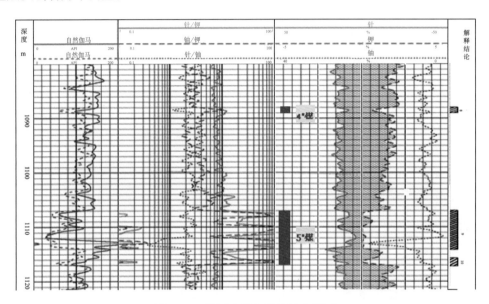

图 3-13　煤层自然伽马能谱分析图

根据不同的勘探开发需要，煤层气研究的内容不同，进行测井系列的优选十分必要，见表 3-5 和表 3-6。

在区域地质情况比较清楚的开发阶段，常规测井系列可以满足一般的生产要求，但必须要测全三孔隙度测井资料，以准确划分煤层厚度。

在煤层气勘探和评价阶段，常规测井系列难以满足生产要求，成像测井是必需的测井项目。

（1）核磁共振测井资料在分析储层的物性、孔隙性、含水性方面有很大的优势。

（2）微电阻率扫描成像测井对煤层结构及顶底板裂缝发育情况可以进行更详尽精确的分析。

（3）多极阵列声波测井可以提供更精确的岩石力学参数，为钻井工程、压裂施工、煤层气开采等方面提供可靠的力学参数。

根据以上分析研究，对优化后测井系列进行对比分析，见表 3-6。提出了不同井型的测井系列来满足不同的测井需求。其中，开发井以低成本、快速高效为主，只需要测量常规 9 条曲线就能满足煤层识别与参数计算等基本功能，主要用于煤层气开发。评价井和探井需要在煤层气常规测井项目基础上，结合地质需求和井况条件选择性增加微电阻率扫描成像、核磁共振、多极阵列声波、自然伽马能谱等，满足新区的综合评价和关键参数获取。

表3-5　不同目的测井系列优化方案研究

目的	要求	分析	必测井项目	测井采集
识别厚度划分	提高分辨率和测量精度	煤层具有三孔隙度曲线的两高一低特性；煤层厚度的精确划分是煤层产能计算的重要参数。目前常规测井采样率为0.05m，能够满足要求	体积密度 补偿中子 补偿声波 自然伽马	常规测井降低测速，提高采样密度（40点/m）
参数计算（开采）		煤层测井响应特征是煤层变质程度、含气量等的直接反映；高声波高中子低密度反应含气量高，相对高电阻反映煤质好，含气量高。两者呈正相关	体积密度 补偿中子 补偿声波 自然伽马（能谱） 电阻率测井 井径 自然电位	常规测井降低测速，提高采样密度（40点/m）
资源评价和精细评价	高精度测井系列与成像测井系列	煤层内部结构、夹矸层划分、裂缝割理、煤层顶底板裂缝发育情况、孔渗特性以及煤层岩石力学特性的精细评价，是测井为煤层气资源评价、高效采收提供的重要参考依据	体积密度 补偿中子 声波时差 侧向电阻率 自然伽马（能谱） 井径	参数井（关键井，井眼质量须保证）；选择成像测井与常规测井相组合
		高分辨率成像测井项目可提供煤层孔渗数据，计算岩石力学参数，电成像资料还可以近似替代岩心进行煤层特征精细描述。目前是国外煤层气资源评价的重要资料之一	地层倾角 微电阻率扫描成像 核磁共振成像 多极阵列声波 自然伽马能谱	

表3-6　不同测井项目测井系列优选方案

井别	测井系列	测井项目	深度比例	测井内容	测井井段
开发井	常规测井	标准	1∶500	（1）双侧向；（2）自然伽马；（3）自然电位；（4）补偿声波；（5）井径	二开至井底
		综合	1∶200	（1）双侧向；（2）微球型聚焦；（3）自然伽马；（4）自然电位；（5）体积密度；（6）补偿声波；（7）补偿中子；（8）井径	200m至井底
		放大曲线	1∶50	（1）双侧向；（2）微球型聚焦；（3）自然伽马；（4）自然电位；（5）体积密度；（6）补偿声波；（7）补偿中子	取心井段
		固井质量	1∶200	（1）声幅；（2）自然伽马；（3）磁性定位；（4）声波变密度	井口至人工井底
		井斜	1∶500	（1）井斜角；（2）井斜方位	井口至井底
评价井和探井	加测成像测井		1∶20	微电阻率扫描成像	煤顶以上50m至井底
			1∶200	核磁共振	
			1∶200	多极阵列声波	
			1∶200	自然伽马能谱	

第三节　煤体结构测井精细评价技术

不同结构煤体发育不同的裂隙系统，直接影响煤层渗透率、含气量以及煤粉产出等因素。精细评价煤体结构，对于射孔层位的选取、压裂规模和方式的确定、排采制度的优化以及后期产气量预测等都具有指导意义。

一、典型煤体结构测井响应特征

依据国标 GB/T 30050—2013《煤体结构分类》，从瓦斯地质角度，煤体宏观和微观结构特征，把煤体结构划分为 4 种类型[15]，即原生结构煤、碎裂煤、碎粒煤和糜棱煤，见表 3-7。

表 3-7　煤体结构划分类型

编号	类型	赋存状态和分层特点	光泽和层理	煤体破碎程度	裂隙、揉皱发育程度	手试强度	典型照片
I	原生结构煤	层状、似层状，与上下分层整合接触	煤岩类型界限清晰，原生条带状结构明显	呈现较大的保持棱角的块体，块体间无相对位移	内、外生裂隙均可辨认，未见揉皱镜面	捏不动或成厘米级碎块	
II	碎裂煤	层状、似层状、透镜状，与上下分层整合接触	煤岩类型界限清晰，原生条带状结构断续可见	呈现棱角状块体，但块体间已有相对位移	煤体被多组互相交切的裂隙切割，未见揉皱镜面	可捻搓成厘米、毫米级碎粒	
III	碎粒煤	透镜状、团块状，与上下分层呈构造不整合接触	光泽暗淡，原生结构遭到破坏	煤被揉搓捻碎、主要粒级在 1mm 以上	构造镜面发育	易捻搓成毫米级碎粒或煤粉	
IV	糜棱煤	透镜状、团块状，与上下分层呈构造不整合接触	光泽暗淡，原生结构遭到破坏	煤被揉搓捻碎得更细小，主要粒级在 1mm 以下	构造、揉皱镜面发育	极易捻搓成粉末或粉尘	

四种典型煤体结构测井响应如图 3-14 所示。图中第一道为岩性指示道，包括自然伽马 GR、自然电位 SP、双井径 CALX 和 CALY；第二道为电阻率道，包括深电阻率曲线 RD、浅电阻率曲线 RS、微球型聚焦 MSFL；第三道为三孔隙度曲线，包括体积密度 DEN、补偿中子 CNL、声波时差 DT。

原生结构煤井眼完整，基本不扩径，自然伽马曲线低，电阻率曲线比较高，普遍超过5000Ω·m，体积密度低，声波时差高，补偿中子高。从取心照片上来看，煤心成柱状和块状。

碎裂煤井眼基本完整，少量扩径，自然伽马曲线低，电阻率曲线大于3000Ω·m，体积密度低，声波时差高，补偿中子高。从取心照片上来看，煤心成块状特点。

碎粒煤井眼不完整，存在明显扩径，自然伽马曲线低，电阻率曲线中等，三孔隙度曲线受井眼扩径影响严重。从取心照片上来看，煤心破碎严重。

糜棱煤井眼不完整，严重扩径，自然伽马曲线低，电阻率曲线普遍低于1000Ω·m，三孔隙度曲线受井眼扩径影响严重。从取心照片上来看，煤成粉末状。

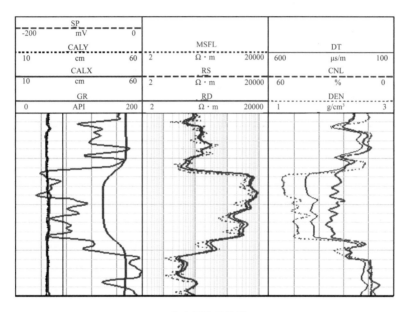

（a）原生结构煤

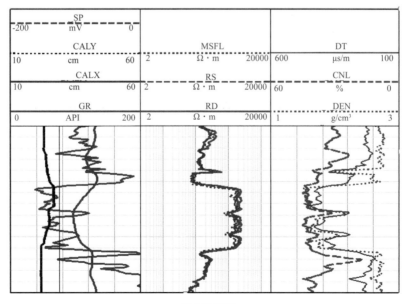

（b）碎裂煤

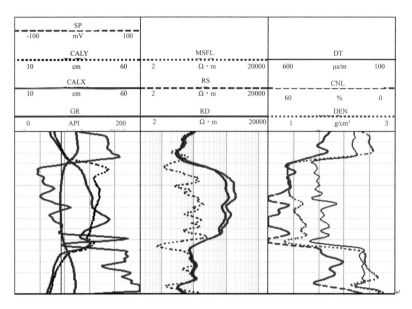

（c）碎粒煤

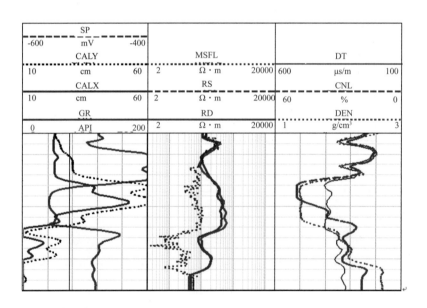

（d）糜棱煤

图3-14 不同煤体结构测井响应图

二、煤体结构测井识别与划分

对取心进行岩心归位，根据不同煤体结构测井响应不同建立划分煤体结构标准，构建煤体结构判别因子，并对煤体结构进行识别和划分。

1.岩心归位

根据岩心的长度、磨损程度、收获率、岩性等利用大比例尺的微侧向、自然伽马曲线或其他有关测井曲线对岩心顺序、深度、厚度进行校正，达到岩性电性一致。确保下一步工作的准确性。

图 3-15 为 A 井岩性归位前后对比效果图。图中第一道为岩性指示，包括自然伽马 GR、自然电位 SP、双井径 CALX 和 CALY；第二道为电阻率道，包括深电阻率、浅电阻率、微球型聚焦；第三道为三孔隙度曲线，包括体积密度、补偿中子、声波时差；第四道为岩心归位前岩心刻度和自然伽马曲线对比道；第五道为岩心归位后岩心刻度和自然伽马曲线对比道。由第四道明显可以看出岩心刻度线和自然伽马曲线对应存在较大误差，由第五道明显可以看出岩心刻度线和自然伽马曲线对应较好，表明岩心归位结果可靠。

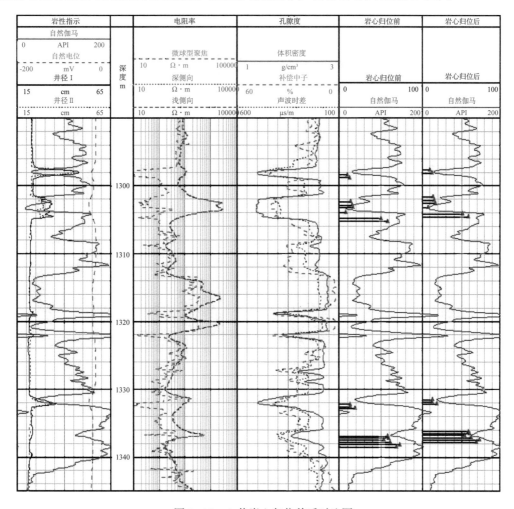

图 3-15　A 井岩心归位前后对比图

为验证归位准确性，导出归位后煤心对应 GR 值与煤心工业组分分析的灰分值进行对比，如图 3-16 所示，结果表面岩心归位效果较好、准确性较高。

2. 煤体结构判别因子

由不同煤体结构典型测井响应特征可知，随着煤体结构越破碎，井径扩径越严重，深电阻率逐渐降低。同时，不同煤体结构煤层对自然伽马也会有不同影响。综合自然伽马、井径、深电阻率和密度曲线，建立煤体结构判别因子，对煤体结构进行识别和划分。

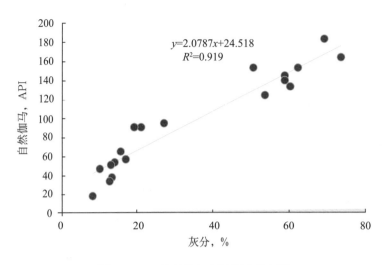

图 3–16　A 井灰分与自然伽马交会图

煤体结构判别因子表达式为

$$CS=f\left(GR,\ CAL,\ R_t,\ DEN\right) \tag{3-2}$$

式中　GR——自然伽马，API；

　　　CAL——井径，cm；

　　　R_t——深电阻率，Ω·m；

　　　DEN——体积密度，g/cm³；

　　　CS——煤体结构判别因子。

结合具体区块测井响应，形成煤体结构测井评价标准，见表 3–8。以鄂尔多斯盆地韩城区块为例，具体效果如图 3–17 所示，基本能够有效判别煤层煤体结构类型。

表 3–8　煤体结构判别标准

煤体结构	符号	标准区间
原生结构煤	MJ– Ⅰ	$0<CS\leqslant0.54$
碎裂煤	MJ– Ⅱ	$0.54<CS\leqslant0.77$
碎粒煤	MJ– Ⅲ	$0.77<CS\leqslant1.05$
糜棱煤	MJ– Ⅳ	$CS>1.05$

3. 识别与划分

通过上述煤体结构判别因子对鄂尔多斯盆地东缘韩城区块 B 井进行了识别与划分，如图 3–18 所示。图中第一道为岩性指示道，主要有自然伽马 GR 曲线、自然电位 SP 曲线、井径 CAL 曲线；第二道为电阻率道，主要有深电阻率曲线、浅电阻率曲线、微球型聚焦；第三道为三孔隙度曲线，主要有体积密度曲线、补偿中子曲线、声波时差曲线；第四道为岩性剖面道；第五道为煤体结构测井判别道。从图中可知，该煤层主要为原生结构煤和碎裂煤，中间夹少量碎粒煤。

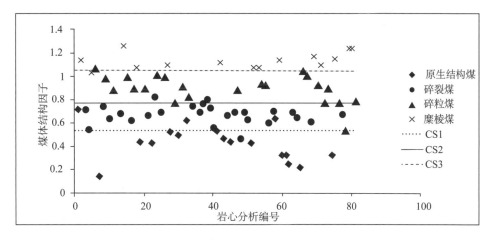

图 3-17　煤体结构判别因子划分效果图

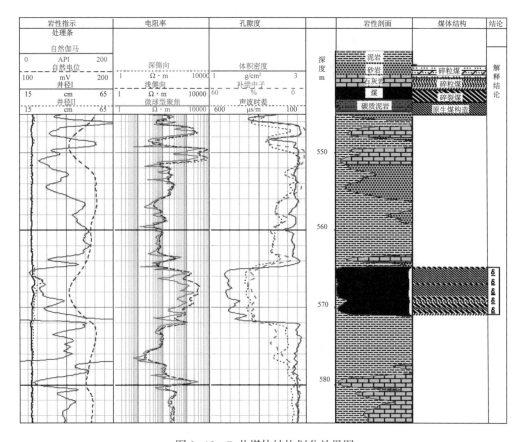

图 3-18　B井煤体结构划分效果图

三、基于电成像的煤体结构精细描述

1. 薄夹矸识别

由于纵向分辨率的限制,厚度薄或泥质含量相对低的夹矸层在常规曲线上显示不明显。微电阻率扫描测井具有很高的纵向分辨率(0.5cm),成像图上能够显示出厘米级厚度的夹矸层，细微的电阻率变化在成像图上有明显区别，因而微电阻率扫描识别夹矸层比常规测井有着突出的优势。利用微电阻率扫描静态成像图，可以识别常规测井不易识别的夹矸层，如图3-19所示，常规测井曲线上夹矸特征不明显，在电阻率扫描图像上显示为明显的夹矸层。

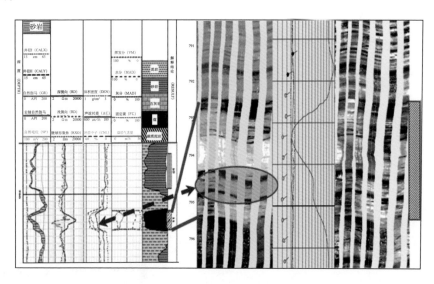

图3-19 成像测井薄夹矸层识别

2. 煤层结构精细描述

电成像测井资料高分辨率特征可以对煤层结构以及内部特征进行更加精细描述，如图3-20所示。从电成像分析，8#+9#煤层上部为亮黄，层状—块状结构，发育垂直裂缝，下部图像显示亮白色，层状结构，煤层底部发育一条裂缝，倾角70°，倾向西偏北。煤层间均质性较差。

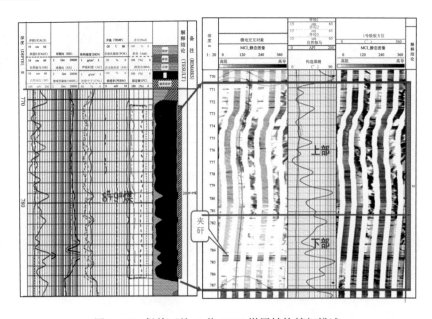

图3-20 保德区块C井8#+9#煤层结构精细描述

4#+5#-2 煤层结构精细描述如图 3-21 所示。该煤层厚度为 8.05m，从电成像分析，上部（713.40 ～ 716.50m）以亮黄色为主，中下部（716.50 ～ 721.45m）以亮白色为主，中下部灰分较上部稍低。4#+5#-2 煤层裂缝发育，发育 6 条裂缝，裂缝产状：倾角 70° ～ 80°，倾向向西或西偏南方向倾斜，缝宽较大，反映煤层渗透性较好。4#+5#-2 煤整体以层状结构为主，该段在 715.10 ～ 715.55m、719.85 ～ 720.25m 两处可见厚度在 0.40m 左右的夹矸层。

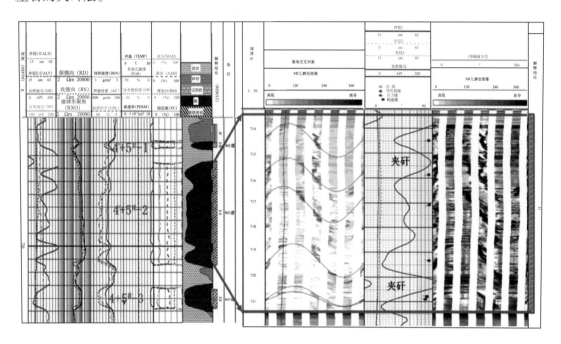

图 3-21 保德区块 C 井 4#+5# 煤层结构精细描述

3. 构造煤层识别

构造煤又称为次生结构煤。次生结构指煤层遭受构造运动后的结构，包括碎裂煤、碎粒煤、糜棱煤。构造煤对煤层气排采不利，是射孔压裂尽量要避开的煤层，其识别成为重要的评价工作。

由于后期构造运动，与原生结构煤相比，煤层的块状或层状结构被破坏，碎裂或破碎为微粒，裂缝、孔隙增加。构造软煤识别方法如下。

（1）常规测井曲线图上，对于超过一定厚度的软灰煤，自然伽马保持低值不变，电阻率降低，三孔隙度略有增大或不变，井径增大。

（2）在微电阻率扫描成像测井上，对于超过一定厚度（1cm）的软灰煤，图像颜色变得深暗，自然伽马保持低值不变。

与常规测井比，成像测井纵向分辨率高，对电阻率的变化非常灵敏，能够识别厘米级的构造软煤。厘米级厚度的薄软煤夹层，常规测井识别不出，但对煤层压裂及排采有严重影响，如图 3-22 所示。

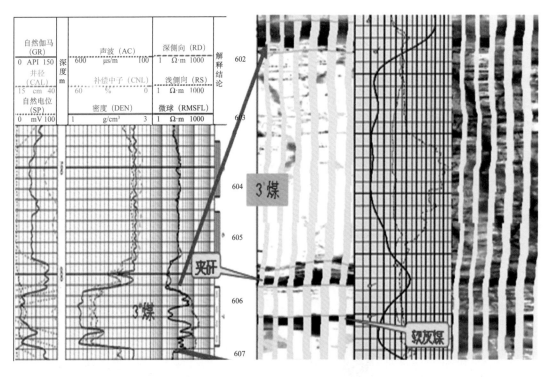

图 3-22 成像测井构造煤识别

第四节 高精度煤层气储层关键参数测井评价技术

煤层气储层测井评价技术总体上可以分为煤层气储层定性识别技术、煤层气储层参数定量解释技术以及煤层气储层综合评价分析技术。其中煤层气储层参数定量解释技术是测井评价研究的核心。关于煤层气储层参数，目前利用测井方法可以确定的储层参数包括如下几个方面：（1）煤岩工业分析参数，指煤的挥发分、固定碳、灰分、水分；（2）煤层气储层的含气量；（3）煤的物性参数，包括孔隙度和渗透率等；（4）综合评价等。

一、煤岩工业组分评价

煤岩工业组分主要是由灰分、水分、固定碳和挥发性物质四部分组成。通过系统的岩心分析测试研究表明，煤层测井响应（体积密度和自然伽马测井）与灰分存在线性相关关系（图3-23），而灰分又与挥发分、固定碳含量存在线性相关关系（图3-24和图3-25）[16]。因此，可建立煤层测井响应与煤心各组分（固定碳、挥发分、灰分）的线性相关关系来评价煤层工业组分。

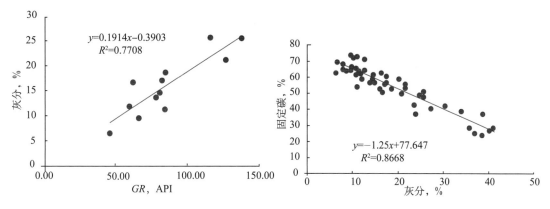

图 3-23　煤层自然伽马与灰分交会图　　　　图 3-24　灰分与固定碳交会图

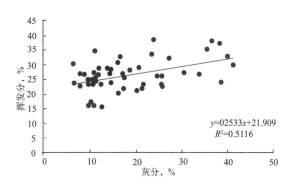

图 3-25　灰分与挥发分交会图

固定碳与灰分之间的关系式为

$$FC = -1.25A_{ad} + 77.647 \qquad (3-3)$$

式中　A_{ad}——灰分含量，%；

　　　　FC——固定碳，%。

挥发分与灰分之间关系式为

$$V_{daf} = 0.2533A_{ad} + 21.909 \qquad (3-4)$$

式中　V_{daf}——挥发分含量，%。

煤层自然伽马与灰分关系为

$$A_{ad} = 0.1914GR - 0.3903 \qquad (3-5)$$

水分计算公式：

$$M_{ad} = 100 - A_{ad} - FC - V_{daf} \qquad (3-6)$$

式中　M_{ad}——水分含量，%。

通过分析自然伽马与煤岩各组分（固定碳、挥发分、含灰量、含水量）存在的线性相关关系式可知，自然伽马与固定碳存在负相关关系。即随着自然伽马增大，固定碳降低。

而自然伽马与含灰量和挥发分存在正相关关系，即随着自然伽马增大，含灰量和挥发分也增大。

二、煤层物性评价方法

煤层孔隙主要包括基质孔隙和割理孔隙两部分。过去传统体积模型计算煤层有效孔隙度的方法本书不再赘述，这里主要介绍煤层割理孔隙计算方法和核磁共振确定煤层孔隙度。基于煤储层割理孔隙度计算煤层渗透率。

1. 总孔隙度

核磁共振测井 T_2 谱可以反映岩石孔隙大小及孔径分布信息[14]，其中核磁总孔隙度：

$$\phi = \int_{T_{2\min}}^{T_{2\max}} \phi(T_2)\mathrm{d}T_2 \qquad (3-7)$$

式中 ϕ——孔隙度，%；

T_2——横向弛豫时间，ms；

$T_{2\min}$——最小横向弛豫时间，ms；

$T_{2\max}$——最大横向弛豫时间，ms；

$\phi(T_2)$——T_2 弛豫时间对应的区间孔隙度，%。

沁 xx 井进行了取心和核磁共振测井，3# 煤共取得 3 颗岩心，15# 煤取得 1 颗岩心。对岩心进行了核磁共振实验，得到岩心分析的 3# 煤 孔隙度为：0.81% ～ 1.76%，渗透率为 0.003mD。3# 煤主要发育微孔，储层孔隙度小，渗透性差。从核磁共振测井与煤心核磁实验孔隙度对比来看，两者具有较好的一致性，从而也使两种方法得到了相互的印证（图 3-26）。具体计算结果见表 3-9。

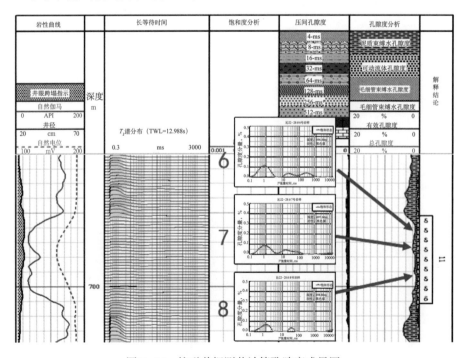

图 3-26   核磁共振测井计算孔隙度成果图

表 3-9　核磁测井与煤心核磁实验孔隙度对比

煤心核磁共振实验						核磁共振测井	
岩样号	煤号	深度, m	岩性	孔隙度, %	渗透率 mD	孔隙度, %	渗透率 mD
6	3#	696.40	黑色煤	1.76	0.003	1.9	< 0.01
7	3#	697.66	黑色煤	1.52	0.003		
8	3#	698.80	黑色煤	0.81	0		
16	15#	794.14	黑色煤	2.11	0.004	3	< 0.01

2. 裂缝孔隙度

煤层裂缝孔隙度主要是通过 Aguilera 提出的迭代算法来确定[17]，这种方法不用为 m_f 假设一个值，而是通过不断迭代来更加准确地估计 m_f。假设煤层被切割成边长为 x 的立方块（图 3-27），则裂缝孔隙度 ϕ_f 可表示为

$$\phi_f = 1 - x^3 \qquad (3-8)$$

地层因素 F 计算如下：

$$F = \frac{x}{1-x^2} + \frac{1}{1+2x} \qquad (3-9)$$

裂缝孔隙度指数 m_f：

$$m_f = -\frac{\lg F}{\lg \phi_f} \qquad (3-10)$$

裂缝孔隙度 ϕ_f：

$$\phi_f = \left(\frac{\dfrac{1}{R_{ils}} - \dfrac{1}{R_{ild}}}{\dfrac{1}{R_{mf}} - \dfrac{1}{R_w}}\right)^{\frac{1}{mf}} \qquad (3-11)$$

或

$$\phi_f = \left[R_{mf}\left(\frac{1}{R_{ils}} - \frac{1}{R_{ild}}\right)\right]^{\frac{1}{mf}} \qquad (3-12)$$

式中　R_{ils}、R_{ild}——分别为浅侧向、深侧向电阻率，$\Omega \cdot m$；

R_{mf}、R_w——分别为钻井液滤液电阻率和地层水电阻率，$\Omega \cdot m$。

3. 渗透率

煤层基质孔隙表面主要吸附煤层气，割理孔隙是主要的渗流通道，由于基质渗透率相对割理渗透率可以忽略，因此割理渗透率可以直接代表煤岩渗透率。

岩石核磁共振实验被广泛运用于计算常规砂岩储层渗透率，主要采用 Coates 和 SDR 等两种模型[14]。针对煤岩独特的双重孔隙，充分提取核磁共振 T_2 谱特征参数，利用核磁 T_2 谱定量表征割理孔隙对应的核磁区间孔隙度 ϕ_c、割理宽度 d 等参数来定量表征煤层割理孔隙度。

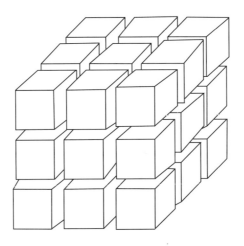

图 3-27　煤基质—裂缝模型

典型煤储层双重孔隙核磁共振 T_2 谱如图 3-28 所示。割理孔隙对应的 T_2 谱普遍靠后，存在单独的谱峰。可以通过割理孔隙 T_2 截止值 $T_{2cutoff\_c}$，通过公式（3-13）计算煤样割理孔隙对应的核磁区间孔隙度 ϕ_c：

$$\phi_c = \int_{T_{2cutoff\_c}}^{T_{2max}} \phi(T_2) \qquad (3-13)$$

式中　T_{2max}——最大弛豫时间，ms。

确定割理孔隙谱峰对应的横向弛豫时间 T_{2c}，计算割理宽度 d，公式为

$$d = 2\rho T_{2c} \qquad (3-14)$$

式中　d——割理宽度，mm；

　　　ρ——煤表面弛豫率，取 1.8×10^{-6}mm/ms；

　　　T_{2c}——谱峰对应的横向弛豫时间，ms。

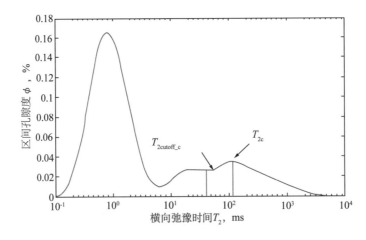

图 3-28　煤心 T_2 谱

割理渗透率 K，即煤层渗透率 K 的计算公式为

$$K = \frac{a \times \phi_c \times d^2}{1 - \phi_c} \tag{3-15}$$

式中　K——渗透率，mD；

　　　a——系数，无量纲。

通过对比岩心实验测量结果与计算结果（图3-29），计算结果与实验测量结果基本一致，误差基本控制在一个数量级，计算精度可靠，可以满足现场应用。

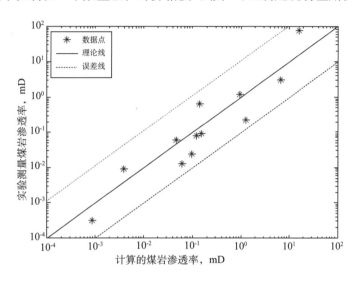

图3-29　计算的煤岩渗透率与实验测量煤岩渗透率对比图

三、基于破坏作用的煤层含气量计算方法

煤层含气量是煤层气储层评价的关键参数之一。国内外诸多学者在煤层含气量评价方面形成了大量成果，包括岩心刻度测井的煤层含气量计算方法、多参数计算的煤层含气量计算方法以及神经网络等智能算法的煤层含气量计算方法。煤层气是一种自生自储的非常规天然气，气体主要以吸附态存在于煤颗粒表面，对测井评价提出了极大挑战。通过深入分析煤层气测井响应特点，结合煤层气自生自储的特点，综合地质、水动力以及构造等因素，首次提出了考虑破坏作用的煤层含气量评价方法。

1. 评价思路

度量煤层中含甲烷多少的指标是"含气量"，用单位质量煤的可燃质所含甲烷在标准状态（1个大气压，0℃）下的体积来表示[3]，单位为 m³/t。密度测井作为一种常用测井方法在煤层评价过程中应用广泛，煤层含气量的低丰度对密度测井测量精度提出了挑战。前人在理论上分析了煤层含气在密度测井上的响应[9]，假设煤层气成分为甲烷，甲烷含气量在密度响应上的增量见表3-10。

表3-10　不同甲烷含气量在密度响应上的增量[9]

甲烷含气量，m³/t	5	10	15	20	25	30	35
密度增量，g/cm³	0.004	0.007	0.011	0.014	0.018	0.021	0.025

国内煤层含气量普遍低于25m³/t，部分煤层甚至低于10m³/t。目前国内密度测井仪测量精度普遍为0.03g/cm³，中国石油集团测井有限公司最新研制的高精度岩性密度测井仪器精度可达到0.015g/cm³[18]，国内煤田含气量导致密度响应的增量在仪器误差范围内，难以利用现有密度测井仪来准确计算煤层含气量。

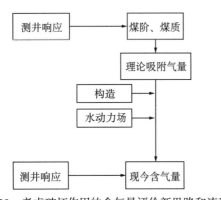

图3-30 考虑破坏作用的含气量评价新思路和流程

煤层现今含气量是其在演化过程中，煤层生气储存、逸散后的剩余量，即是指现今在标准温度和标准压力条件下单位重量煤中所含甲烷气体的体积。一般来说，煤层含气量高，则气体富集程度好，越有利于煤层气开发。根据测井对煤质的响应加上含气量的测井敏感因素建立煤层理论吸附气量模型，精确得出煤层理论吸附气量，再考虑工区构造、水动力、目的层封盖性得到煤层现今含气量（图3-30）。煤层现今含气量能更准确地反应煤层目前含气量的真实情况，能更好更经济地指导生产开发。

2. 理论吸附气量

计算含气量的方法主要有两种：一种是统计法，利用煤质参数和测井参数多元拟合计算含气量；另一种是吸附等温线法，主要是利用兰氏方程计算含气量。

统计法主要是运用数学统计原理，寻找含气量与测井曲线或者工业组分之间的关系，建立预测含气量的数学模型。

$$V_{gas} = f(AC, DEN, CNL, GR, R_t) \tag{3-16}$$

等温吸附法主要利用等温吸附曲线来计算煤层含气量。普遍认为煤对甲烷的吸附属于物理吸附，并且采用等温吸附模型来表征。等温吸附模型通常采用兰氏方程来描述，其中兰氏体积与兰氏压力与工业组分存在一定的关系，在确定工业组分后，可通过压力得到含气量。目前，在兰氏方程的基础上发展了多种改进方法，通过引入灰分、固定碳以及地层温度等因素来修正兰氏方程，使计算结果更加符合实际地层。

煤层的吸附等温线符合兰氏吸附等温式，其数学表达式可表示成如下形式：

$$V_g = (1 - A_{ad} - M_{ad})V_L \frac{p}{p_L + p} \tag{3-17}$$

$$\lg V_L = 0.3832 \times \lg(FC / V_M) + 1.159 \tag{3-18}$$

$$\lg P_L = 0.8 \times \lg(FC / V_M) - 0.46 \tag{3-19}$$

式中　V_g——含气量，m³/t；

V_L——吸附达到饱和时所吸附的气量，又称兰氏体积；

p_L——吸附量达到饱和吸附量一半时的压力，又称兰氏压力；

p——气体压力，MPa；

A_{ad}——灰分体积分数，%；

M_{ad}——水分体积分数，%；

FC——固定碳体积分数，%；

V_m——挥发分，%。

3. 破坏作用定量表征

岩层受到构造应力挤压时，必然会发生弯曲或者变形（图3–31）。地层变形程度可以反映构造活动的强弱，其中地层曲率可以定量化表征地层变形程度。

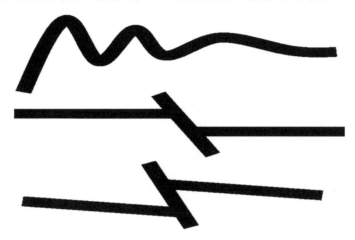

图 3–31 地层变化示意图

假设煤层顶面标高等值线趋势面拟合方程为

$$f(x,y) = ax^2 + by^2 + cxy + dy + ey + f \qquad (3-20)$$

则曲率计算公式为

$$K_m = \frac{a(1+e^2) + b(1+d^2) - cde}{(1+d^2+e^2)^{1.5}} \qquad (3-21)$$

在水动力方面，当地层不受地表水影响时，地层水矿化度普遍较高。可以利用地层水矿化度来定量表征研究区块水动力强度。

4. 现今含气量

利用数据分析软件考虑灰分、密度、地层水矿化度、曲率回归，建立现今含气量模型：

$$V_{gas} = f(A_{ad}, DEN, K_m, V_{salinity}) \qquad (3-22)$$

式中 $V_{salinity}$——地层水矿化度，mg/L；

A_{ad}——灰分体积分数，%；

DEN——测井密度，g/cm³；

K_m——地层曲率。

从新方法计算的煤层含气量与岩心测量对比图（图3–32）可知，新方法计算含气量模型准确率达到 86% 以上，效果显著。对韩城区块 X 井进行了处理解释，计算结果如图 3-33 所示，与岩心分析结果基本一致。

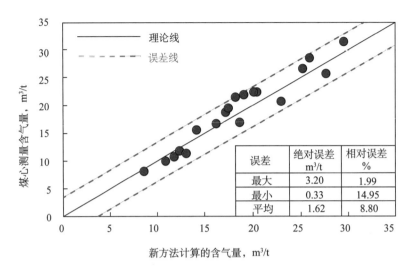

误差	绝对误差 m³/t	相对误差 %
最大	3.20	1.99
最小	0.33	14.95
平均	1.62	8.80

图 3-32　测井计算的含气量与实验测量含气量对比图

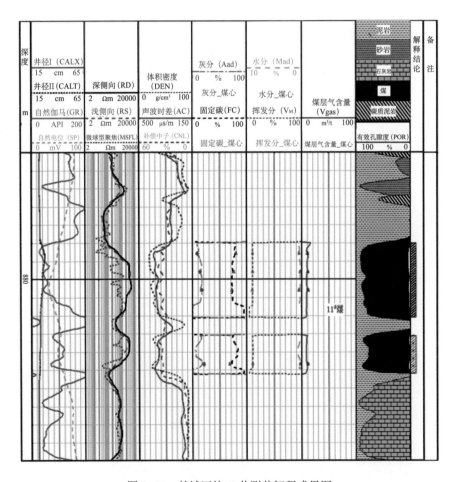

图 3-33　韩城区块 X 井测井解释成果图

四、煤层及顶底板含水性评价

针对现场煤层气井产水量过大，见气周期变长的问题，引入煤岩体综合强度因子定量评价单井煤层及顶底板含水性，把煤层以及顶底板作为一个系统来评价，建立单井煤层产水预测模型，服务现场排采。

1.煤岩体综合强度因子

对于煤层气田或者小范围区块，煤储层经历的地质发展史近似，演化史相似，某一阶段煤储层所承受的温度、压力、应力接近，且井田或区块内部没有明显边界，煤层本身含水性在径向上没有较大区别，那么井筒的产水更取决于纵向上顶底板岩体与煤层结构变化、连通性等。岩体强度因子反映了统计层段内层状复合岩体的综合强度，可以把它作为煤岩体综合杨氏模量。当强度因子较大时，岩体容易发生脆性断裂，在相同的泵入总液量前提下，压开裂隙延伸长度越大，使得煤岩体的连通性强，在排采过程中存在越流补给现象，所以煤层产水量就大。

煤岩体强度因子计算如下[1]：

$$CE = \sum h_i \frac{K_i}{s_i} \quad (3-23)$$

式中 CE——强度因子；

h_i——统计层段内岩层单层厚度，m；

s_i——岩层中点到煤层中点的距离，m；

K_i——岩层单层相对强度，无量纲。

不同岩性相对强度见表3-11。

表3-11 岩层单层相对强度[1]

脆性岩石	相对强度	韧性岩石	相对强度	过渡岩石	相对强度
石灰岩	1.5	泥岩	0.5	粉砂岩	0.8
砾岩	1.2	碳质泥岩	0.5	泥灰岩	0.7
粗粒砂岩	1.1	煤层	0.3	铝土岩	0.7
中粒砂岩	1.0				
细砂岩	0.9				

对于多套煤层，可以综合两套煤岩体强度因子综合评价。以一个煤岩体系统作为研究对象，定义煤岩体综合强度因子：

$$TCE = \frac{\sum H_i CE_i}{H} \quad (3-24)$$

式中 H——煤层总厚度，m；

H_i——第i套煤层厚度，m；

CE_i——第i套煤岩体强度因子，无量纲；

TCE——煤岩体综合强度因子，无量纲。

2.计算实例

以保德区块 8#+9# 煤层为例来计算煤岩体强度因子，如图 3-34 所示。不难看出，随着各岩层距目的煤层距离的增大，其单层强度对煤岩体强度因子的影响减弱，当超过一定距离后，其影响将非常有限。参考现场资料压裂裂隙在纵向上延伸 10m 左右，将这一距离设定为 20m。把煤层及顶底板上下 20m 地层按照岩性分别进行划分，根据岩性、地层厚度以及与煤层中点的距离来计算该煤岩强度因子。据钻井录井资料显示，该区块煤层顶底板主要是泥岩、细砂岩、粉砂岩和少量碳质泥岩，为了计算方便规定：泥质含量大于40% 且厚度大于 1m 为泥岩层，泥质含量小于 40% 且厚度大于 1m 为砂岩层，碳质泥岩层按泥岩层处理。各单层厚度、距煤层中点距离以及单层强度数据统计见表 3-12。把相关参数代入公式（3-24），即可计算出该煤岩体强度因子。

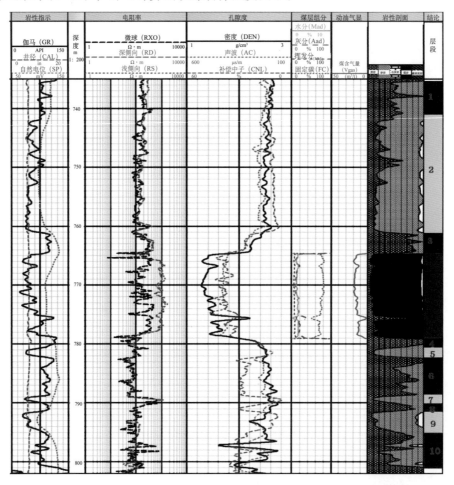

图 3-34　保德区块 X 井 8#+9# 煤煤岩体强度因子选择分层段处理示意图

表 3-12　保 X 井 8#+9# 煤岩层单层统计数据

层号	厚度，m	距煤层中点距离，m	单层相对强度
1	5.9	36.55	0.5
2	19.8	30.65	0.8

续表

层号	厚度，m	距煤层中点距离，m	单层相对强度
3	3.7	10.85	0.5
4	1.4	8.55	0.5
5	1.8	10.35	0.8
6	6.5	16.85	0.5
7	1.4	18.25	0.8
8	1.5	19.75	0.5
9	2.8	22.55	0.9
10	5.5	28.05	0.5

将统计数据代入公式（3-23）计算得 CE_{8+9}=1.49，同样方法计算 CE_{4+5}=1.17，然后利用公式（3-24）计算保 X 井煤岩体综合强度因子 TCE=1.34。

3. 产水量预测模型

以鄂尔多斯盆地东缘保德区块为例，该区块横向上煤层与砂体发育比较稳定，也就是说区域水源相似；纵向上井与井之间砂体距煤层距离、砂体厚度、煤层厚度以及砂体与煤层组合关系、力学强度等存在着较大差异，而这种差异性正是导致压裂后井与井之间产水量不同的原因，煤岩体综合强度因子能够很好体现这种差异。

对保德区块 20 口井进行煤岩体综合强度因子计算，建立煤层及顶底板产水量预测模型。具体公式如下：

$$Q_w = a \cdot e^{b \cdot TCE} \tag{3-25}$$

式中 Q_w——日产水量，m^3；

a、b——常数。

图 3-35 为煤岩体综合因子与日产水关系图，可以看出井筒日产水量随着煤岩体综合强度因子 TCE 的增大显现指数增加且相关性好，充分说明压裂对煤层产水起着主导作用。利用井筒产水模型预测了 10 口井的产水情况，图 3-36 为实际日产水与预测日产水对比图，从结果来看模型具有很好的实用性。

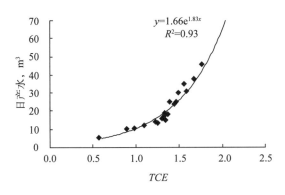

图 3-35 煤岩综合体强度因子与日产水关系图

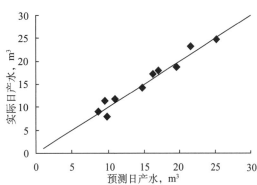

图 3-36 模型预测日产水与实际日产水对比图

五、测井综合评价

针对煤层气排水降压采气的特点，综合考虑煤层及顶底板，对煤层气储层进行测井分类划分，并以鄂尔多斯盆地保德区块进行了具体分析。

1. 测井评价分类标准

根据煤层气勘探开发特点，形成了煤层气储层测井综合评价分类标准，见表3-13。

表3-13　煤层气储层测井综合评价分类标准

参数		I类	II类	III类
煤层	煤层厚度，m	≥5	2～5	<2
	自然伽马，API	<50	50～75	≥75
	井径，cm	<25	25～30	>30
	体积密度，g/cm³	<1.35	1.35～1.60	≥1.60
	声波时差，μs/m	≥400	360～400	<360
	电阻率，Ω·m	≥2000	500～2000	<500
	电成像	白色条带	亮色条带	颜色暗淡，图像模糊
顶底板	岩性	泥岩	泥质砂岩	砂岩
	核磁共振	T_2谱峰靠前	T_2谱峰居中	T_2谱峰靠后
	电成像	无裂缝发育	裂缝发育较少	裂缝明显
	有效盖层厚度，m	≥20	10～20	<10

2. 综合评价实例

以鄂尔多斯盆地保德区块为实例介绍，保德区块主要发育两套煤层，4#+5#煤层和8#+9#煤层。其中，4#+5#煤层累计厚度在2.3～15.4m不等，8#+9#煤层累计厚度在2.9～19.6m之间。其他薄煤层，煤层厚度小，一般都小于1m，自然伽马数值较5#、8#煤层要高，声波时差、补偿中子均比两个厚煤层低，与两套煤层体积密度值基本相当或略高，处理的灰分相对较高，都说明这些煤层煤质较差。具体以8#+9#煤层来介绍。

图3-37是保X井8#+9#煤层关键参数测井解释成果图，煤心分析的含气量、灰分、固定碳与计算结构在数值及形态上对应关系良好。

煤层：8#+9#煤自然伽马数值30～80API，数值较低，与4#+5#煤层相当；声波时差360～480μs/m；中子30%～55%；密度数值1.3～1.6g/cm³，与4#+5#基本相当；计算的灰分含量较低，为10%～24%；电性显示电阻率数值高达300～9000Ω·m，深浅双侧向、微球曲线有裂缝发育特征，具有相对好的渗流能力；从井径曲线上来看，井筒相对完整，扩径不明显，电阻率普遍较高，可以判定为原生结构煤。

煤层顶底板：煤层顶板主要接触一套泥岩，泥岩上部发育一套9m厚砂岩，同物性曲线上看，该砂岩层体积密度大于2.6g/cm³，可以判定为干层，基本不含水；底板直接接触一套泥岩，泥岩下部发育薄砂层，砂岩体积密度大于2.58g/cm³，基本不含水，解释为干层。综合分析，煤层顶底板含水性较弱，封盖性好。

综合煤层及顶底板特征，15 号煤层厚度大，煤质纯，物性好，含气量高。可以优选 15 号层煤层中部进行射孔压裂。

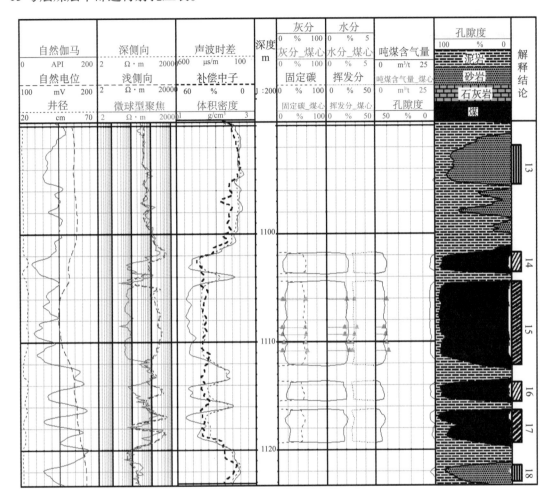

图 3-37 保 X 井 8#+9# 煤层解释成果典型图

针对目前煤层气勘探开发过程中地质工程适用性不够、井间产量差异大、单井产量低等关键问题，煤层气测井评价下一步要围绕煤层气高效开发，以提高单井产量为核心，深化地质工程应用，开展地质工程一体化测井综合评价和基于源储配置关系的煤系地层测井综合评价，与现场钻井、射孔、压裂和排采等工程进行结合，建立地质与工程之间的桥梁，增强测井评价应用于地质工程的适用性，进一步提高煤层气勘探开发效益。

参考文献

［1］倪小明，苏现波，张小东.煤层气开发地质学［M］.北京：化学工业出版社，2009.

［2］秦勇，熊孟辉，易同生，等.论多层叠置独立含煤层气系统——以贵州织金—纳雍煤田水公河向斜为例［J］.地质评论，2008，54（1）：65-70.

［3］钱凯，赵庆波，王泽成，等.煤层甲烷气勘探开发理论与实验测试技术［M］.北京：石油工业

出版社，1997.

[4] 毛志强，赵毅，孙伟，等.利用地球物理测井资料识别我国的煤阶类型 [J].煤炭学报，2011，36（5）：766-771.

[5] 赵毅.煤层气储层测井评价技术研究 [D].北京：中国石油大学（北京），2011.

[6] 潘和平，黄智辉.测井资料解释煤层气层方法研究 [J].现代地质，1994，8（1）：119-125.

[7] 潘和平，刘国强.依据密度测井资料评估煤层的含气量 [J].地球物理学进展，1996，11（4）：53-62.

[8] 潘和平，刘国强.应用BP神经网络预测煤质参数及含气量 [J].地球科学—中国地质大学学报，1997，22（2）：210-214.

[9] 高绪晨，张炳，姜法.煤层工业分析、吸附等温线和含气量的测井技术 [J].测井技术，1999，23（2）：108-111.

[10] 侯俊胜.煤层气储层测井评价方法以及应用 [M].北京：冶金工业出版社，2000.

[11] 薄冬梅，赵永军，姜林，等.煤层气储层渗透性研究进展 [J].西南石油大学学报（自然科学版），2008，30（6）：31-34.

[12] 邓少贵，李智强，陈华.煤层气储层裂隙阵列侧向测井响应数值模拟与分析 [J].煤田地质与勘探，2010，38（3）：55-60.

[13] 傅雪海，姜波，秦勇，等.用测井曲线划分煤体结构和预测煤储层渗透率 [J].测井技术，2003，27（2）：140-143.

[14] Coates G R, Xiao L Z, Primmer M G. NMR logging principles and applications.Houston：Gulf Publishing Company, 2000.

[15] GB/T 30050-2013，煤体结构分类 [S].

[16] 潘和平.煤层气储层测井评价 [J].天然气工业，2005，25（3）：48-51.

[17] Aguilera R. Formation Evaluation of Coalbed Methane Formations. The Journal of Canadian Petroleum Technology, 1994, 33（9）：22-28.

[18] 刘易，汤天知，岳爱忠.一种新型岩性密度测井仪数据采集处理电路设计 [J].测井技术，2012，36（4）：397-400.

第四章　煤层气钻完井技术

针对中国煤层气开发中钻井成本高、钻完井技术不配套等问题，"十一五""十二五"期间，中国石油组织有关单位，依托国家科技重大专项《煤层气钻井工程技术及装备研制》（2011ZX05036）、《煤层气井完井技术及装备》（2011ZX05037-001）和中国石油天然气股份有限公司重大科技专项《煤层气钻完井技术研究》（2010E-2203）、《煤层气经济适用钻完井技术研究》（2013E-2203JT），开展煤层气钻完井技术及装备的攻关研究，并在山西沁水盆地、鄂尔多斯盆地东缘等开展推广应用，大幅提升了中国煤层气钻完井技术整体水平。

第一节　煤层气丛式井钻井技术

丛式井又称密集井、成组井，是在一个位置和限定的井场上向不同方位钻数口至数十口定向井，使每口井沿各自的设计井身轴线分别钻达目的层位，各井井底伸向不同的方位［图4-1（a）、4-1（b）］，通常用于海上平台或城市、山地、农田、沼泽等地区。丛式井占地少，可节省大量投资并便于集中管理。中国沁水盆地、鄂尔多斯盆地东缘等煤层气区块地形复杂，沟壑纵横，地表起伏大，为节约井场和道路所占用的耕地，降低钻井成本，提高煤层气开发的经济效益，煤层气的开发以丛式井组作为主要的开发方式。"十二五"期间，丛式井开发煤层气已经取得了良好的效果，特别是鄂东缘保德区块，成为煤层气丛式井开发的典范。

（a）煤层气丛式井平台

（b）丛式井立体结构示意图

图4-1　煤层气丛式井

一、丛式井优缺点

1. 煤层气丛式井开发具有的优点

（1）减少大量的钻前费用和搬家费，钻井和压裂作业比较方便；

（2）节约土地资源有利于保护环境，大幅降低征地费用；

（3）多口井进行压裂及排采的统一维护，减少管理成本及地面重复建设费。

2. 煤层气丛式井开发存在的缺点

（1）钻井周期比直井长，一定程度增加了井眼轨迹的控制难度；

（2）需要的设备和技术条件较高；

（3）需要在整个丛式井组完钻后方可进行相应的开采作业，推迟了煤层气开采作业。

二、丛式井布井

丛式井的布井需考虑钻井技术水平、钻井费用、井场区域地貌、防碰绕障等因素，受地貌条件限制时每个井场布井数不少于 3 口，通常的井数为 4 ～ 9 口，井口间距一般为 4 ～ 6m，不得小于 3m。造斜方向要考虑井网部署，靶心偏移距一般 150 ～ 170m，在目的层形成约 300m × 300m 井网（图 4-2、图 4-3）。为了保证泵的正常工作，要求最大井斜角一般不超过 25°。

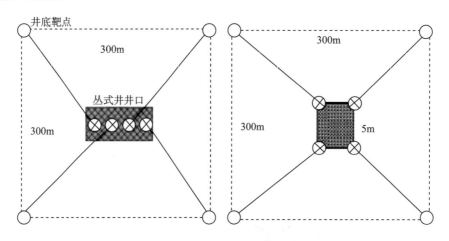

图 4-2　四井组丛式井布井

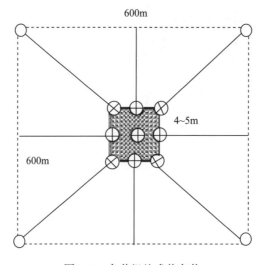

图 4-3　九井组丛式井布井

三、丛式井轨迹优化

由于煤层埋藏较浅，煤层气丛式井井身剖面一般采用"直—增—稳"三段制剖面。剖面设计的关键点是选择合适的造斜率，既可实现排水泵的顺利下入，又能满足井眼轨迹长度尽量最小的要求（表4-1）。轨迹优化的主要参数是造斜点位置、造斜率和稳斜段井斜角。造斜点选择在适宜造斜的地层，同时为了防碰目的要求相邻井的造斜点深度交错30m以上。目前煤层气排水采气用的排水泵主要包括有杆泵和电潜泵两种。普通有杆泵的适宜工作井斜角一般小于40°，高于40°后球阀的工作稳定性将消失。对于普通电潜泵，从实际使用情况看，可顺利通过曲率为3°/30m的ϕ139.7mm井眼，并不会造成永久的损坏，另外可通过曲率为5°/30m的井眼，但需要进行必要的保护。为了扩大排水泵的选择范围并保证排水泵的顺利下入，造斜率优选为（3°～5°）/30m，井眼轨迹的稳斜角在满足造斜能力条件下达到最小。另外井眼轨迹中靶后继续延长60～70m，保证预留足够长的口袋。

表 4-1　煤层气丛式井井身质量通用规定

井段	全角变化率 （°）/30m	最大井斜角 （°）	靶点水平位移 m	井径扩大率 %	方位偏差
直井段	≤ 1.5	≤ 1.0	≤ 4	≤ 15	
造斜段	≤ 5.0	30 ～ 40		≤ 15	闭合方位 ±2°
稳斜段	≤ 1.5	30 ～ 40	300 ～ 400	非煤层≤ 15 煤层≤ 35	方位偏差 ±5° 以 内，闭合方位 ±2°

首先建立如图4-4所示的二维坐标系，a为造斜起点，b为造斜结束点，c为轨迹终点，建立的数学方程如下：

$$H_0 + R\sin\alpha_b + L_w\cos\alpha_b = H_1 \tag{4-1}$$

$$R(1-\cos\alpha_b) + L_w\sin\alpha_b = S_1 \tag{4-2}$$

式中　H_0——造斜点井深，m；

H_1——c 点垂深，m；

R——曲率半径，m；

L_w——稳斜段长度，m；

α_b——稳斜角，（°）；

S_1——c 点水平位移，m。

圆弧段的曲率半径 R 和轨迹总长度 L 等几个关键参数的表达式如下所示：

$$R = \frac{(H_1 - H_0)\sin\alpha_b - S_1\cos\alpha_b}{1 - \cos\alpha_b} \tag{4-3}$$

$$L = H_0 + R\pi\alpha_b/180 + \left[S_1 - R(1-\cos\alpha_b)\right]/\sin\alpha_b \tag{4-4}$$

$$k = 180/(\pi R) \tag{4-5}$$

式中　k——造斜率，（°）/m。

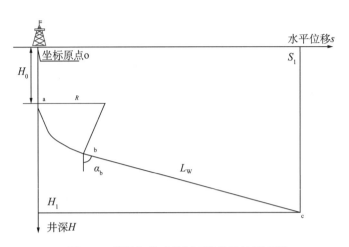

图 4-4　煤层气丛式井剖面优化设计原理图

对于上面建立的轨迹优化模型，造斜点垂深、造斜率（曲率半径）、稳斜角大小、稳斜段长度是方程组式（4-1）和式（4-2）的 4 个未知变量，但它们四者之间存在着相互制约的关系，若已知其中两个变量，即可通过两个已知变量来求解出其余两个变量。煤层气丛式井通常优化的变量为造斜点位置、造斜率和最大稳斜角。造斜点越浅，井眼轨迹长度越短，同时最大井斜角也越小，那么井眼轨迹越有利于后期管柱及排水泵的下入与运行。但是浅处造斜施工难度大，钻压难以满足施工要求。考虑地层的因素，建议造斜点选在 100 ~ 180m 左右。依据上述造斜点的优选结果，设计造斜点位于井深 130m 和 160m 处，相邻井造斜点相距 30m，造斜率为 0.1°/m。设计目标垂深为 700m，另外包括长 60m 的口袋，具体的井眼轨迹如图 4-5 所示。计算结果显示，相邻定向井井深为 801 ~ 804m，丛式井组单井比直井井深增加了 41 ~ 44m。4 口定向井最大井斜角为 28.16°，满足排水采气要求。表 4-2 为四井组丛式井轨迹优选结果一览表。

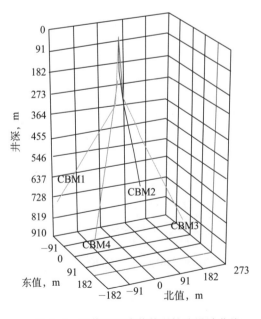

图 4-5　四井组丛式井井眼轨迹设计曲线

表 4-2　四井组丛式井轨迹优选结果一览表

井名	造斜点，m	总井深，m	最大井斜角，（°）	造斜率，（°）/m
CBM1	160	807.40	28.16	0.1
CBM2	130	804.14	25.80	0.1
CBM3	160	807.40	28.16	0.1
CBM4	130	804.14	25.80	0.1

四、丛式井施工技术

丛式井的钻机选型、井身结构、钻井液体系和固井方案与直井基本相同，仅钻具组合略有差别。丛式井井身结构与直井方案基本一致，采用二开井身结构方案，一开套管下入深度约 30～50m，封固地表疏松层、砾石层，注水泥全封固；二开钻穿煤层底界以下 60m 完钻，下入生产套管（图 4-6）。

煤层气丛式井常用的钻具组合有两类，第一类为稳定器造斜组合，第二种为导向马达钻具组合。第一种钻具组合成本低，工具配置简单，适用于轨迹控制要求不高的煤层气井。第二种钻具组合采用了连续钻井导向技术，加强了井眼井斜、方位的控制能力，同时也避免了测单点作业，因此提高了钻井速度和井身质量。

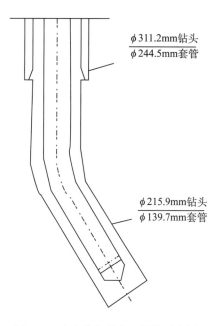

φ311.2mm钻头
φ244.5mm套管

φ215.9mm钻头
φ139.7mm套管

图 4-6　丛式井单井井身结构示意图

第二节　煤层气水平井钻井技术

"十二五"期间，煤层气水平井钻井技术继承了"十一五"期间的研究成果，进一步完善了煤层气井壁稳定与储层保护技术，扩展了煤层气水平井井型。除多分支水平井外，还开展了 U 形井、L 形井、径向水平井等方面的试验研究，逐渐形成了适合中国煤层气地质条件的水平井技术系列。煤层气水平井技术在"十二五"期间的研究应用，对提升中国煤层气单井产量，提高中国煤层气开发效益起到了非常积极的作用。

一、井壁稳定与储层保护一体化技术

1. 多因素耦合条件下煤储层井壁稳定性

1）煤储层井壁稳定影响因素

（1）煤岩脆性对于井壁稳定的影响。

采用弹—脆—塑性模型分析煤岩井壁稳定性，综合 Bishop 和 Hajiabdolmajid 等人的对于脆性指数的定义，采用如下脆性指数反映煤岩损伤后的强度损失特性：

$$I_B = \frac{(\sigma_p - \sigma_r)/\sigma_p}{\varepsilon_{cr}^p} \tag{4-6}$$

式中　I_B——脆性指数；

　　　σ_p——破坏应力，MPa；

　　　σ_r——残余应力，MPa；

　　　ε_{cr}^p——破坏后残余，塑性切应变。

在峰值强度、残余强度、弹性模量等力学参数相同的条件下，不同脆性的煤岩，损伤后的井周应力分布不同，从而影响损伤和破坏的进一步演化，因此煤岩脆性对于井壁稳定具有显著的影响。

煤岩脆性对于井壁稳定性的影响显著，在完全塑性条件（I_B=0）下，煤层井周塑性损伤区沿井壁周向分布范围较大，而沿径向的深度较小。反之，当煤岩较脆（I_B=27）时，煤层井周塑性区周向分布范围与塑性情况相比较小，而深度较大。显然，在井壁稳定分析中应该充分考虑煤层力学性质所具有的显著的脆性。

（2）井壁稳定需同时提高钻井液封堵性能与密度。

井壁封堵不良条件下，提高钻井液密度容易导致钻井液向地层侵入，引起孔隙压力升高，有效应力降低，导致井壁损伤破坏，坍塌崩落；单纯依靠提高钻井液密度无法解决井壁坍塌问题。

（3）压力波动对于煤层气井壁稳定性的影响。

钻井过程中，钻井泵的开关、循环波动压力和起下钻的抽吸、激动压力等都会造成井底压力发生动态变化。波动压力一方面会改变井底径向支撑力，造成井周煤岩受到的围压也随之变动，导致井周煤岩内部裂隙的扩展、贯通，产生疲劳损伤，随时间逐渐累积，降低了井周煤岩强度；另一方面会改变井筒与地层之间的压力差，引起钻井液侵入地层的压力、渗透速率随时间变化。假设钻井液和地层岩石为微可压缩介质，采用非稳态渗流理论分析钻井液在地层中的渗流过程，综合考虑钻井液渗入地层后造成的有效应力和强度改变以及循环载荷作用下煤岩的疲劳损伤，对井眼周围地层损伤破坏情况随不同压力波动幅度、不同压力波动周期下而变化的情况进行分析计算。

（4）煤层气井壁稳定性的时间效应与井壁稳定周期。

在研究煤层井壁稳定的时间效应时，主要考虑两方面的效应。井眼钻开后，井壁封堵不良条件下，钻井液侵入煤层，引起井周孔隙压力以及相应的井周应力随时间发生变化，另一方面钻井液侵入煤层使得煤岩强度随钻井时间而逐渐降低。这两方面的效应使得煤层井壁稳定出现时间效应，井周损伤破坏情况会随着时间而发生变化，可能在井眼钻开初期稳定的井壁在后期发生失稳，从井眼钻开到井壁发生失稳的时间即为井壁稳定周期。

导致煤层井壁稳定性存在时间效应的原因主要有以下三个方面：

①钻井液向井周地层渗流导致井周附近孔隙压力升高；

②钻井液向井周地层渗流，进入煤层割理、裂隙，润滑割理面与裂隙面，导致煤岩强度降低；

③煤岩蠕变。

对于中高阶煤岩，蠕变效应并不显著，因此不予考虑，仅考虑由于前两个因素导致的煤层气井壁时间效应。

结合钻井液浸泡导致煤岩强度降低的实验拟合关系，可以预测煤层井壁损伤破坏随时间的发展过程，分析井壁长期稳定性。

2. 煤层气井壁稳定技术对策

（1）合理的钻井液密度窗口。

根据煤层非均质、强度低的特点，很多层位存在安全钻井液密度窗口较窄，甚至不存在安全钻井液密度窗口的现象，因此这些层位的井下复杂情况可能会间接引起井眼坍塌。设计合理的安全钻井液密度窗口可以作为防止煤层井眼坍塌的一个措施。

设计合理的钻井液密度窗口是实现安全钻井的依据，钻开地层形成井眼以后，井眼周围产生应力集中，若钻井液密度不足以有效地平衡井壁应力，则常常会出现井壁失稳现象。井壁不稳定分为两种情况：一是钻井液密度过低，即井内钻井液液柱压力过低，井壁发生剪切破坏（坍塌）；另一种是钻井液密度过高，即井内钻井液液柱压力过高，井壁发生张性破坏（压裂地层）。因此，钻井液存在着一个安全窗口，其上限对应于地层破裂压力，下限对应于地层孔隙压力和坍塌压力的较大值。

（2）有效封堵地层。

根据计算得出，地层的抗压强度越大，坍塌压力越小，井壁就越稳定。而煤层往往呈条带状或线状分布，煤层的割理、节理以及裂缝发育，钻井液滤液进入煤层节理和裂缝中容易引起煤岩强度降低、煤中黏土矿物水化膨胀和分散，加剧煤层坍塌，良好的封堵能力是液柱压力有效支撑、减少滤液进入煤层的先决条件。所以必须加强钻井液封堵能力，阻止钻井液滤液进入地层，提高地层承压能力有利于保护井壁稳定。

提高地层承压能力主要是利用人为的办法来封堵井筒附近的地层通道，增强近井壁地层的胶结能力，从而达到提高井筒附近地层抗压强度、降低坍塌压力的目的。对于微裂缝、节理发育的煤层，"封堵"是目前最有效的防塌技术之一。高质量的封堵，一方面通过封堵材料及处理剂将破碎体进行再胶结，增强了破碎体间的连接力，提高裂缝面的胶结强度而提高地层的承压能力，相应的安全钻井液密度上限也得到了提高；另一方面，由于裂缝被封堵，近井壁环带在宏观上可以视为一个连续的整体，均质程度增大，各向异性降低，两水平主应力的差值减小，安全钻井液密度窗口较封堵前变宽。

（3）调整钻井液性能。

煤岩是多节理破碎性易坍塌岩体，井壁极易失稳，所用钻井液体系及性能、钻井液的流变性和流态、钻井工艺措施（钻柱组合、水力参数等）、钻柱的机械碰撞等均会对煤岩稳定性产生影响。其中，所用钻井液体系及性能起着至关重要的作用，稳定煤岩井壁的钻井液技术对策如下。

①合理的钻井液密度。煤岩强度低，受钻井液及其滤液浸泡后强度进一步下降，所以钻井液的密度不要过大，大了会压裂煤层；也不要过小，小了会造成应力释放，使煤层沿节理和裂缝崩裂坍塌。合理钻井液密度要根据煤岩物理力学参数、煤层压力、煤层地应力等参数综合分析计算后确定，同时要考虑泥页岩夹层的稳定问题。同时要求钻井液密度不要大幅度改变。

②优化钻井液排量和流变参数。钻井液黏切不宜太低，黏切太低，在井眼内形成紊流，对井壁的冲刷能力增强，容易造成煤层坍塌，同时钻井液携砂能力减弱；黏切太高，钻井液结构太强，活动钻具或起下钻时波动压力增大，容易引起井壁煤块的松动，也不利于井壁稳定。合理的流变性既满足携岩要求又能减少对井壁稳定的不利影响。

③良好抑制性。煤岩中黏土矿物含量虽然很低，但泥页岩夹层黏土矿物含量高，水化分散和膨胀性较强，抑制性差的钻井液滤液进入泥页岩会产生水化膨胀压力，改变井周应力分布，诱发或加剧井壁失稳，泥页岩坍塌会导致煤岩坍塌，两者相互影响、相互促进。因此，要求钻井液具有良好的抑制性。

④良好润滑性。保证钻井液良好润滑性，减少钻具与滤饼之间的摩擦力，能减少起下钻阻卡的可能，防止井下复杂发生。加入适量的表面活性剂，降低毛细管效应对煤层强度的影响。

⑤此外还应控制钻井液的 pH 值在合适的范围内。钻井液的 pH 值过高，不利于钻屑的清除和井壁稳定，也不利于与煤液的配伍性，但能使大多数有机类钻井液处理剂溶解和发挥作用。钻井液 pH 值过低，不利于钻井液中腐殖酸类等有机处理剂的溶解，同时对钻具也有腐蚀作用。因此，钻井液的 pH 值必须控制在一个合适的范围内，推荐钻井液的 pH 值在 7 ～ 8 的范围内。

（4）减少井筒压力波动。

节理、微裂缝发育的煤层，高压射流冲刺、起下钻过猛引起井内压力激动过大、地层倾角大、山前推覆应力大等均会使煤层不稳定而发生坍塌掉块。钻进过程中由于机械震动、摩擦、钻头切削等作用使煤岩沿断口碎裂，还有可能滋生出微裂缝，有助于水通过微裂缝，水化能沿微裂缝释放，从而加剧煤层的进一步破碎。在压差作用下，降低煤岩之间的胶结力，同时引起煤体应力的急剧变化，可以破碎工作面（井眼或井壁）附近的煤体，向环形空间发生压出移动现象，煤层上的应力将会得到卸压，水楔作用使煤体破坏，水在煤层中运动并顺着煤层裂缝向环空排除，使煤体结构破坏和疏松；水进入煤层内部的裂缝和孔隙，不仅会使原始煤体湿润，而且也将从煤层中排除大量煤泥，使煤层中滋生出新的微裂缝，不利于煤岩的稳定。

3. 钻井工程多因素对煤层气储层伤害机理

从单因素角度出发，以沁水盆地樊庄区块和郑庄区块为例，钻井过程中煤层气储层伤害机理主要有钻井液侵入水锁伤害，钻井液中固相颗粒对煤储层的堵塞，高分子聚合物吸附堵塞煤层孔隙以及钻井液与煤储层不配伍引起的伤害。由于储层伤害机理直接与储层特征有关，不同特征储层有不同的潜在伤害因素。综合考虑地质因素和工程因素对煤储层的伤害机理，研究结果表明，钻井过程中的压力波动是煤储层伤害的主要因素，其次是钻井液侵入引起的大分子吸附、水敏性伤害、固相堵塞和贾敏效应对煤层气储层造成的伤害（表 4–3）。

表 4–3　钻井工程多因素对煤层气储层伤害机理综合分析表

伤害因素	伤害程度	防治方法	重要程度
钻井压力波动	★★★★★	降低井筒压力波动	关键因素
高分子聚合物堵塞	★★★★	采用可降解聚合物或不用聚合物	主要因素
水敏性伤害	★★★★	加防膨剂	
固相颗粒堵塞	★★★★	控制煤粉产出、降低钻井液中固相含量	
毛细管阻力，贾敏效应	★★★★	降低气液界面张力	
润湿性反转	★★★	选用吸附量小的活性剂	次要因素
无机垢	★★	控制钻井液 pH 值	
碱敏	★★	控制钻井液 pH 值	
细菌堵塞	★	控制钻井液细菌含量	

1）钻井压力波动

钻井过程中产生液柱压力波动，将使煤岩的裂缝宽度增大，对煤层渗透率产生影响。同时压力波动过程加剧钻井液向煤层侵入，造成储层伤害。对于裂缝性煤储层，钻井压力波动时，钻井液向裂缝中的滤失量变大，在相同的时间内，压力波动过程中的钻井液侵入量大于压力稳定时的滤失量。钻井液侵入煤层的量越多，越容易对煤层造成伤害。

2）钻井液侵入

不同类型的钻井对煤储层的伤害不同，钻井液对裂缝性煤储层的伤害主要表现在以下4 个方面。

（1）大分子吸附。

聚合物类钻井液中含有线状和线团状的高分子聚合物，这些大分子会随钻井液滤液侵入裂缝内部，可能会被不规则的裂缝表面吸附、捕集而附着在裂缝的表面，使有效渗流通道减小，对储层渗透率造成伤害。

（2）水敏性伤害。

沁水盆地樊庄区块的煤层水矿化度较低，在 2000mg/L 左右，水型为 $NaHCO_3$ 型，水质呈弱碱性，pH 值为 8.69 ～ 8.95。水中含有成垢离子 Ca^{2+}、CO_3^{2-}、HCO_3^-、SO_4^{2-} 等离子。清水钻井液多取自当地地表水，而樊庄地区的浅层地表水矿化度仅有 300 ～ 700mg/L，比煤层地层水的矿化度低。当用清水钻井液钻进时，钻井液侵入储层裂缝容易引起黏土矿物发生水化膨胀，堵塞裂缝，造成储层渗透率下降。

（3）固相堵塞。

对于裂缝宽度比较大的裂缝性储层，由于裂缝宽度大于钻井液中的固相颗粒尺寸，钻井液中的固相颗粒就会在正压差作用下进入裂缝，在裂缝内形成堆积，堵塞渗流通道，降低储层的渗透率。

（4）贾敏效应。

煤岩裂缝壁面凹凸不平，沿缝长的裂缝宽度也不是不变的，当泡沫钻井液进入裂缝，流动至裂缝较窄的地方时将产生贾敏效应，使渗流阻力增大，造成渗透率降低。

4. 适合不同煤岩性质的一体化钻井液体系

根据煤储层井壁稳定及伤害机理，开发出适合不同煤体结构的保护储层、稳定井壁一体化钻井液。

1）无固相改性清水钻井液

煤层气钻井现场多使用清水打开储层，因其低密度、不含固相及各种常用的钻井液添加剂、中性的 pH 环境，避免了对煤层气储层的多种伤害，但也正因如此，无法形成有效的滤饼，增加了滤液侵入储层的量，同样给储层带来了一定的伤害。从提高矿化度、增强配伍性、提高絮凝能力、提高返排能力 4 方面对清水钻井液进行了改善[1, 2]，研制出无固相改性清水钻井液。改性后清水钻井液既保留了清水钻井液无固相优点，又最大限度地保护了煤储层，而且增加的成本低，在煤层气水平井中具有广阔的应用前景。

无固相改性清水钻井液具有以下特点。

（1）提高矿化度可抑制水敏性伤害；引入防垢剂可提高与地层水的配伍性；使用无机混凝剂可降低微细固相颗粒造成的堵塞；引入表面活性剂可增强气—液表面活性，有利于滤液返排。

（2）提升了煤层气水平井钻井液储层保护。改进后的钻井液配方为：清水 +0.5% 防膨絮凝剂 FPS+0.5% 防垢助排剂 FPL。能有效抑制煤岩的膨胀，与地层水配伍性好，具有较低的表面张力，总体储层保护效果良好。

（3）无固相改性清水钻井液伤害率低于 20%。

2）可降解聚合物钻井液

对于破碎带发育的区域，虽然采用成本低、煤层保护效果好的清水或盐水钻井液，但煤层井壁垮塌掉块现象依然非常严重，无法正常钻井作业，甚至出现井垮埋钻具及井下工具等恶性井下事故。若采用聚合物类钻井液，相对成本较高，虽然稳定煤层井壁能力强，但对煤层污染较严重，造成煤层气产量低甚至于不出气。因此，亟需研制适用于煤层气水平井的可降解聚合物钻井液体系，既能控制煤层气井井壁失稳，也能防止煤层伤害。

研制出的可降解聚合物钻井液采用特殊聚合物降低水相活度，具有阻止或延缓水相与煤岩相互作用的特点，达到稳定煤层井壁的目的。后期采用降解破胶技术，解除聚合物对煤层污染。

可降解聚合物钻井液配方如下。

（1）聚合物钻井液组成：清水 + 降解型稠化剂 DPA+ 水基润滑剂。

（2）破胶液配方：清水 + 破胶剂 + 防水锁剂。

性能测试表明：研制的可降解聚合物钻井液体系既能控制煤层气煤层井壁失稳，也能防止煤层伤害。主要通过提高钻井液黏度和成膜性保证钻井过程中的煤层井壁稳定，在后期完井时采用降解破胶技术来解除钻井过程中聚合物类处理剂造成的煤层伤害，从而达到最大程度保护煤层和释放煤层气产能。可降解聚合物钻井液在 30℃、2h 条件下可以将聚合物钻井液完全降解掉。可降解聚合物钻井液技术在山西寿阳瓦斯治理和煤层气开发利用中成功应用于 6 口 U 形水平井中，钻井过程中煤层井壁稳定，并陆续解吸投产，显示出良好的应用前景[3,4]。

3）现场应用情况

无固相改性清水钻井液具有低伤害、低成本特点，适用于煤层井壁较稳定地区。可降解聚合物钻井液稳定井壁能力强，具有水平井防坍塌的功能，配合后期破胶液技术，综合煤层保护效果好，适用于煤层井壁失稳严重地区。两套钻井液体系在钻井工程中具有互补作用，"十二五"期间已在沁水盆地的郑庄、柳林、寿阳等区块应用于 16 口井，使用效果明显，成功解决了煤层气水平井井壁稳定和储层保护问题，在中国煤层气地区具有广阔的应用前景，而且在国外也具有一定的适用性。

（1）无固相改性清水钻井液应用。

在 2 口多分支水平井和 3 口 U 形水平井进行了改性清水钻井液的现场试验，应用结果表明，该钻井液具有防塌能力强、性能维护方便、携岩能力强的优点，储层保护效果显著，具有较好的推广应用前景[5]。

（2）可降解聚合物钻井液应用。

该钻井液体系适用于煤层井壁失稳严重地区，在 4 口多分支水平井和 7 口 U 形水平井进行了可降解聚合物钻井液的现场试验，应用结果表明，该钻井液具有较强的稳定水平段煤层井壁能力、携岩屑和润滑效果好、破胶液现场应用明显等特点，具有较好的推广应用前景。

二、煤层气多分支水平井钻井技术

1. 多分支水平井技术概况

煤层气多分支水平井钻井技术始于 20 世纪 90 年代中后期，它是由美国 CDX Gas LLC 公司针对美国 3 ～ 4mD 低渗透煤层气资源的有效开发而发明的。CDX 公司首次用此项技术先后为美国钢铁公司在西弗吉尼亚州的煤层气开发项目施工了近百口多分支水平井，取得了显著成效，以其单井产量高而备受关注。这种多分支水平井单井日产煤层气 34000 ～ 56600m³，比常规压裂井提高 10 倍。运用该技术抽排 3 ～ 5 年，可采出控制区 70% 以上的煤层气资源。煤层气多分支水平井技术集钻井、完井和增产措施于一体，已被美国环保局指定为开发煤层气的推广技术[6,7]。

1）煤层气多分支水平井克服了直井井筒"点"的局限性

常规煤层气直井开发技术主要以井筒所在"点"为考察对象，以有限的井筒影响范围为假想目标来设计钻井和完井程序以及储层激励措施。而实际上煤层气的产出更需要以"面"为单位，综合考虑煤层内微裂隙的分布规律、储层的地应力和流体渗流动力场的相互影响。与直井相比，多分支水平井并未改变油气渗流的机理，但是它却引起了储层流体流入流出条件的变化，因此，两者的流场是不同的：一般直井的近井流场是圆柱面，而分支水平井水平段的流场是长椭球体。

2）单井产量高、采收率高

由于多分支水平井完井层段长，井筒裸露面积大，可以穿越煤层天然裂缝系统，在煤层中形成相互连通的网络，最大限度地沟通煤层裂隙和割理系统，大大降低了煤层裂隙内流体的流动阻力，提升煤层排水降压速度和煤层气解吸运移速度，进而增加煤层气产量，提高采出程度，缩短采气时间，极大提高煤层气开发经济效益。根据现场生产数据（图4-7），多分支井相比垂直井压裂增产，产量增加可达6～20倍。在西弗吉尼亚地区石炭系4#煤层（厚度1.22m，含气量8.5m³/t，渗透率3～4mD）和6#煤层（厚度2m，含气量12.7～15.6m³/t，R_0=1.5%）的煤层中单井日产量可达到2.8～5.6×10⁴m³。

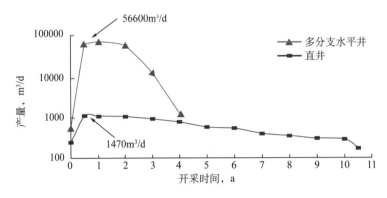

图4-7　直井压裂与多分支水平井产量对比实例

3）总的井场占地面积小，控制面积大，综合成本低，经济效益好，环境破坏少

一个小井场分布2～4口多分支水平井，进行360°方向整体抽排，抽排面积达4～5km²，若用直井压裂开采相同抽排面积则需要16口（图4-8）。相比直井分布，多分支水平井可以节省井场占地、钻机搬迁安装、下套管、废弃钻井液和岩屑处理等费用，同时还可以降低地面采气和集输设备等费用，投产9～10个月收回钻井成本。减少了地面建设和占用的土地，在一定程度上也降低了对周围环境的破坏。

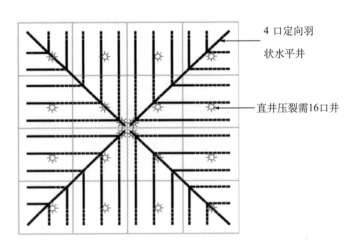

图4-8　煤层气多分支水平井与直井压裂开采对比图

4）有利于采煤作业

多分支水平井水平段不下套管，便于今后的采煤，是先采气后采煤的最佳配套技术，并保障煤炭的安全开采。

2. 煤层气多分支水平井钻井工程优化设计理论

煤层气多分支水平井集成了水平井与洞穴井的连通、钻分支井眼、充气欠平衡钻井和地质导向技术等，这是一项技术性强、施工难度高的系统工程。同时为了保持煤层的井壁稳定，煤层段一般采用 ϕ152.4mm 小井眼钻进，因而对钻井工具、测量仪器和设备性能等方面都提出了新的要求。

1）煤层气多分支水平井面临的主要难点

（1）煤层比较脆，而且存在着互相垂直的天然裂缝，在这种脆性地层中钻进极易引起井下垮塌、卡钻等复杂事故，甚至井眼报废。

（2）煤层易受伤害，储层保护的难度大，一般需采用充气钻井液、泡沫或地层水等作为煤层段的钻井液体系。

（3）由于煤层埋藏比较浅，同时井眼的曲率较大，钻压难以满足要求，同时钻水平分支井眼时钻柱易发生疲劳破坏，导致井下复杂。

（4）煤层气多分支水平井工艺属于钻井新工艺，涉及许多新式的工具和仪器，例如用于两井连通的旋转磁测量装置、小尺寸的地质导向工具和高效减阻短节等。

目前中国石油已形成了一整套针对不同煤层特性的多分支水平井设计理论和技术（图 4-9），并编制了专门的设计软件。

2）煤层气多分支水平井主要优化设计原则

（1）井眼剖面设计原则：井眼轨迹最光滑原则、穿越煤层有效长度最长原则。

（2）根据煤层厚度、物性、走向、地应力方向设计分支井眼方向、长度、间距等。

（3）抽排面积最大、井数最少、经济效益最大化原则[8, 9]。

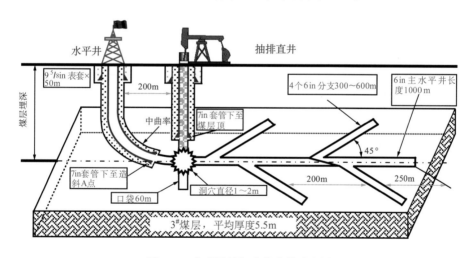

图 4-9　典型煤层气多分支井示意图

中国煤储层总体上呈现"三低一高"的特性，即低渗透性、低含气饱和度、低压力和高煤阶，但不同地区的储层又具有不同的特性，不同特性的储层开采井型方案（钻井、完井措施及相关技术）也不尽相同。对于小于 5mD 的低渗透煤层，水平井和多分支井是最佳开采模式，例如沁水盆地潘庄、樊庄等区块均取得了成功开发。随着煤层气勘探开发的不断推进，开采领域逐渐进入深部煤层（垂深 500m 以上），例如沁水盆地郑庄、柿庄等区块。随着煤层埋深的增加，煤层渗透率急剧下降（图 4-10），一般小于 0.5mD。深部煤层水平井遇到了超低渗透率的开采挑战，井筒的自然有效渗流半径由几百米降低至几十米或十米以内，最终导致深部煤层气水平井单井高产能低的现象发生。该类超低渗透煤层气需要采用"水平井+分段压裂改造"技术，可大幅度提高单井产量和最终采收率。

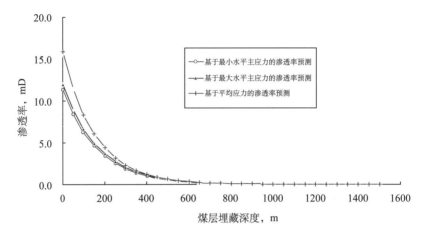

图 4-10　煤层渗透率与埋深的一般关系

　　沁水盆地樊庄和成庄区块是多分支水平井应用效果良好的典型代表（图 4-11）。中国石油樊庄井区多分支水平井开井 49 口，平均单井日产气量 4857m³，日产气量 10000m³ 以上井 6 口，5000～10000m³ 井 8 口，2000～5000m³ 井 7 口，1000～2000m³ 井 3 口。成庄井区水平井开井 4 口，产气井 4 口，日产气量共计 7.63×10⁴m³，平均单井日产气量 19070m³。

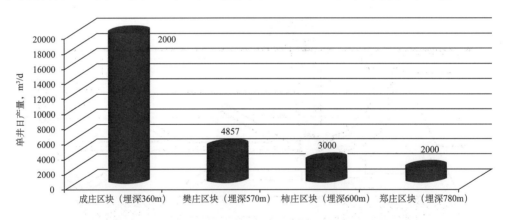

图 4-11　沁水盆地不同区块煤层气多分支水平井产量与埋深关系

3. 多分支水平井类型

1）传统多分支水平井类型

　　为了便于煤层脱水和排水采气，在距水平井眼约 200m 处与主水平井眼在同一剖面上设计 1 口垂直井，或距水平井眼约 22m 处与主水平井眼在同一剖面上设计 1 口斜井，并与主水平井眼在煤层内贯通，用于抽排水采气。煤层气多分支水平井布井方式有四羽状、三羽状、双羽状和单羽状 4 种。例如四羽状井在一个井场朝相互垂直的四个方向布 4 口羽状水平井和 4 口抽排直井，然后在直井中下入电潜泵或螺杆泵等直接抽排采气（图 4-12）。

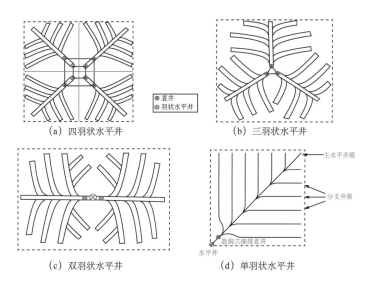

图 4-12　多分支水平井布井类型

2）仿树形多分支水平井

针对煤层垮塌、难以重入问题，中国石油创新多分支水平井设计理念，提出仿树形水平井设计方法，其主体思想为"主支疏通、分支控面、脉支解吸"，如图 4-13 所示。1 口煤层气仿树形水平井由 1 口工艺井（即多分支水平井）和 2 口排采井组成，其中，远端排采井也可作为监测井。工艺井分别与两口排采井连通，连通位置位于稳定的煤层顶板（或底板），工艺井的主支在稳定的煤层顶板（或底板）沿上倾方向钻进，形成稳定的排采通道；工艺井水平段由主支、分支、脉支构成。

图 4-13　仿树型多分支水平井示意图

（1）仿树形多分支水平井的优点。

①可以保证钻井和排采期间水平井主井眼的稳定性，并具备井筒可重入、可洗井作业能力。传统的煤层气多分支水平井主支、分支追求最大限度穿越煤层，出现垮塌复杂即完钻，其结果往往是煤层进尺达不到设计要求，主支不可监测、不可重入、不可冲洗。

②单井控制面积大。仿树形水平井由主支、分支、脉支组成，主支是"树干"，是汇聚各分支、脉支产气的主通道，要求稳定疏通；分支是"树枝"，是各脉支产气进入主支的连通通道，通过分支的延伸控制产气解吸面积；脉支是"树叶"，若干脉支在煤层内。

（2）仿树形多分支水平井的缺点。

钻井周期较长，且单井钻井成本高，一定程度上制约了该技术的规模推广应用。

（3）仿树形多分支水平井设计关键点。

①工艺井的直井段位于煤层的低部位，主支在稳定的顶板或底板岩层，沿煤层上倾方向钻进，井斜角大于90°，距离煤层保持尽可能小的距离，但不触煤。水平段长度一般不小于800m，与两口排采井均在顶板（或底板）岩层中连通。建在煤层顶板或底板内的主支，提供了稳定的排水、疏灰、采气通道；产状上倾，有利于排水；不触煤，有利于稳定。

②在主支两侧钻若干分支（一般6～12个），分支沿地层上倾方向侧钻进入煤层，在煤层内保持平缓上倾延伸，尽可能钻长，以满足多钻脉支的需要，分支长度一般不小于200m，同侧分支侧钻点间距100～200m，异侧分支侧钻点间距50～100m。分支通过在主支两侧的延伸控制着仿树形水平井在煤层中的展布形态和产气解吸面积。

③在每个分支上侧钻若干脉支（一般3～8个），脉支在煤层内以沟通煤层内裂隙为主要目的，不出煤层，长度一般50～400m，不求长，但数量尽可能多，以增大煤层气解吸面积。

④排采井洞穴的主要作用，一是方便工艺井与排采井连通，二是排采时作为气、液、固的分离腔。为确保洞穴长期稳定，将排采井洞穴建在稳定的顶板（或底板），排采洞穴应处于水平井轨迹的低部位，便于主、分支顺"势"排水，便于气、液、固三相分离，同时当井眼有垮塌物时，流水可将其搬运到洞穴处，保证井眼畅通。

中国石油华北油田公司在山西沁水盆地开展了第一口煤层气仿树形水平井先导试验井。该井由1口工艺井、1口排采直井和1口监测井组成，工艺井主支设置在煤层顶板泥岩中，距煤层顶部保持适当距离（一般控制在0.5～3m），不触煤；排采井、监测井在煤层顶板造洞穴，洞穴底部距离煤层1m，直径0.6m，高度6m。该井完成主支1个、分支12个、脉支29个，煤层进尺9408m，单井控制面积0.36km²（图4-14）。

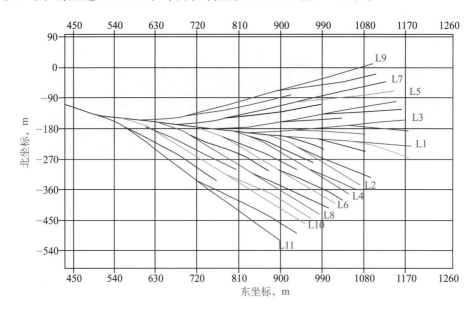

图4-14 仿树形水平井水平投影图

三、煤层气 U 形水平井钻井技术

1. U 形井技术概况

U 形井也称 U 形水平井，是指根据煤层的特性，利用水平定向技术在煤层中钻出一长水平井眼作为泄气通道（工程井），同时为了满足排水降压采气的需要，在距水平井口数百米或数千米处钻一口直井（生产井）并在煤层段造洞穴，水平井与直井在煤层洞穴处连通，形成连通水平井用于排水降压采气（图 4-15），由于其形如"U"字，故简称其为 U 形井。

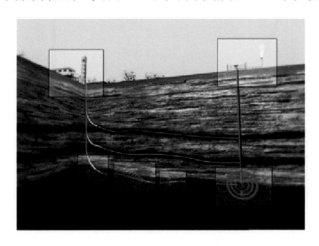

图 4-15　煤层气 U 形井井身结构图

U 形井是由定向对接井技术发展而来的。定向对接连通井技术最早用于救援井施工，当一口井发生井喷或失火时，在距该井一定距离处，钻一口井与其连通，通过注入高密度钻井液压井或采取其他措施来处理井下事故。定向对接连通井技术曾用于可溶性矿产的开采，从水平井注入清水，在直井中即可采出含矿丰富的溶液。最近 10 年，U 形连通井技术也逐渐应用于煤层气开采。澳大利亚是目前世界上应用该技术最早和最成熟的国家，该国必和必拓公司（BHP）采用地质导向水平连通井的施工方法在澳大利亚打了 350 口煤层气开发井，全部成功，大大降低了成本，提高了单井产量。U 形井技术在保德等地区煤层气开采中开展了应用试验，取得了初步成功。

2. U 形井技术特点及技术优势

1）技术特点

除钻抽排直井外，U 形水平井与常规水平井极为相似。在常规储层中，水平井普遍应用在稍平缓的地层，这些地层的厚度可以小于 1m，也可以高至几十米。然而，在煤层气开采中，水平井钻进的煤层厚度大多为 1 ～ 6m 范围内。由于没有分支，其目标煤层渗透率理论上应该大于多分支水平井所应用煤层的渗透率，同时煤层连续性应好，避免断层的出现。

U 形水平井中洞穴直井一般布置在煤储层构造的低部位，水平井布置在煤储层构造的高部位，这一点与多分支水平井刚好相反，如图 4-16 所示。在钻井过程中，当水平井造斜进入煤层以后沿煤层倾向从煤层高部位向低部位钻进，并与洞穴直井定向连通。U 形井的有效排水采气井段是水平井位于煤层中的斜直井段。由于煤层气 U 形井这种独特

的井身结构充分利用了倾斜煤层水的重力优势，在生产排水阶段煤层水很容易依靠重力作用排到洞穴井的井底，再经过排采设备抽排到地面，因此非常有利于排水降压采气和排除煤粉。[10]

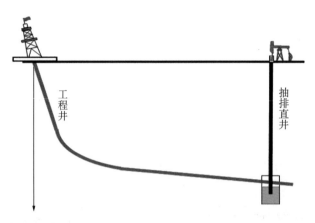

图4-16　U形水平井剖面设计图

煤层气U形水平井集成了水平定向钻井、井壁稳定及控制、两井连通和地质导向等技术，是一项技术性强、施工难度高的系统工程。该技术在区域适应性及方案设计、设备选型等方面都有严格的要求，受煤储层的渗透率、岩石力学性质、顶底板的不稳定性和地应力等因素的影响和制约，该技术目前应用范围比较有限。

2）技术优势

与其他水平井开采机理一样，U形水平井也是基于实现广域面的效应，最大限度穿越煤层割理裂隙系统，沟通煤层裂隙通道，扩大煤层降压范围，降低煤层排水时的摩阻，大幅度提高单井产量和采收率，从而达到产能和效益的最大化。与传统单一直井和多分支水平井采气相比，U形水平井在煤层气开采中有以下优势[10]。

（1）与传统单一直井相比的优势。

①高生产率：虽然其钻井成本和持续时间是普通直井的1.5～2.5倍。但从建井的最终目的来看，U形井的经济效益要比单一直井采气大，初期产量可高出5～10倍。

②绿色环保：U形井所施工的开发井数少，可多煤层分层布井，然后在同一洞穴井中连通，占地面积小，污染小。

（2）与多分支水平井相比的优势。

多分支水平井需进行分支侧钻，钻井周期长，井下钻进风险大，施工事故多；而U形井施工时则无须分支侧钻，井下风险小。在排采期，U形井整个水平段能够进行塑料筛管完井，有效防止井壁坍塌；而多分支水平井只能在主支进行塑料筛管完井，分支完井还存在一定难度，不能完全有效防止井壁坍塌。对于超低渗透煤层，U形水平井可以进行分段压裂改造。

对于低渗透煤层，单直井开采正逐渐失去传统优势，多分支水平井施工成本高且单井产量不理想，U形井就可凭其自身优势成为两者之外开发煤层气的一种有益补充。

3. U形水平井技术进展及应用

为提高单井产量，拓宽勘探开发思路，中国石油在鄂东气田、沁水气田大力推广、探索研究特殊井型的应用，已基本掌握 U 形水平井钻完井关键技术。截至 2015 年 12 月，设计并完钻 U 形水平井 9 口，其中沁水盆地 5 口，鄂东区块 2 口，霍林河 2 口。"十二五"期间完成的樊试 U1H 井是首口中国石油独立施工的 U 形水平井，与同区块施工的国外某公司相比，在导向工具落后条件下，钻井周期减少 22d，提速 257%；樊试 U2H 井在煤层薄、工具落后条件下，创沁水盆地 U 形井钻井周期最短施工记录。

四、煤层气 L 形水平井钻井技术

L 形水平井（图 4-17）在煤层气开发中表现出较好的适应性和潜力。井型设计方面最大优势为去掉洞穴井，设计主支 1 个，大幅降低了井组钻完井成本。L 形水平井完井方式主要包括两种：（1）三开下筛管完井；（2）二开下套管分段压裂完井。该井型优点为井眼稳定、低成本、可改造、产量高，实现水平井高效开发。

图 4-17 煤层气 L 形水平井示意图

1. 技术难点

L 形水平井完成一次性"软着陆"和超长水平段进尺。该井型与 U 形井、多分支水平井和仿树形水平井相比：

（1）减少了轨迹延伸方向上近端或远端的洞穴井做对比，失去了指导轨迹控制的可靠靶点；

（2）L 形井单支定方位的特点无法利用已钻分支对比参考，还原地层构造形态指导水平段钻进，反而增加了其难度；

（3）部分 L 形水平井采取下钢制筛管的完井方式，与多分支水平井裸眼和 U 形井 PE 筛管完井相比对井眼轨迹质量提出了更高要求，导向施工过程中不仅要尽量避免侧钻，而且要以较小的轨迹调整幅度追踪变化频繁的煤层。

2. 井身结构优化

上部地层稳定的煤层气 L 形水平井采用二开井身结构：ϕ311.1mm×一开井深 +ϕ215.9mm×二开井深。套管程序：ϕ244.5mm×一开套管下深 +ϕ139.7mm×二开套管下深，水泥返至地面，如图 4-18 所示。

若上部地层垮塌或漏失严重，则需采用三开井身结构：ϕ444.5mm×一开井深 +ϕ311.1mm×二开井深 +ϕ215.9mm×三开井深。套管程序：ϕ339.7mm×一开套管下深 +ϕ244.5mm×二开套管下深 +ϕ139.7mm×三开套管下深，水泥返至地面。对于渗透性较好的煤层，三开可采用悬挂玻璃钢或钢制筛管进行完井，如图 4-19 所示。

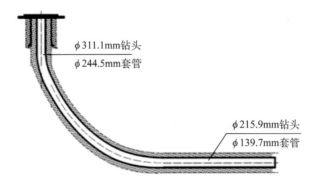

图 4-18　L 形水平井的二开井身结构示意图

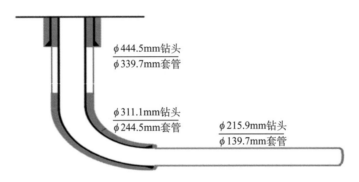

图 4-19　L 形水平井三开井身结构示意图

3. L 形水平井应用情况

"十二五"期间中国石油现场应用 L 形水平井 24 口。现场应用分为两个阶段，第一阶段为初级阶段，由于对施工难点认识不充分，现场施工经验不足，表现出侧钻次数多、施工周期长的特点；第二阶段为完善阶段，针对第一阶段总结出来的施工难点，进一步细化了导向工作流程，建立着陆以及水平段轨迹控制的 7 种模型，施工效果有了明显改进。第二阶段现场应用中，煤层钻遇率高达 95.62%，平均水平段施工周期比第一阶段缩短 9.8d。

五、径向水平井钻井技术

1. 径向水平井钻井技术概述

径向水平井是指曲率半径比常规的短曲率半径更短的一种水平井，又称之为超短半径径向水平井或超短半径水平井。径向水平井技术应用的钻井系统为超短半径径向水平井钻井系统"Ultrashort Radius Radial System"，简称 URRS。运用 URRS 系统，在设计施工的层段内使钻柱以极短的弯曲半径实现从垂直方向到水平方向的转向，并以水力驱动钻杆送进、以完全高压水喷射破碎岩石进行水平钻进，形成径向水平井眼为 $\phi70 \sim 110mm$。径向水平井钻井技术系统主要包括地面设备和井下工具设备两部分，如图 4-20 所示。地面设备主要为常规的修井机车、高压水射流发生装置、缆绳车和计算机监控设备、数据采集及处理装置，分别用来提供水力破岩、井下工具的动力、下钻具以及控制钻井速度；井下工具包括井下开窗工具、转向系统（斜向器）及控制机构、高压水力喷射和推进装置、输送高压流体的连续钢管、水力破岩钻头等。

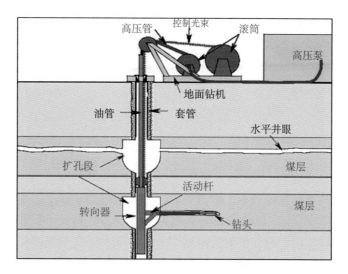

图 4-20　径向水平井系统组成

径向水平井完成从垂直到水平的转向，避免了采用常规的大曲率半径、中曲率半径和短曲率半径方法钻水平井所需的频繁造斜、定向和复杂的井眼轨迹控制等工艺过程，保证水平井准确地进入目的层。采用自旋转自进式射流钻头破岩形成水平井眼的新技术，不需要钻杆旋转也不需要通过钻杆给钻头施加破岩的"钻压"，在整个过程中钻头可以自动旋转且自我提供动力推进。钻头侧部喷嘴在提供旋转扭矩的同时旋转扩孔，可以扩大孔径，形成规则稳定的井眼，有利于钻进过程中钻屑的及时排出。钻头尾部反向喷嘴所产生的射流在提供反作用力的同时，进一步旋转破碎环空岩屑，并为钻屑的排出提供冲击动力，从而解决常规水平井技术所遇到的施加钻压困难和钻杆旋转带来的一系列问题，减小了井下事故的发生并提高了钻井速度。采用电磁限速或油压限速装置，结合地面泵压及排量的合理控制，可以有效控制水力破岩钻头的旋转速度及其在地层中的钻进速度，从而保证高压旋转水射流具有良好的打击性能，确保钻头高效破岩钻进。

2. 径向井技术在煤层气中的应用

1）技术机理

径向水平井兼有完井和增产的作用，其机理在于井眼的形成是由于高压水射流的线切割破碎煤岩而成，不存在压实作用，保持了煤层原始的裂隙结构；辐射状的分支水平井眼与原始裂隙在煤层中形成相互连通的网络，更大限度地沟通煤层原生裂缝和隔离系统，大大降低了煤层裂隙内流体的流动阻力，提高了煤层排水降压和煤层气解吸附运移的效率，增加煤层气、水产量，快速高效地降低煤层压力，进而提高煤层气产量，提高采出程度，缩短采气时间，解决了煤层气射孔、压裂效果不理想的问题，有望提高煤层气老井开发效益。另外该技术利用清水喷射，减少了钻井液、压裂液对煤层的伤害。

要使径向水平井眼与煤层形成更为有效的网络连通空间，还需要考虑煤田地应力状况与割理系统的走向。只有使径向水平井眼与面割理正交，才能最大限度地发挥分支井眼的排水降压效果。考虑到实际施工的需要，至少设计一部分水平井眼垂直于面割理，其他水平井眼可斜交于面割理，减少平行于面割理的水平井眼（图 4-21）。

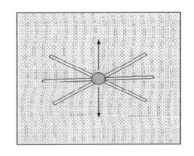

（a）径向水平井眼走向（箭头方向）　　（b）煤层面割理系统（箭头方向为面割理方向）

图4-21　径向水平井眼走向与煤层面割理系统

　　由于径向水平井井眼直径较小，应首先选择在渗透率高、煤层构造相对稳定、含气量和饱和度较高的煤层中应用，有条件的可以将喷射成孔过程与欠平衡钻井作业相结合，防止煤屑嵌入煤层微裂隙而影响井壁附近渗透率，可以减少排水采气过程中煤屑的产出。为了最大限度地发挥水平井眼的效率，可以进行多煤层布孔钻进（图4-22）。渗透率更高、纵向分布层数较多的煤层，还可将径向水平井与洞穴完井技术结合使用。

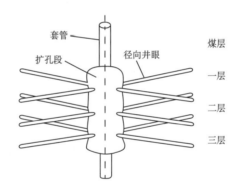

图4-22　多煤层径向水平井

2）应用情况

　　截至"十二五"末，中国石油共实施煤层气径向水平井钻井23口以上，其中单井总进尺最长2941m（15个分支），总体效果不理想（表4-4）。究其原因主要是由于煤层低渗透或超低渗透、喷孔直径小、排采中井眼易被煤粉和水堵塞。

表4-4　国内部分煤层气径向水平井技术实施效果数据表

井号	井深 m	喷射孔数 个	进尺 m	单孔最大进尺 m	作业前日产气 m³	作业后日产气 m³
L5	791～931	15	1520.00	189.0	100	500
L17	850～925	3	376.90	144.0	100	600
L30	675～713	13	1065.10	103.1	200	2400
L2	989～1017	10	1009.00	102.0	0	
FS-1	819～965	15	2941.00	201.4	100	500
SFS-1	831～881	8	754.45	104.0	0	600

第三节　DRMTS 煤层气水平井远距离穿针工具

煤层气水平井远距离穿针工具是煤层气水平井开发中的一种专用工具，中国在开展煤层气水平井开发初期，需租用或购买国外的穿针工具，费用昂贵，制约了中国煤层气水平井的发展进程。针对这一情况，"十二五"期间开展了该工具的攻关研究，研制出了中国自己的煤层气水平井远距离穿针工具 DRMTS。

一、DRMTS 的技术原理

煤层气水平井通常需额外打一口直井，并将该井与水平井连通（图 4-23），以便于下入螺杆泵、有杆泵等进行排水采气。远距离穿针技术及装备是实现远距离精确连通两口井的关键技术之一，也是煤层气多分支井和 /U 形井钻井的必需技术[11]。

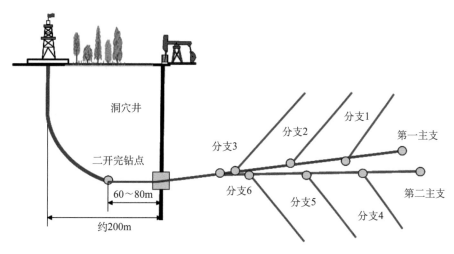

图 4-23　煤层气水平井开采示意图

目前常规的钻井井眼轨迹控制技术主要采用无线随钻测斜仪（MWD）对钻头进行井下定位和控制，但煤层气水平井钻井工艺要求实现水平井和直井连通，因此对井眼轨迹测量与控制提出了更高的要求。传统的 MWD 测量技术主要有以下几点不足：

（1）MWD 测量传感器位于钻头后部 6～10m，实时测量参数远远滞后于钻头位置；

（2）MWD 测量误差偏大，在 50m 的钻井进尺中，误差椭圆半径可达到 3m 以上；

（3）由于洞穴直井采用多点测斜仪进行标定，洞穴位置存在不确定性，通常靶点误差范围在 1m 以上；由于直井洞穴处的靶区为 0.5m×（4～8）m 的窄矩形框，MWD 测量方式远不能满足煤层气水平井的轨迹测控要求。

旋转磁场测距（Rotating Magnetic Ranging System）的概念出现于 1993 年。从 1999 年至今，旋转磁场测距作为一种新的测量两井间距的钻井方法而得到快速发展。它是通过传感器记录由磁体的旋转产生的随时间变化的磁场，并将测量数据通过电缆传到地面，系统软件对数据进行处理，进而对两井之间的相对距离和方位进行确定。解决了传统的 MWD 测量技术存在的不足，大大提高了两井之间连通的精度。

二、工具结构和技术指标

煤层气水平井远距离穿针工具主要由磁性短节、磁阵列传感器、测量电路短节、地面供电电源和工控机等组成，如图 4-24 所示。磁性短节本体由无磁材料加工制成，并在短节上镶嵌一些强磁圆柱体，其主要作用是在钻柱旋转时形成一个"旋转磁场"，频率与钻柱旋转频率相同，约为 2 ～ 5Hz。探管主要用来探测旋转磁场信号（H_x、H_y、H_z），并将测量的信号采集、放大，通过电缆传输到洞穴井井口。最后通过建立的磁场测量模型计算钻头与洞穴的距离和方向偏差。DRMTS- Ⅲ型远距离穿针工具设计探测范围 110m，系统方位测量误差小于 0.4°，距离测量误差小于 5%，可实现 1 ～ 5m 以内的近距离测量功能，信号不饱和、不失真（表 4-5）。

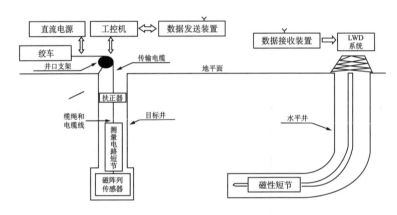

图 4-24　远距离穿针工具结构示意图

表 4-5　DRMTS 远距离穿针装备性能指标

参数	DRMTS-I	DRMTS- Ⅲ
磁场测量，nT	0.2	0.05
探测范围，m	50	110
规格系列，in	$4\frac{3}{4}$	$4\frac{3}{4}$、$3\frac{1}{2}$、$4\frac{1}{2}$
应用领域	煤层气对接井	煤层气、稠油 SAGD 水平井、地热井

1. 磁性短节

磁性短节由无磁钢制短节和若干永磁体所组成。圆柱状永磁体同向镶嵌，构成了一个组合磁源，如图 4-25 所示。施工过程中，磁性短节安装在钻头后面，磁性短节中心点到钻头中心点的距离不超过 0.5m。只要计算出磁性短节的位置，就可以获得钻头的准确位置。

目前性能较好、使用较广泛的永磁体是铷铁硼永磁体。从产品的使用性能、体积限制以及成本等方面综合考虑，选择型号为 N45 的铷铁硼永磁体。根据实际煤层井下无磁钻铤钢的尺寸限制，设计磁性短节，加工成品如图 4-26 所示。该磁性短节可插入 18 节 ϕ30mm × 44.5mm 永磁体。通过估算，18 节该尺寸的 N45 型铷铁硼永磁体经过最大负荷充磁后，在 50m 外产生磁感应强度为 0.6nT，可以被磁传感器识别，满足工程需要。

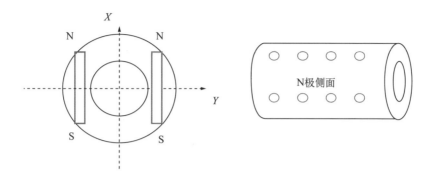

图 4-25　磁性短节示意图

图 4-26　磁性短节

2. DRMTS 磁测量探管

20 世纪 30 年代初，出现了磁通门技术，它可以测定恒定和低频弱磁场，其基本原理是利用高磁导率、低矫顽力的软磁材料磁芯制成感应线圈被激励后，出现随环境磁场而变的偶次谐波分量的电势特性，通过高性能的磁通门调理电路测量偶次谐波分量，从而测得环境磁场的大小。磁通门传感器是利用被测磁场中高导磁铁芯在交变磁场的饱和激励下，其磁感应强度与磁场强度的非线性关系来测量弱磁场的一种传感器。与其他类型测磁仪器相比，磁通门传感器具有分辨率高、测量弱磁场范围宽、可靠、能够直接测量磁场的分量等特点。目前，磁通门传感器凭借其高精度、耐高温、分轴测量等特性，在军事、能源、矿产、航天等领域有了广泛的应用。

磁通门传感器利用电磁感应原理来实现对磁场的检测，将地磁信号转换为电信号。任意偶次谐波可作为被测磁场的量度，由于二次谐波幅值最大，故通常选取其二次谐波电压量度为被测磁场。三端式磁通门传感器的主要特点是测量、反馈、激励三组线圈共用为一组线圈。跑道形骨架两边的线圈匝数、阻值、电感量、分布电容相等，两边的干扰（包括基波分量）可以抵消，从而提高磁传感器的灵敏度，降低噪声。磁通门传感器采用三端式磁通门结构设计，其激励为 5kHz 的方波。由于激励绕组和测量绕组为同一线圈，因此必须使用隔离变压器。隔离变压器采用推挽输出方式，次级中心端接地，磁通门传感器输出的变压器效应相互抵消，故外界磁场产生的磁通门效应增加，其输出为随环境磁场而变化的偶次谐波增量。磁通门信号处理电路包括选频放大器、相敏检波电路、积分环节、反馈环节等。磁通门检测到的环境磁场强度经以上几个环节后，输出一个与环境磁场成比例的直流电压信号。

三分量磁传感器是采用 3 个单分量磁传感器封装在正交传感器骨架内，3 个磁传感器相互正交、相互独立，其激励方式与单分量磁传感器相同。传感器共有 3 组输出，红、黄、蓝分别为南北、东西、地轴方向的磁传感器的输出端，另外两线为激励电压，结构如图 4-27所示。

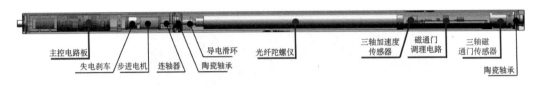

主控电路板　失电刹车　步进电机　连轴器　陶瓷轴承　导电滑环　光纤陀螺仪　三轴加速度传感器　磁通门调理电路　三轴磁通门传感器　陶瓷轴承

图 4-27　DRMTS 磁测量探管组成

三、技术特色

基于煤层气特殊的轨迹测控需求，深入研究了近钻头磁场测量原理和煤层气对接水平井钻井工艺，并分析了钻头、地磁等干扰因素对磁定位精度的影响机制，提出了基于微弱磁场信号的卡尔曼定位方法等核心算法和技术，成功解决了煤层气 U 形水平井远距离（110～50m）精确磁导向技术难题，连通靶区可有效控制在排采直井 177.8mm 井筒范围内[12]。

1. 井下磁矩降低带来的误差及消除算法

在磁导向钻井距离测量算法中，距离 R 与该位置磁场大小（H_x、H_y、H_z）呈对应反比关系，其中需地面进行准确标定。但是设备入井后，由于磁场受地层、钻头、套管等的干扰，下井后的标定系数的数值与地面不同，为距离测量带来误差。

煤层气水平井的井眼轨迹由一系列离散测点的连线组成，在 2 个测量点之间的距离小于 5m 情况下，定义测点间的连线为一条直线。建立如图 4-28 所示的三角形，其中 L_1 为 2 个相邻测点的连线，R_1 为第一个测点与洞穴的连线，R_2 为第二个测点与洞穴的连线。

在第一个和第二个测点的测量中，可以实时测量钻进方向 L_1 与 R_1 及 R_2 连线的角度偏差，根据三角形的正弦原理，可得 R_2 如下计算公式：

$$R_2 = (L_1 \sin \alpha_1) / \sin(\alpha_2 - \alpha_1) \tag{4-7}$$

试验采用在磁源发射装置前端加装铁质圆盘的方法，模拟井下钻头等铁磁物质对旋转磁场的干扰。图 4-30 中横坐标 25m 处的点是校正逼近的起始值，由于圆盘的干扰，距离测量结果较未干扰情况下的值大近 2m；从 20m 的位置开始迭代逼近，从图 4-29 可看出，当钻头前进 5m 进尺后，距离测量结果经过迭代能够良好地逼近无干扰下的测量值，后续的钻井测量将可完全消除井下工况带来的定位干扰。

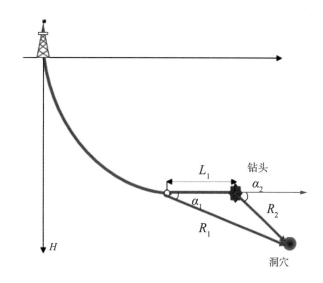

图 4-28　距离校正算法示意图

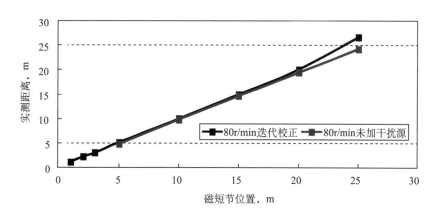

图 4-29　迭代逼近校正算法计算结果对比图

2. 远距离微弱磁场信号条件下的高精度定位方法

在地面测试试验中，发现在微弱磁场条件下仪器测量的距离始终不稳定，即使在定转速条件下仍然不稳定。导致测量不稳定因素的关键是磁场采集传感器精度与信号达到了同一量级，即 0.1～1nT，干扰磁场对测量结果的稳定性造成了非常大的影响。针对这一问题，开发了基于卡尔曼算法的井下定位方法，以消除远距离条件下弱磁场信号的影响，解决了测量的稳定性和可靠性。

钻进过程中，测取钻进标记点测量参数（即距离和方位偏差），通过对所测标记点之前所形成的多个连续所测磁场信号进行综合分析，然后对所测得的各标记点的测量参数进行卡尔曼滤波计算，通过对各标记点的测量参数进行卡尔曼滤波计算后，消除了各种噪声、干扰的影响，使滤波输出逐渐收敛，大幅提高远场定位精度。

连续测量过程的卡尔曼定位测量计算主要包括以下 3 个步骤（图 4-30）：

（1）数据采集，设定水平井钻头的钻进标记点 $[A_0 、 A_1 、 \cdots 、 A_n]$，采集钻头在标记点所形成的磁场信号 $[S_0 、 S_1 、 \cdots 、 S_n]$；

（2）单点计算，根据单点定位测量模型，计算各标记点 $[A_0 、 A_1 、 \cdots 、 A_n]$ 所对应的距离测量参数 $[Z_0 、 Z_1 、 \cdots 、 Z_n]$；

（3）连续测量数据的卡尔曼滤波，对各标记点的测量参数 $[Z_0 、 Z_1 、 \cdots 、 Z_n]$ 进行卡尔曼滤波计算，得到钻头当前位置的最优估计值。

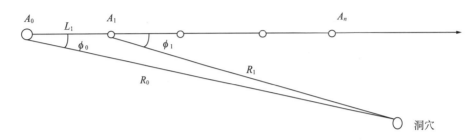

图 4-30　连续测量过程测点与洞穴位置关系图

为了验证连续测量模型在实际钻井过程中的应用效果，利用 ZP02 井的实测数据进行了卡尔曼滤波验证。在该井的连续钻进过程中，在某一时刻 t，钻头洞穴的位置参数的标定值分别为：距离 40.47m，方位角 164.34°，井斜角 90.23°。由单点定位算法计算得到测量位置参数为：距离 38.5746m，方位角 162.6619°，井斜角 88.3725°。采用连续测量的卡尔曼滤波模型的计算结果如图 4-31 所示。从图中可以看出，单次测量值受到噪声及杂波的影响起伏波动较大，而经过卡尔曼滤波后，滤波输出逐渐收敛。输出距离 40.06m，误差为 0.41m。由上述计算结果可知，井下卡尔曼滤波算法精度远高于单点定位算法精度。

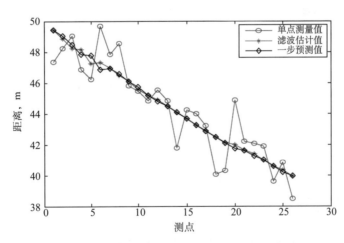

图 4-31　距离洞穴 40.47m 处的卡尔曼滤波结果

另外在该井距离靶点 65 ～ 75m 范围进行了微弱磁场定位试验，如图 4-32 所示。从图中可以看出，由于磁场信号的迅速减弱，单次测量误差波动十分剧烈，距离的均方根误差分别达到 6m 以上，此时直接根据单次测量结果进行定位没有实际意义。而卡尔曼滤波方法在信号微弱的情况下依然具有较好的收敛性质。

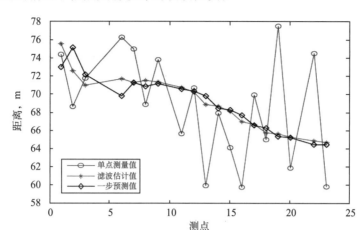

图 4-32　距离洞穴 65 ～ 75m 处距离参数的卡尔曼滤波结果

四、现场应用情况

煤层气水平井远距离穿针工具是国内自主研制的首套煤层气水平井和洞穴直井连通工具，在 DRMTS-I 和 DRMTS- II 型穿针装备的基础上，完成 DRMTS- III 远距离穿针装备的研制。在距离 1 ～ 110m 范围可进行精确定位导向作业，具有点对点精确定位导向能力，可完成煤层气水平井与排采直井玻璃钢套管连通作业。"十二五"期间，远距离穿针工具在沁水盆地郑庄区块、陕西彬县区块等累计完成了 55 井次连通作业，一次连通成功率 100%。

第四节　煤层气欠平衡钻井技术

国外煤层气欠平衡钻井技术起步较早，20 世纪 80 年代美国率先利用空气循环进行欠平衡钻进，黑勇士盆地和粉河盆地 90% 的煤层气开发井采用气体、雾化或泡沫钻井，均获得很好的经济效益。国内在"十二五"期间开始进行煤层气充气欠平衡钻井技术及可循环微泡欠平衡钻井技术的应用研究，目前已形成了相应的系列技术，对于解放煤层气资源，提升中国煤层气的开发效益起到积极作用。

一、充气欠平衡钻井技术

1. 技术概况

充气钻井液是将空气注入钻井液内形成以气体为离散相，液体为连续相的钻井液体系。充气钻井液主要适合于地层压力系数为 0.7 ～ 1.0 之间的储层，并允许地层大量出水。充气钻井液保护煤储层的机理是通过在钻井液中充气减少钻井液的 ECD（当量循环密度），从而降低液柱对井底的压力，在井底形成负压差以实现欠平衡钻井。充气欠平衡钻井的以上诸多特点使其很适合煤层气多分支水平井，该技术在武 M1-1 井、FP1-1 井、潘庄 PZP 井等得到了广泛应用，并取得了良好的预期效果。

充气钻井技术的优缺点如下[13]。

1）优点

（1）可以满足地层压力系数较低地层的欠平衡钻井。用水包油、油包水钻井液进行钻进，其钻井液密度最低极限在0.85g/cm³左右，对于地层压力系数小于0.85的地层，只能使用充气钻井技术进行液相钻井介质的钻进。且充气钻井液密度调节范围较大，适应性强，钻井液当量密度在0.5～1.0g/cm³之间。

（2）提高钻井速度。通过现场应用证实，充气钻井技术降低了井底循环当量密度，能极大地提高机械钻速。

（3）充气钻井技术可以减少钻进时井漏的发生，大大缩短了处理井漏时间，提高了钻井时效。

（4）充气欠平衡钻井技术相比于空气钻井技术，减少了井内钻具的磨损和爆炸的危险，钻井过程更安全。

2）缺点

（1）相比常规欠平衡钻井，增加了制氮和气体注入设备，控制中也增加了气体注入量的计算，使得钻井成本更高。

（2）充气欠平衡钻井中，钻具和环空内是气、液、固三相流，流型更复杂，为水力参数设计增加了难度，气体的加入也为井控工作增加了负担。

2. 充气欠平衡钻井工艺及设备配套

1）钻井工艺流程

煤层气为吸附气，钻井过程中不会进入井筒。煤层气充气钻井中可选择空气作为充入气体，钻井液为水基钻井液。出于无线随钻和后期排采考虑，注入方式多为洞穴井注入，充气欠平衡钻井工艺流程如图4-33所示。

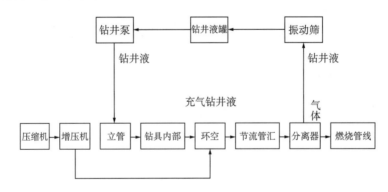

图4-33 充气欠平衡钻井工艺流程

通过压缩机和增压机，带有一定压力的气体经过洞穴井油管进入环空，与基液混合，一起由井眼环空返到井口，经四通、节流管汇、气液分离器进行气液分离，气体直接由燃烧管线排入大气中。分离出的含有固相的液体，经振动筛，把固相分离出去，钻井液经砂泵抽到常规固控系统进一步固控，然后重新进入井内，实现循环[14]。

充气管柱直径对井底压力和立管压力没有影响，但对注气压力有微弱的影响，充气管柱直径减小，注气压力增大。现场应用过程中，管柱直径较大时，管柱的容积效用较大，容易形成大段段塞流，降低循环流体总体密度，所以注气压力有所降低（图4-34）。

优选下入注气管串，结构要求：确保下入封隔器封闭环空；保障管串下入深度合适；注气管串井口密封。管串结构：油管＋单流阀＋封隔器＋单流阀＋笔尖。

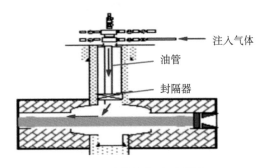

图4-34 油管注气法示意图

2）地面流程及设备配套

（1）注气井井口采用双空压机、双增压机，保障注气安全前提下最优（图4-35）。

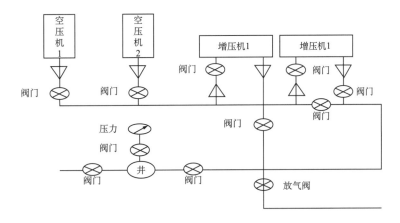

图4-35 充气欠平衡钻井注气设备布置连接示意图

（2）水平井井口。地面流程：采用旋转防喷器封闭井口环形空间，将井口返出气液混合物导流至气液分离器，分离后的液体进入循环罐，气体直接进入燃烧池（图4-36）。

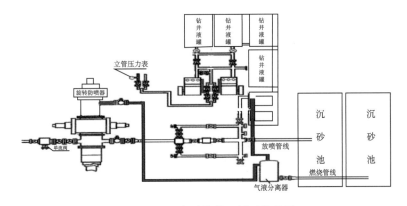

图4-36 水平井井口循环流程图

（3）设备配套方案。洞穴井充气设备主要包括：空压机、增压机、地面注气管汇及阀门、注气管串、旋转控制头及控制装置等（表4-6）。

表4-6　充气欠平衡钻井设备方案

设备名称	型号	数量	备注
空压机	DLQ900XHH-1150XH	2台	32.5m³/min
增压机	GEMINIH302/3-1800	2台	30m³/min, 20MPa
地面注气管汇		1套	压力级别21MPa
注气管串		1000m	$2^7/_8$in 油管
旋转控制头	XF35-3.5/10.5	1套	
旋转控制头控制箱		1个	与旋转控制头配套
胶芯		5个	
拆装架		1个	
引锥		1个	

3. 应用情况

"十二五"期间，现场共开展了16口井的充气欠平衡现场试验应用，有效解决了钻井液漏失，提高了钻井液携岩能力，保护了储层。

郑3平-4H井是沁水盆地南部斜坡沁水煤层气田郑庄区块的1口煤层气开发井。该井由工艺井郑3平-4H和排采井郑3平-4V共同组成。郑3平-4H井在山西组3#煤层内钻多分支水平井，其主支穿过直井郑3平-4V在3#煤层段的洞穴，通过多分支水平井方式增加煤层内井眼长度，扩大煤层泄气面积，提高煤层产气能力。

该井三开连通后，开始直井注气。采取间歇性注气方案，主支钻进充气，分支分段充气，目的是提高携岩能力，同时避免了由于煤层不稳定造成的压力波动，压力反作用于地层造成恶性循环。通过注气，振动筛返砂效果明显增强，返出量增大，为钻井正常施工起到了积极作用（图4-37）。

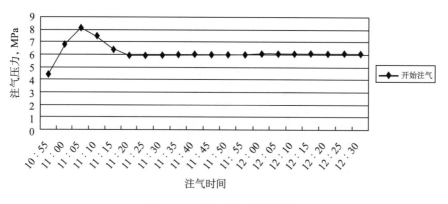

图4-37　注气压力变化曲线

二、可循环微泡欠平衡钻井技术

1. 技术概况

可循环微泡钻井流体具有自匹配漏失通道、高效封堵、强剪切稀释性、高效悬浮携带、自脱壳返排等特性，可以减少外来流体中的固体颗粒对煤气层的伤害、减少煤气层内部颗粒运移造成的伤害、减少钻井液中黏土颗粒的水化膨胀堵塞孔隙、避免流体的不配性对煤气层的伤害、避免水锁效应等。同时对非储层的漏失也具有较好的封堵效果，减少钻井液的漏失，降低了因处理井漏等复杂问题的时间。因此，该项技术可以降低煤层气钻井成本、保护储层、提高钻进速度，有利于进行大规模的煤层气开发及产能规划指标的实现。

可循环微泡钻井液体系主要包括微泡钻井液专用发泡剂、抑制剂、降解剂。使用专用发泡剂，可使微泡钻井液密度可调范围大大增加，满足 $0.7 \sim 1.2 \text{g/cm}^3$ 间可调要求；使用抑制剂，可使微泡钻井液防膨率大于 30%；使用降解剂，可使微泡钻井液破胶 5h 的黏度小于 $4 \text{mPa} \cdot \text{s}$。其次还需优选出微泡钻井液降滤失剂、增黏剂、密度稳定剂、除硫剂、除氧剂、高温稳定剂等。研制的良好工程性能的微泡钻井液，可使微泡钻井液抗温能力达 120℃，润滑系数接近 0.1 或小于 0.1，能抗 10% 盐污染及 $3\% \text{CaCl}_2$ 污染，对金属的腐蚀速率低至 0.076mm/a，承压能力大于 20MPa。优化钻井液形成的配方，煤层污染后渗透率恢复值大于 90%。压差 5.5MPa 下，可有效封堵相当渗透率为 124D 的煤粉床。

该项技术的核心是微泡钻井液体系及现场施工工艺。钻井液体系常用的密度范围为 $0.7 \sim 1.2 \text{g/cm}^3$、抗温 $-20 \sim 120 \text{℃}$、稳泡时间不小于 72h，基本可以满足目前国内煤层气开发井的需要。可循环微泡钻井液现场配置不需要专用的设备，只需使用剪切泵或水泥车、地面管汇与钻井液罐连接组成的小循环系统，根据配方依次加入各种处理剂，3h 之内即可完成配置。

微泡沫欠平衡钻井技术是在国内外相关研究基础上，结合国内煤层气开发特点而研发的一项技术，与国内外同类技术相比其优点见表 4-7 [15, 16]。

表 4-7　微泡沫欠平衡钻井技术与国内外同类技术比较

对比参数	国外技术	国内其他技术	微泡沫
流体名称	Aphron（泡沫）	可循环泡沫	可循环微泡
作用机理	贾敏效应堵漏	低密度防漏堵漏	堆积、堵塞堵漏
密度范围，g/cm³	$0.89 \sim 1.26$	0.63	$0.70 \sim 1.20$
体系承压能力，MPa	≥ 14	无数据	≥ 20
稳定时间，h	无数据	无数据	≥ 72（可调节）
抗温能力，℃	100，无低温数据	90，无低温数据	$-20 \sim 120$
密度的压力敏感性	无数据	影响较大	影响很小
渗透率恢复值，%	无报道	≥ 90	≥ 90

综合对比国内外同类技术参数来看，本技术参数整体上处于国内领先地位，不考虑国外成果未公布的参数，该技术参数不低于国外同类技术。

2. 可循环微泡钻井液现场配置与维护工艺

1）现场测试配制工艺

可循环微泡钻井液现场配制方法有两种。

配制方法一：在钻井液罐中加入所需连续相，使用加料漏斗按配方顺序依次缓慢加入各种处理剂，加料完毕后，继续开动加料漏斗使钻井液在钻井液罐与加料漏斗间循环 2h 至处理剂完全溶解，或将钻井液打入井内进行循环。测量钻井液性能，若不能满足现场施工要求，加入适当处理剂进行调整。该配置流程示意图如图 4-38 所示。

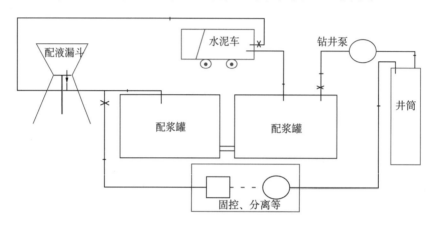

图 4-38　现场配置流程示意图（无特殊设备）

配制方法二：若在加料漏斗中加料困难或现场无加料漏斗，使用钻井泵作为循环动力源，通过钻井泵使钻井液罐中液体进行循环。循环同时，在钻井液罐液面剪切较充分处按配方依次缓慢加入各种处理剂，加料完毕后，继续开动钻井泵使钻井液在钻井液罐与钻井泵间循环 2h 至处理剂完全溶解，或将钻井液打入井内进行循环。测量钻井液性能，若不能满足现场施工要求，加入合适处理剂进行调整。

2）现场测试维护工艺

可循环微泡钻井流体现场测试维护工艺较为简单，是在空气钻井维护的基础上发展而来，主要在于保持井筒内流体中处理剂含量，从而形成稳定的空气、雾、泡沫以及液相钻井流体。

（1）准备阶段。初始空气钻进阶段，按照不同处理剂添加比例，配制不低于 120kg 处理剂，并按照 4 种状态下处理剂混合比例，每种状态预留处理剂 20kg 作为紧急备用。

（2）钻进阶段。现场钻进作业时，观察地层出水量，并根据出水量大小及井口返出流体状态，及时调整处理剂配比，保证钻井流体稳定完成空气、雾、泡沫及流体阶段转换。

（3）完工阶段。及时收集流体钻井数据，并回收剩余处理剂，按照常规微泡液相钻井流体处理方法现场处理残余钻井流体。

3）现场测试应急措施

可循环微泡钻井流体施工时，需要在井下大量出水、井壁失稳、井涌井喷、井漏等 4 种条件下，形成对应应急措施。

（1）井下大量出水。

①当出水量超过 10m³/min，但低于 20m³/min 时，及时调整处理剂加量，促进钻井液

进入雾化钻进阶段。

②如果出水量超过20m³/min，但低于40m³/min时，直接调节微泡钻井液处理剂比例，促使流体进入泡沫钻井流体阶段。

③当出水量超过40m³/min时，直接调节微泡钻井液处理剂比例，促使流体进入液相钻井流体阶段。

（2）井壁失稳。

观察岩屑返出情况，根据掉块岩性和垂深分析，该掉块为同一地层（煤层和泥岩胶结部位）；按照微泡钻井液设计（依据工程设计编写），适当地提高钻井液密度，增强体系抑制性，稳定井壁；加入绒毛剂，使钻井液保持合理的黏度和切力，维持较高的动塑比在0.9Pa/（mPa·s）左右。及时清除井下的掉块，清除岩屑床。

（3）井涌井喷。

根据现场液面高度变化，及时增加处理剂用量，提高井筒中流体液相含量，提高液柱压力，降低井涌井喷概率。如果进入微泡钻井液阶段，密度提高至1.05g/cm³后仍然无法控制井涌井喷，直接关闭防喷器。

（4）井漏。

根据现场情况，在井下发生漏失后，继续开泵循环泵入钻井液，泵压3MPa，解卡后起钻，消耗16m³钻井液。起钻同时依据微泡钻井液施工设计配制堵漏浆54m³（加入适量处理剂，使微泡钻井液的密度与地层压力相匹配，保障初切在10Pa以上，结合微泡钻井液的封堵能力，在保证地层漏失通道畅通的情况下钻进）进行堵漏，在泵入堵漏浆时建立起地面正常循环，确保堵漏成功。否则，要考虑其他堵漏材料及工艺的使用。

3. 现场应用情况

"十二五"期间，可循环微泡钻井现场试验应用29口井。通过对比微泡钻井流体在煤层、煤层顶板、煤层夹矸等不同地层，水平井、定向井、跟踪煤岩等不同井眼轨迹以及套管完井、裸眼完井、筛管完井等多种不同完井方式下现场应用，总结了微泡钻井液在流变性、抑制性等性能上的表现，完善了微泡钻井液施工工艺，主要包括现场配制工艺、维护工艺以及防气侵工艺等。

樊试UBH井是沁水盆地樊庄区块一口钻遇15#煤层的U形水平井，位于山西省沁水县端氏镇上坡底村，构造位置属于沁水盆地南部晋城斜坡带。该井煤层压力系数0.94～1.00，设计井深1520m。该井一开采用直径311.1mm钻头、膨润土钻井液钻至62m。二开采用直径215.9mm的钻头、聚合物钻井液钻至748m。三开开钻，进入煤层段采用清水钻井液钻进过程中持续返出大量煤屑及掉块，无法对井壁实施稳定。改用微泡钻井液钻进，钻井期间无复杂事故发生，施工顺利。

樊试UBH井的现场优化大幅度地降低了钻井液的成本，有利于市场的开展。可以看出微泡钻井液具有以下优点。

（1）流变性好，微泡钻井液动塑比控制在（0.64～0.88）Pa/（mPa.s），有效提高携岩能力。

（2）防漏能力好，微泡钻井液依靠自身特殊的囊泡结构，降低滤失量，有利于保护煤层。

（3）抑制性好，微泡钻井液良好的抑制性有效抑制煤层中黏土矿物水化膨胀，维持井壁稳定，同时减轻储层伤害。

（4）不影响其他作业，常规微泡钻井液在应用过程中，由于含大量气泡，在应用MWD时，信号传输能力差，影响了施工顺利进行。微泡钻井液虽然是泡状结构，在循环均匀的情况下，对MWD信号传输影响不大，且不影响井下动力钻具的使用。

邻近地区同类井型三开常规钻井液平均机械钻速3.64m/h，樊试UBH井微泡平均机械钻速5.12m/h，有效提高40%。钻井周期比邻近地区同类井型缩短6d。钻井综合成本比邻近地区同类井型增加不到1%。

第五节　煤层气水平井完井技术

利用水平井进行煤层气开采时，裸眼完井是最主要的完井方式。但是由于煤层机械强度低、裂缝和割理发育，裸眼完井条件下煤粉产出或煤层坍塌易造成井眼堵塞等复杂情况，严重影响煤层气单井产量。"十二五"期间，在U形井、L形井中普遍采用PE筛管完井、套管固井完井来解决这一问题，有效增强了井壁稳定性，保障了开采期间的井下作业，确保了煤层气渗流通道畅通，从而提高了煤层气水平井的开采寿命和产量。

一、PE筛管完井技术

PE筛管完井是在水平井井口安装连续注入装置，在筛管前端安装引导和锚定装置，以类似连续管的形式将PE筛管缓慢注入钻杆中，如图4-39所示；随着PE筛管的不断注入，逐渐增大PE筛管连续注入装置的注入力，待注入力达到极限后，在水平井井口将PE筛管割断，移除注入装置，开启钻井液泵将PE筛管泵冲出钻杆；最后依靠锚定装置将PE筛管固定在煤层中。U形水平井可以对完整水平段下入PE筛管进行完井，而多分支水平井则是依次在主支完钻后对主支末端、各分支完钻后对各分支下入PE筛管进行完井。前者施工周期短，工艺简单；后者频繁施工，周期较长。

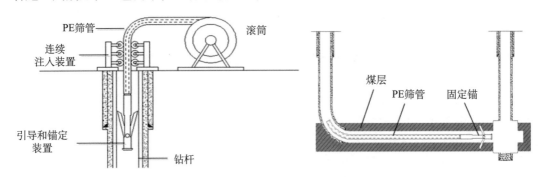

图4-39　煤层气水平井PE筛管完井技术原理示意图

1. PE筛管完井技术优势

（1）PE筛管材质为非金属，满足采煤采气一体化技术。

在煤层气开采中，金属套管（筛管）完井不符合采煤采气一体化政策和地方相关法律规定。同时PE管材较PVC等其他管材具有更高的耐压强度、安全系数、环刚度以及良好的抗应力开裂能力，能够更好地实现对煤层井壁的支撑。

（2）完井成本低，有助于煤层气低成本高效开发。

PE 管材成本低，相比金属管材、玻璃钢等非金属管材可大大降低开发成本；PE 筛管为连续管型，运输方便，现场完井作业高效快捷。

（3）PE 筛管可为煤层气井连续生产提供保障。

PE 筛管能够为煤粉、气、水三相提供畅通的流动通道；PE 筛管具有良好的挠性和强度，能够支撑煤层井壁，提高水平井寿命和产量；排采期间利用下入的筛管进行间断性地洗井作业，清理被煤粉堵塞的井眼。

2. PE 筛管优化设计

PE 筛管主要为煤粉、气、水三相流动提供畅通的通道，防止煤层坍塌堵塞井眼。设计原则是上覆煤层坍塌，筛管强度能满足对 5 ～ 20m 厚坍塌煤层的支撑；在满足强度要求的前提下，筛眼的过流面积足够大；基管成孔便捷，制作成本低。

1）PE 筛管几何参数优化原则

（1）筛管选材及筛眼设计原则。

筛管基管材质选用 PE100 高强度管材，确保能够支撑煤层井壁，为排采期间的气水两相流提供一个高效流动通道；同时筛管需允许一定粒径的煤粉通过，而把较大的煤粒阻挡在筛管外部，以防止煤粒堆积在洞穴处造成卡泵等井下复杂事故；阻挡在筛管外的大煤粒应形成砂桥，由于砂桥处流速较高，小颗粒煤粉不能够停留，因此该完井方式具有自然分选煤粒的能力，具有较好的流通能力，同时又起到支撑保护井壁骨架煤层的作用[17-19]，如图 4-40 所示。筛眼的形状可设计成长条形，如图 4-41 所示。

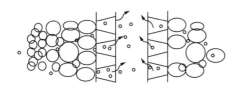

图 4-40　煤层段筛管完井形成砂桥示意图　　　　图 4-41　长条形筛眼形状

（2）筛眼的宽度。

PE 筛管的主要目的就是在煤岩坍塌时，利用筛管割缝为煤层气流动建立稳定的通道。筛管割缝的宽度设计原则是割缝筛眼能阻挡大、中、小块状煤、粒煤而不能阻挡细粉煤。根据 Abrams 提出的 1/3 桥堵原理，并结合 GB/T 18-1997《煤炭粒度分级》，粉煤粒度值为 0 ～ 6mm，粒煤粒度值为 6 ～ 13mm，根据 1/3 ～ 2/3 架桥原理，得到缝宽 w 取值范围为 6 ～ 13mm。考虑筛管强度设计，缝宽一般设计为 8mm。

（3）筛眼相位分布。

相位呈 60° 分布：在筛管外表面对称 180° 分布一对筛眼，各对筛眼沿轴向方向等距均匀分布，在管壁周向方向各对筛眼之间相位角相差 60°。显然，每三对筛眼可组成一规律段。

（4）筛眼长度与筛眼面密度。

筛眼数量应在保证筛管强度的前提下，有足够的流通面积。筛管的筛眼数量一般取筛眼开口总面积为筛管外表面积的 2% ～ 6%。

2）PE 筛管强度分析及评价

采用有限元分析（FEA）和室内力学实验方法，对不同筛眼分布方案的割缝筛管进行强度计算和测试。取 1m 长的一段筛管作为研究对象，对筛管两端施加固定位移边界条件，通过模拟计算得到：（1）相位对长条形筛管强度的影响较大，60° 相位分布优于 90° 相位，60° 相位变形位移小且分布较均匀；（2）2in PE 筛管的抗压值为 24000N/m，折算为 16.58m 坍塌煤层高度，超过绝大多数开发煤层厚度（图 4-42）。

图 4-42　筛管挤压工况加载方式示意图

3. PE 筛管连续注入装置

连续注入装置的主要功能是为 PE 筛管的下放提供一定的注入动力，以克服注入过程中钻井液对筛管造成的浮力和与筛管摩擦的阻力。设计理念为以类似连续油管注入的形式，采用液压驱动的专用摩擦链条带动 PE 筛管连续注入钻杆内，然后通过泵冲方式将筛管下入至目标井眼内。该装置可直接与钻杆进行连接和固定，注入动力由自带液压泵源提供（图 4-43）。

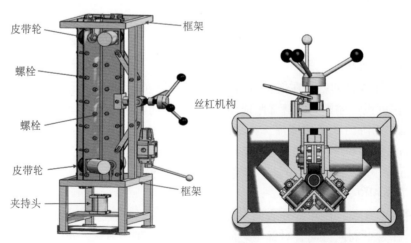

图 4-43　煤层气水平井 PE 筛管连续注入装置

注入装置采用链条传动，两条链条对称分布在筛管周围，链条上安装有橡胶夹持块。每条链条分别由一组链轮带动，每组链轮由一组支撑板支撑，支撑板由螺栓固定。一组链轮支撑板为固定式，另一组为活动式。通过安装在框架上的手轮机构上下移动，从而夹紧或松开 PE 筛管。在框架的底端设有钻杆螺纹连接器，用以筛管注入时与钻杆连接，将钻杆与注入装置连为一体。

注入参数为：（1）注入力 600kg；（2）适用注入 2～4inPE 筛管；（3）注入速度 8m/min。

注入装置通过液压马达正反向旋转实现注入和回退，液压系统要求具备马达正反向控制和中位卸荷功能，根据注入需要随时调整马达速度和马达扭矩，注入速度可通过节流阀流量控制实现，注入扭矩通过控制液压系统安全阀压力实现（图 4-44）。

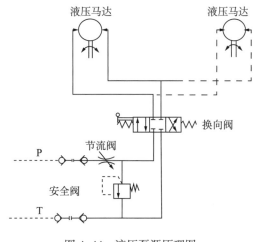

图 4-44　液压泵源原理图

4. PE 筛管引导和锚定装置

引导和锚定装置设有张开机构和承压台肩，装置本体外径与 PE 筛管外径一致（图4-45）。张开机构设有锚定臂，与扭簧相连，当筛管下入井底后将钻杆起出时，锚定臂将解除钻杆内壁的约束，在扭簧作用下张开。在钻杆上提过程中其内壁与筛管摩擦形成向上的拉力，从而使锚定臂插入煤层中。承压台肩位于装置前端，当筛管遇阻并且注入装置不能提供足够动力克服摩擦阻力时，可以在钻杆和注入管之间打压，利用承压台肩憋压，辅助筛管的下入。为了便于引导和锚定装置更好将筛管固定在煤层中，张开机构采用呈 90° 夹角的组合式结构[20]。

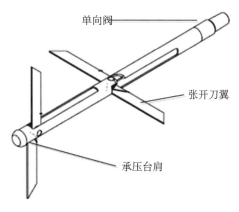

图 4-45　引导和锚定装置结构示意图

5. PE 筛管完井现场应用

2012 年 3 月—2015 年 12 月先后在山西柳林、长治、沁水，内蒙古等地区完成 8 井次，共计 6982m 井段的 2in PE 筛管完井技术试验与应用。PE 筛管完井技术与装备解决了裸眼完井和金属套管完井对煤层气生产带来的瓶颈技术问题，扩展了中国煤层气水平井的完井方式。

二、套管固井完井技术

固井是套管射孔完井的关键技术，煤层气井固井质量的好坏及对煤储层的伤害直接关系到后期增产措施的实施及煤层气产能的提高。因此，必须高度重视固井质量，在提高固井质量的同时，注意保护煤储层。"十二五"期间，针对煤层气水平井，研发了系列固井水泥浆体系，并提出了相应的固井工艺技术。

1. 固井水泥浆体系

1）低温早强低伤害常规密度水泥浆体系

为提高煤层气井的固井质量，降低对煤储层的伤害，在室内优选出了以 DRA-4S 低温早强剂为主剂的常规密度水泥浆体系。通过室内综合评价，该体系具有失水量低（≤50mL）、抗压强度高（≥14MPa）、稳定性好（自由水量为 0mL）等特点，能较好满足煤层气井固井的要求。实现了低失水量与高早期高抗压强度的有机结合，克服了以前水泥浆体系的不足。

低温早强剂 DRA-4S 是由甲酸钙、硫酸铝、元明粉、硅酸钠等多种无机盐及有机盐按一定比例复配而成，在低温条件下能够显著缩短水泥浆稠化时间及提高水泥石的早期强度，并且随早强剂加量的增大，水泥浆不会明显增稠，施工性能良好，适用温度范围为 10～50℃。主要用于煤层气井固井，具有一定的防水窜效果。

DRA-4S 适用于国标 G 级、A 级等油井水泥，可与粉煤灰、漂珠、膨润土等密度调节剂以及硅石粉一起使用以配制出不同密度要求的水泥浆。掺量一般为占灰量的 4%～6%（BWOC），根据不同要求，可干混或配水使用，对水质无特殊要求。

2）低温早强低伤害低密度水泥浆体系

为进一步提高煤层气井的固井质量，降低对煤储层的伤害，在室内筛选出了以减轻剂漂珠为主，配合有凝硬活性的材料微硅为辅的常规低密度水泥浆配方。同时优选了以 DRF-300S 为主剂的低密度水泥浆体系。通过室内评价，该体系具有失水量低（≤50mL）、抗压强度高（≥7MPa）、稠化过渡时间短（≤15min）、稳定性好（自由水量为 0mL）等特点，能较好满足煤层气井固井的要求。

选择漂珠作为减轻材料较为理想，因为漂珠的主要成分为 SiO_2 和 Al_2O_3。漂珠质轻、空心、密闭、粒细，并具有活性，且水分不易进入珠内，由于具有上述特点，因此只需要很少量水来润滑其表面就能配制出高强度、低密度的水泥浆，相反其他减轻材料只能靠增大用水量来降低密度。

和水泥相比，漂珠颗粒粗（15～300μm），活性较低，水化缓慢。水泥浆密度要求低时，漂珠加量大，单位体积浆体内的活性材料（水泥）少，水泥的胶凝强度发展缓慢，水泥石强度低，水泥浆失重时浆体基质渗透性高，对储层的封固效果也相对较差。单独用漂珠作为减轻剂效果并不特别理想。

选择漂珠配合微硅来降低水泥浆密度比较适合。因为微硅中含有 85% ～ 98% 的以球形微粒形式存在的无晶二氧化硅（SiO_2）。这些微粒可以堵塞水泥颗粒间的空隙，减少水泥基质的渗透率；另外的一个特性是其具有很大的比表面，具有较高的凝硬活性，并能与水泥水化形成 $Ca(OH)_2$ 反应，从而进一步减少水泥基质的渗透率。漂珠微硅复合水泥浆体系，利用微硅稳定性好的特点来弥补漂珠稳定性差、难以水化的缺陷，使水泥浆体系均匀稳定；利用漂珠对水依赖性小的特点，减少微硅对水的敏感性，降低水泥浆的水灰比，提高水泥浆的综合性能（图 4-46）。

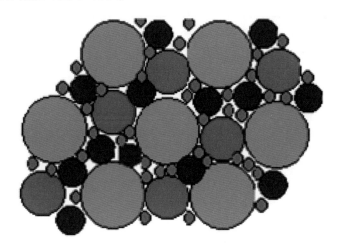

图 4-46　低密度水泥浆水泥石内部结构图

DRF-300S 之所以具有良好的失水控制功能，是因为滤液在很短的时间内大量滤出，使得靠近滤网处的降失水剂浓度急剧增大，微观上表现为高分子聚合物的"聚结""联网"，宏观上表现为在滤网上形成一层厚度约为 0.1 ～ 0.3mm 的坚韧薄膜，限制了自由水的进一步滤出。这种特性，一方面避免了因失水量过大造成的环空液柱压力损失，减少了对储层的污染；另一方面形成的滤膜也能起到一定的防窜、防漏失作用。

该低密度水泥浆体系是基于紧密堆积理论和颗粒级配理论设计的。根据组成物料的特性，理论与实验相结合，设计增强剂、减轻剂，进行合理组合和加工，保证物料颗粒之间紧密堆积并具有良好的颗粒分布和颗粒级配，提高并改善了水泥浆的整体性能，可减小水泥浆的游离液、失水量并能减小水泥石收缩、缩短候凝时间、提高水泥石抗压强度的能力且不受使用温度和环境水质的限制。

3）低温早强超低密度水泥浆体系

为了提高水泥浆的综合性能，通过对胶凝材料的宏观力学与微观力学的研究，提出了以紧密堆积和材料颗粒大小级配分布来提高材料的宏观力学性能，使单位体积的水泥浆中含有更多的固相，提高体系的堆积密度，减小水泥颗粒间的充填水。进行充填的矿物微粒应该是充填性好、比表面积相对较低、表面光滑致密、化学活性较高的具有减水作用的高性能矿物掺合料，因此超低密度增强材料的设计是提高超低密度水泥浆的关键技术之一。对活性胶凝材料进行选择和颗粒级配，形成超低密度增强材料低温增强剂，它是由 4 种密度较低、具有合理颗粒级配的活性超细胶凝材料组成，掺入水泥浆中，不仅能发生凝硬性反应，还可进一步充填水泥石空隙，形成更加致密的水泥石，可显著提高低密度水泥浆的强度、稳定性等综合性能。同时，由于微填颗粒的滚珠效应，即使在较低的水固比下，也能获得良好的流变性能。根据体系材料的粒径分布和紧密堆积理论，设计增强体系的粒径分布为 10～60μm、15～80μm、0.5～30μm，基本实现不同粒径球形粒子堆积空隙率较小，有效地提高和改善水泥浆的综合性能（图 4-47）。

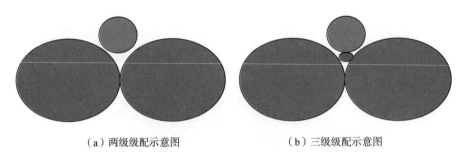

（a）两级级配示意图　　　　　　　　（b）三级级配示意图

图 4-47　超低密度水泥浆的级配情况

在超低密度水泥浆体系配方中，除了要进行主体物质的颗粒级配外，还需要经常进行密度的设计和液固比的设计计算，以便使超低密度水泥石具有较低的空隙率、良好的水泥石力学性能。液固比取决于地层及固井作业对固井液的密度和抗压强度的要求及可泵送条件。

2. 降低对煤储层伤害的固井工艺技术

采用 CemSmart 固井软件对煤层气井固井工艺进行分析（环空带压液柱压力、动态摩阻、流变性分析、提高顶替效率等），结合现场固井实践，提出合适的能有效降低煤储层伤害，同时又能保证固井质量的技术措施。

（1）采用常规密度水泥浆封固煤层及煤层以上 50m 的井段，以高强度和致密性的水泥石可靠地封固产层，满足射孔、压裂及长期采气的需要。

（2）煤层气井一般全井封固，采用低密度或超低密度水泥浆封固煤层以上的充填段，低密度水泥浆或超低密度水泥浆配合常规密度水泥浆来降低环空的液柱压力，减少过平衡压力，提高固井质量与保护煤储层相结合。

（3）采用塞流注水泥技术。采用塞流注水泥技术时，在两相界面上形成聚集物质，在井眼扩大段及不规则段，产生类似活塞一样的顶替作用，同样可以取得好的顶替效果。注水泥及替浆过程中，控制环空返速小于 0.45m/s。

（4）应用综合固井技术。固井时对影响固井质量的每个环节都进行精心考虑、认真准备，争取将影响固井质量的每项因素都减小到最低限度，提高固井质量与保护煤层相结合。

（5）设计满足封固要求的水泥浆体系。根据煤层的特点及井下条件，设计出满足封固质量要求的低失水、低渗透、低温下强度发展快、稳定性好的水泥浆体系。

3. 现场应用情况

研发的低成本低伤害水泥浆体系在国内煤层气水平井固井中进行了成功运用，"十二五"期间推广运用了 78 井次。国内第一口煤层气水平井，吉 U2-H 井，煤层较软，呈粉煤状，易垮塌，井底水平位移 1013.26m，采用该体系固井，质量良好；国内煤层段最长的水平井，桃—平 02 井，煤层段长 817m，煤层段掉块严重，采用该体系固井，质量良好。另外，低成本低伤害水泥浆体系在昭通地区的煤层气 22 口单井及 54 口定向丛式井组中进行了成功应用，解决了该试验区块井漏难题，固井质量良好。

参考文献

［1］岳前升，陈军，邹来方，等.沁水盆地基于储层保护的煤层气水平井钻井液的研究［J］.煤炭学报，2012，37，（S2）：416-419.

［2］陈军，马玄，岳前升，等.沁水盆地清水钻井液对煤储层损害机理［J］.煤矿安全，2014，45（11）：68-71.

［3］岳前升，李贵川，李东贤，等.煤层气水平井破胶技术研究与应用［J］.煤矿安全，2015，46（10）：77-79.

［4］岳前升，张育，胡友林，等.煤矿井下瓦斯抽采钻孔冲洗液研究［J］.煤矿安全，2013，44（2）：1-3.

［5］岳前升，马玄，马认琦，等.无固相活性盐水钻井液在柳林地区煤层气水平井中的应用［J］.长江大学学报，2015，12（22）：34-40.

［6］乔磊，申瑞臣，黄洪春，等.煤层气多分支水平井钻井工艺研究［J］.石油学报，2007，28（3）：112-115.

［7］乔磊，申瑞臣，黄洪春，等.武M1-1煤层气多分支水平井钻井工艺初探［J］.煤田地质与勘探，2007，35（1）：34-36.

［9］田中兰，乔磊，苏义脑，等.煤层气多分支水平井优化设计与实践［J］.石油钻采工艺，2010，32（2）：26-29.

［9］张洪，何爱国.羽状分支水平井结构优化［J］.中国煤层气，2011（5）：26-29.

［10］张洪，何爱国，杨凤斌，等."U"型井开发煤层气适应性研究［J］.中外能源，2011，16（12）：33-36.

［11］乔磊，孟国营，范迅，等.煤层气水平井组远距离连通机理模型研究［J］.煤炭学报，2011，36（2）：199-202.

［12］Jin Au Kong.电磁波理论［M］.吴季，等译.北京：电子工业出版社，2003.

［13］申瑞臣，夏焱.煤层气井气体钻井技术发展现状与展望［J］.石油钻采工艺，2011，33（3）：74-77.

［14］王帅，徐明磊，张旭，等.充气欠平衡钻井技术在煤层气井中的应用［J］.内蒙古石油化工，2014（3）：93-95.

［15］郑力会，左锋，王珊，等.国内可循环泡沫类钻井液应用现状［J］.石油钻采工艺，2010，32（1）：10-16.

［16］XiaYan，SHEN Ruichen，Yuan Guangjie.UBD Technology Applied in China's CBM Exploitation.SPE，Asia Pacific Drilling Technology Conference，2012，IADC/SPE 155887.

［17］付利，申瑞臣，苏海洋，等.煤层气水平井完井用塑料筛管优化设计［J］.石油机械，2012，40（8）：47-51.

［18］时文,申瑞臣,屈平,等.煤层气井完井用PE筛管的地质适应性分析［J］.天然气工业,2013,33（4）：85-90.

［19］苏海洋，申瑞臣，付利，等.煤层气水平井塑料割缝筛管有限元分析与参数优化［J］.中国煤层气，2012，9（3）：30-34.

［20］付利，申思远，王开龙，等.煤层气水平井PE筛管完井用泵送工具推进力研究［J］.石油钻探技术，2017，45（1）：68-72.

第五章　煤层气增产改造技术

由于中国煤层的渗透率低，大部分煤层气井不压裂基本无产量，因此水力压裂技术仍然是煤层气开发的主体增产技术之一。因煤层埋藏浅、杨氏模量低、节理裂缝发育等特点，使得煤层压裂力学特征及施工工艺与常规气藏压裂技术差异较大。经过"十一五"期间探索与实践，形成了大排量活性水低砂比主体压裂技术，在渗透性较好、煤体稳定的樊庄、成庄、保德等区块成功应用，但该技术在郑庄（＜0.1mD超低渗透）、韩城（碎裂煤＋多薄层）等区块应用效果较差，常规压裂解释方法和监测方法得到的煤层裂缝形态与压后效果对应关系较差，难以描述煤层裂缝真实情况。

"十二五"以来，依托国家科技重大专项《煤层气压裂技术及裂缝诊断评估技术》（2011ZX05037-004）、《煤层气高性能低伤害压裂液》（2011ZX05037-003）和中国石油天然气股份有限公司重大科技专项《煤层气高效增产改造技术研究》（2010E-2204、2013E-2204JT），通过分析煤层气"排水—降压—产气"的生产规律，研究高产对压裂裂缝导流能力和裂缝长度的需求，结合巷道挖掘、物理模拟、数值模拟等方法研究煤层压裂裂缝形态，分析煤层气增产机理，研发适用于煤层特征的压裂液材料，创新多项针对不同区块特征的压裂技术，取得较好的应用效果。

第一节　煤层压裂力学性质及裂缝扩展规律

煤层水力压裂时常出现一些垂直裂缝与水平裂缝共存，或多条垂直（水平）裂缝存在的现象，即所谓的复杂裂缝系统。这种现象的出现是由于煤岩本身存在割理，煤岩与顶底板岩性有较大的力学性质差异，以及煤岩易碎性产生的大量煤粉引起裂缝端部堵塞等因素综合影响的结果。目前煤层压裂力学特征和裂缝扩展规律的研究主要通过室内岩石力学测试、压裂物理模拟和矿场巷道挖掘等方法进行。

一、煤岩压裂力学参数

煤岩包含两种不同的孔隙体系：裂缝（内生裂隙）孔隙和基岩孔隙。这些孔隙按尺寸被分为3种：大孔隙（＞500Å）、中孔隙（20～500Å）和微孔隙（8～20Å）。大孔隙包含内生裂隙（自然的垂直裂缝系）、裂隙和裂纹。煤的内生裂隙体系通常包含两组正交裂纹。图5-1显示了煤的两种典型的内生裂隙结构，其中比较长的是面割理，是煤层的主内生裂隙；那些比较短的，与面割理垂直的称为端割理，端割理通常终止于面割理[1]。

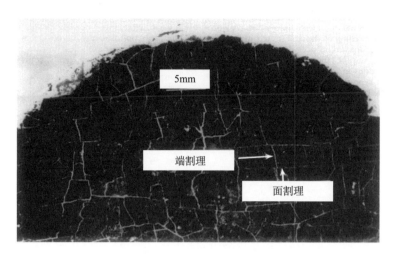

图 5-1　煤岩割理结构示意图

1. 煤岩强度

表 5-1 是长畛矿挥发煤的单轴抗压力学实验数据，可以看出，煤岩杨氏模量约在 3.0～5.5GPa 之间，远低于常规砂泥岩；而煤岩泊松比为 0.34～0.47，远高于常规砂泥岩，表现出较强的塑性特征。而且根据实验结果，垂向三轴强度与围压符合库仑—摩尔准则，但水平方向煤岩不符合库仑—摩尔准则，如图 5-2 和图 5-3 所示。

表 5-1　长畛矿煤岩岩心单轴抗压实验数据

序号	岩心编号	直径 mm	长度 mm	横波 m/s	纵波 m/s	围压 MPa	抗压强度 MPa	弹性模量 GPa	泊松比
1	3-H-1	50.16	100.48	1043	1934	0	14.041	3.9963	0.339
2	3-H-2	50.26	100.04	1230	2294	0	15.517	4.6103	0.372
3	3-H-3	50.16	100.02	1151	2288	0	20.395	4.6798	0.445
4	3-V-1	50.09	99.79	1043	1937	0	15.926	3.0389	0.405
5	3-V-2	50.10	100.46	1263	2208	0	32.686	5.1993	0.455
6	3-V-3	50.06	100.61	1147	2053	0	24.177	3.5585	0.317
7	3-V-4	50.12	99.88	1180	2093	0	16.830	3.2818	0.409
8	4-V-1	50.12	100.94	1082	2016	0	23.935	3.5546	0.376
9	4-V-2	50.10	100.70	1138	2079	0	20.851	3.4684	0.423
10	4-V-3	50.25	100.71	1142	2028	0	36.541	4.0210	0.421
11	5-H-1	50.15	100.42	1282	2457	0	28.293	5.4876	0.338
12	6-H-1	50.18	100.91	1140	2183	0	16.900	3.9465	0.470

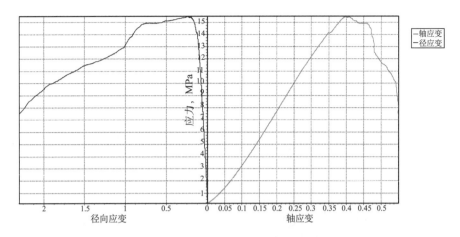

图 5-2 长畛矿 3-H-2 号岩心单轴实验下全应力 - 应变曲线

（a）实验前

（b）实验后

图 5-3 长畛矿 3-H-2 号岩心实验前后比较图（单轴实验）

经过大量实验数据研究发现，煤岩三轴压缩实验可用典型主应力—应变曲线来表征，如图 5-4 所示。煤岩三轴压缩本构曲线可以简化为 4 个部分：0B 压密及弹性阶段、BC 塑性硬化阶段、CD 塑性软化阶段、DE 残余段。0B 段又可分为压密区和弹性区（近似），A 点为压密点，压密区是由于煤样中原生孔隙裂隙压密而产生的。B 点为试样屈服强度点、C 点为试样的极限强度点、D 点为试样进入残余强度的初始点、E 点为残余阶段上的点。

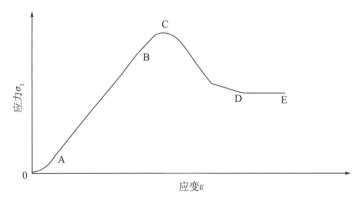

图 5-4 典型的三轴压缩应力应变曲线

2. 煤岩应力敏感性

煤基质的渗透率极低，一般可不考虑，通常所说的煤层渗透率是指煤层割理渗透率。面割理和端割理发育规律不同，沿面割理和端割理的渗透率也不同。延伸较长的面割理具有较高的渗透率，常比端割理的渗透率高几倍，甚至一个数量级。煤层气开采过程中外界条件的改变也可对煤层渗透率产生强烈影响，主要有以下几种。

1）有效应力

有效应力为总应力减去储层内流体的压力。垂直于裂隙方向的总应力减去裂隙内流体的压力，所得的有效应力称为正有效应力，它是裂隙宽度变化的主控因素。有效应力增加，导致裂隙宽度减小，甚至闭合，使渗透率急剧下降。

2）煤基质收缩

煤基质在吸附气体或解吸气体时可引起自身的膨胀和收缩。煤层气开发过程中，储层压力降至临界解吸压力以下时，煤层气便开始解吸。随煤层气解吸量的增加，煤基质就开始了收缩进程。由于煤基质在侧向上是受围压限制的，因此煤基质的收缩不可能引起煤层整体的水平应变，只能沿裂隙发生局部侧向应变。

在煤层气刚开始开采时，裂隙排水降压，裂隙的有效应力处于统治地位，裂隙在有效应力的作用下，裂隙宽度变小，导致渗透率降低。随着煤层气进一步的解吸，煤层气解吸引起煤基质收缩开始渐渐地处于统治地位，使裂隙的宽度有所增加，渗透率也相应地增加，如图5-5所示。

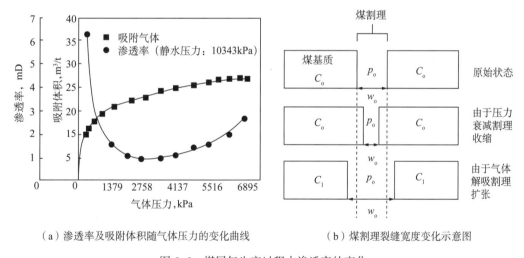

（a）渗透率及吸附体积随气体压力的变化曲线　　（b）煤割理裂缝宽度变化示意图

图 5-5　煤层气生产过程中渗透率的变化

3）克林伯格效应

当液体在多孔介质中流动时，由于液体的黏滞性，造成接近固体表面的层流速度近于零。但对于有些气体，则不存在这种现象，而是存在分子滑移现象，由克林伯格效应所致使气体渗透率大于液体渗透率。克林伯格于1941年提出的，可由式（5-1）进行定量描述：

$$K = K_0(1+\frac{b}{p_\mathrm{m}}) \qquad (5-1)$$

式中　K_0——绝对渗透率，mD；

　　　p_m——平均气体压力，MPa；

K——视渗透率，mD；

b——克林伯格系数，MPa^{-1}。

克林伯格系数 b 不仅与气体的性质有关，而且与储层特性和温度有关。在常规砂岩和碳酸盐岩中，不同气体的克林伯格效应实验所得出的 b 值可能不同，但都会得到相同的绝对渗透率值 K_0。但在煤岩中，不同气体实验所得到的 b 值和绝对渗透率值 K_0 均可能不同，这是由于煤岩对气体有较强的吸附能力，吸附气体后使煤基质收缩造成对渗透率产生影响。

为了认识煤层气储层气体渗透率是否受滑脱效应影响，取郑庄 3# 煤样进行了实验研究，结果如图 5-6 所示。可以看出，煤样气体渗透率与平均压力有关，平均压力越高，气体渗透率越小。这是由于在高压下气体分子运动平均自由程减小，气体分子在毛细管壁处沿运动方向的速度变小，滑脱效应减弱。由于气体滑脱效应在毛细管中更为突出，因此，在煤层气储层伤害评价时，测定的气体渗透率最好用克氏渗透率，或者用相同平均压力下测定的渗透率。

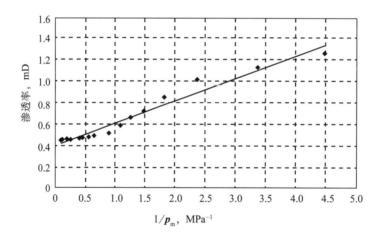

图 5-6　Z-13 号煤样气体渗透率和平均压力的关系

由于煤岩渗透率受以上多种因素影响，实验室测定煤岩渗透率与常规砂岩测定法测得的渗透率有很大的差异。在对煤岩试样进行渗透率测试时，必须考虑煤样采样区的煤岩结构性质、地层压力情况及排采制度等参数，进行煤样渗透率的实验室测定。

二、煤层压裂裂缝巷道挖掘研究

当前对裂缝扩展形态的直接观测研究，主要有巷道挖掘试验[2]和室内水力压裂物模实验技术[3-5]两种。

煤层一般埋藏较浅，为煤层压裂裂缝巷道挖掘提供了最有利的条件，煤矿矿场煤层气井压裂后，通过采掘煤矿巷道至压裂裂缝面，根据加入的支撑剂剖面或压裂液染色剂剖面，从而直观地绘制出煤层压裂裂缝的形态，这是目前对水力裂缝形态最直接、最准确的研究手段。

19 世纪 90 年代末，美国学者进行了 22 口井的煤层水力压裂裂缝巷道挖掘观测[6]。通过支撑剂铺置裂缝形态呈水平缝和垂直缝共存的形态，水平缝多出现在煤层与顶板盖层的界面处，离井筒较近的支撑裂缝宽度较大，远端支撑裂缝宽度急剧变小，如图 5-7 所示。

根据含有染色剂的压裂液分布观测，可以描绘出水力裂缝形态也呈现垂直缝和水平缝交互出现的情况，裂缝主要沿煤层的层理、节理等原有裂缝张开并延展，水力裂缝呈现近井裂缝复杂、远井裂缝单一的形态，如图 5-8 所示。可以看出，压裂液压开的水力裂缝可以延伸 100m 以上，而有支撑剂的支撑裂缝仅有二十几米，且近井筒多条支撑裂缝同时发育，绝大多数支撑剂铺置在井筒附近的裂缝中，远井支撑裂缝的缝宽小、连续性差。

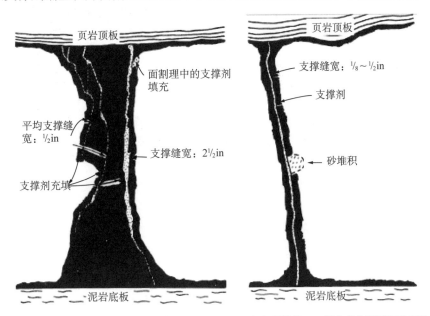

（a）距井筒 3ft 距离的支撑裂缝形态图　　　　　（b）距井筒 12ft 距离的支撑裂缝形态图

图 5-7　USBM-4 井的煤层压裂支撑剂铺置巷道挖掘图

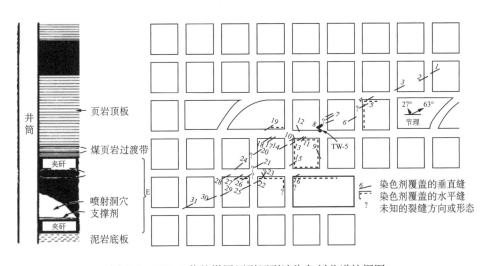

图 5-8　TW-5 井的煤层压裂压裂液染色剂巷道挖掘图

国内煤层水力压裂裂缝巷道挖掘相关报道较少，根据湖南里王庙煤矿及山西潘庄煤矿区 30 余口井的煤层压裂巷道挖掘描述，煤层裂缝总体沿最大水平主应力方向北东—南西方向延伸，裂缝形态以垂直缝和水平缝均发育的复杂裂缝为主，近井多条支撑裂缝同时延伸，距井筒 8m 以外支撑裂缝急剧变窄或不连续分布，距井筒 30m 以外的煤层几乎很难看到支撑剂，支撑裂缝形态与国外巷道挖掘结果基本一致，如图 5-9 所示。

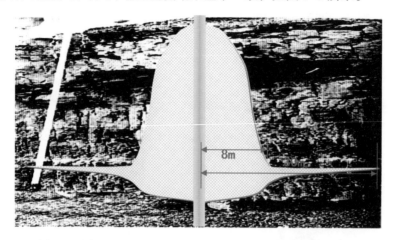

图 5-9　潘庄 30 口压裂井（活性水）巷道挖掘水力裂缝示意图

三、煤层水力压裂物理模拟实验

全三维水力压裂物模实验技术是业界公认的研究裂缝起裂延伸机理的有效科研手段。利用人工样品或天然岩样开展室内压裂实验，可以将现场施工井、储层搬进实验室，直观揭示不同地质条件下裂缝起裂与延伸规律，为现场工艺优化设计提供有效指导。国内外相关研究机构开展了大量物模实验研究工作[7-9]。根据样品尺寸不同，水力压裂物模实验又可分为小尺度压裂物理模拟实验（30cm×30cm×30cm）和大尺度压裂物理模拟实验（76cm×76cm×91cm）。

1. 30cm×30cm×30cm 小尺度煤层压裂物理模拟实验

30cm×30cm×30cm 小尺度煤层压裂物理模拟实验系统由大尺寸真三轴实验架、MTS 伺服增压泵、数据采集系统、稳压源、油水隔离器及其他辅助装置组成。其整体结构及岩样实验架见如图 5-10 和图 5-11 所示。

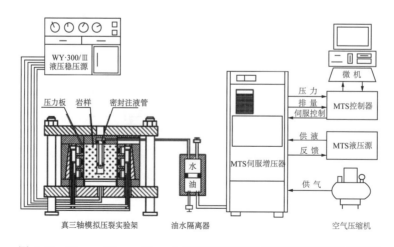

图 5-10　30cm×30cm×30cm 小尺度煤层压裂物理模拟实验系统示意图

图 5-11　30cm×30cm×30cm 小尺度煤层压裂物理模拟实验架

将煤样放入实验架后，由围压泵为液压稳压源施加模拟煤层原地条件的三向围压，并依据相似准则，采用模拟的泵排量向模拟井筒泵注添加染色剂的压裂液，同时通过 MTS 实验机记录裂缝扩展过程中泵注压力和排量等参数，直到煤样破裂。压裂完毕后，拆开实验架，沿压裂裂缝将试件剖开，观察形成裂缝壁面染色剂的痕迹，即可得到压裂裂缝形态。

通过 30 余组煤岩样压裂物模实验，研究了煤层物性参数及压裂施工参数对裂缝形态的影响，得到结论如下。

（1）煤岩地层所处的地应力状态对人工水力裂缝的形态影响巨大、作用明显；在高水平应力差下，水力裂缝形态相对简单；而低水平应力差下，人工水力裂缝主要为"十"字形垂直主裂缝等网络状裂缝；裂缝形态比较复杂；当垂向地应力最小时，产生的人工水力裂缝为水平缝，且水平裂缝一般都不止一个。

（2）当采用大排量、高黏度压裂液时，一般为具有偏移、分支、平行多裂缝等特征的主裂缝带；而当采用小排量、低黏度压裂液时，裂缝形态一般都比较复杂，一般为沿煤岩割理（面割理和端割理）扩展的网络状裂缝。

（3）套管和炮眼会使得破裂压力大幅上升，且导致水力裂缝的形态也变得复杂。图 5-12 为部分典型实验结果图。

（a）应力差为 2MPa　　　　　　　（b）应力差为 4MPa　　　　　　　（c）应力差为 6MPa

图 5-12　不同应力差下煤层裂缝形态实验结果

2.76cm×76cm×91cm 大尺度煤层压裂物理模拟实验

1）大尺度煤层活性水压裂物理模拟实验

为了更加清楚地描述煤岩裂缝扩展规律，深化煤层对水力裂缝导流能力需求的认识，利用中国石油油气藏改造重点实验室的全三维水力压裂物理模拟实验设备，进行煤岩76cm×76cm×91cm大物模实验。该设备是国内唯一一套大尺度水力压裂物模实验系统[10]。该系统建于2011年，是中国石油天然气集团储层改造实验室的标志性设备之一，可以针对大岩块（762mm×762mm×914mm）开展全三维应力加载水力压裂实验。岩样尺度的最大化不仅可以大大降低裂缝起裂瞬间的爆破效应[11]，还可以有效降低岩石的边界效应[12]。通过该装置可以开展如下领域的研究工作：裂缝起裂研究、压裂改造体积研究、复杂裂缝系统压裂、酸压模拟研究、射孔模拟研究、页岩储层完井与压裂等。

实验系统主要功能部件包括：应力加载框架、围压加载系统、井筒注入系统、数据采集及控制系统和声发射监测系统，如图5-13所示。主要性能参数：最大加载应力为69MPa（10000psi）；最大水平主应力差为14MPa（2000psi）；孔隙压力可达20MPa（2900psi）；井筒注入压力可达69MPa（10000psi）；最大井眼流量12L/min（3gal/min）；实时声波监测传感器数量24支。

该实验装置与现有的物模实验装置相比，主要有以下几个方面的改进：（1）垂向应力加压方式，可采用千斤顶液压加压和加压板水力加压两种方式；（2）可采用水平分层加压，最多可分三层独立加压，可以模拟多层压裂和有应力遮挡的压裂；（3）配备有先进的实时声波监测系统，采用德国Vallen系统采集声波数据，TerraTek提供数据处理分析软件，通过被动声波监听，对声波事件进行实时定位，从而表征裂缝起裂和延伸趋势；（4）带有孔隙压力加压系统，能够模拟地层孔隙压力，对研究地层孔隙压力对水力压裂的影响具有重要意义。

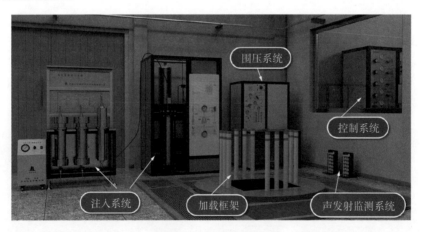

图5-13 大型水力压裂物理模拟实验系统

借鉴前期砂岩物模实验经验，对实验方法进行改进：

（1）压裂液中添加荧光剂，对压后裂缝进行荧光观察，裂缝形态清晰明确；

（2）为了防止加围压过程中煤样提前破碎或受力不均导致部分节理提前张开，通过采用杨氏模量与煤岩相近的水泥包覆煤岩，实现对煤岩加载三向应力；

（3）在压裂前段，低排量注入少量含橙色染色剂的活性水，以饱和部分井筒附近煤岩，描述压后含荧光剂的压裂液与地层水接触面的推进方式，并确定煤层裂缝边界。

模拟韩城区块的煤层地质及物性条件，加载围压并模拟压裂施工参数。为了保证全面观察煤岩裂缝扩展情况，采用1/4切割煤岩的方式观察煤岩内部裂缝扩展，如图5-14所示。

图5-14 煤岩76cm×76cm×91cm大物模实验荧光观察结果

实验结果表明，煤岩裂缝发育非常复杂，压裂后的1/4煤样中有14条宽度大于0.5mm的裂缝，其中压裂造成的有效裂缝（有荧光显示，即有压裂液进入）有7条，3条主裂缝均为水平缝，且均沿较大层理延伸，水平缝形状为椭圆形，以最大主应力方向为长轴；存在沿最大主应力方向延伸的垂直缝，但延伸较短、缝宽较窄。分析结果表明，煤岩压裂裂缝方向主要受控于煤层层理、割理及主应力条件。

由实验结果观察还可得到，井筒附近无染色剂出现，并且出现染色剂后，沿裂缝扩展方向远端就不再出现荧光剂，说明染色剂能够较好地描述裂缝前缘。结果表明：裂缝扩展前缘的染色剂与荧光剂有小部分混合，但总体呈现荧光剂活性水活塞式推进染色剂活性水的现象，表明压裂液与地层水的推进方式为活塞式推进。

2）大尺度煤层低浓度瓜尔胶压裂物理模拟实验

为了明确煤层水力裂缝在高黏液体下的裂缝走向及形态变化规律，以及多个煤层同时压裂时对各煤层裂缝形态有无影响，开展了两层煤低浓度瓜尔胶压裂液合压物模实验。

切割的两层煤样尽量保持与实际煤层层理、割理方向一致，最大限度保证实验结果与实际相符。实验沿用了染色剂示踪、等力学性质水泥包覆及声波监测的实验方法，采用含橙色染色剂的低浓度瓜尔胶压裂液（0.15%GJ-1）进行压裂，并在压裂前注入含黄色染色剂的清水进行饱和。

实验结束后，对煤样沿井筒方向进行垂直切割，并依据染色剂铺置剖解裂缝面，结果如图5-15所示。根据剖解结果可以发现，压裂下部煤层进液较多，橙色染色剂堆积较厚且面积大，但两层煤裂缝均较为单一，下部煤层形成了2条主裂缝，上部形成1条主裂缝，3条裂缝均为南北向（最大主应力方向），无明显垂直于最大主应力方向的裂缝产生。

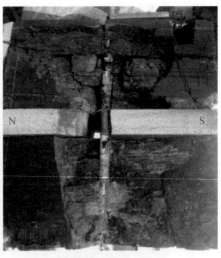

图 5-15　两层煤低浓度瓜尔胶压裂液合压物模实验剖解结果

　　将瓜尔胶压裂物模实验结果与活性水压裂物模实验参数及实验结果对比，见表 5-2。可以发现，煤层活性水压裂主裂缝主要沿层理和割理延伸，裂缝主要沿与最大主应力方向一致的节理延伸，裂缝形态较为复杂；而瓜尔胶压裂液压裂后主裂缝附近层理及割理未见染色剂，表明无压裂液进入，表明瓜尔胶（高黏）压裂液体系能够显著减低压裂液滤失及裂缝复杂度。

表 5-2　两层煤合压与单层煤压裂物模实验参数对比

参数	单层煤压裂	两层煤合压
压裂液	活性水	低浓度瓜尔胶
主应力 x–y–z，MPa	17.2–17.8–19.2	17.2–22.2–25.0
排量，mL/min	50 ～ 500	50 ～ 500
总注入液量，mL	2500	2477
裂缝条数	14 条主缝	3 条主缝
裂缝方向	层理或割理方向	最大主应力方向

第二节　煤层低伤害压裂液体系

　　国内煤层具有渗透率低、埋藏浅、吸附性强等特点，高分子压裂液在煤层的破胶、吸附等伤害是压裂液对煤层伤害的主要原因，而且由于煤层气单井产量低，低成本是煤层气压裂液选择的重要因素之一。因此，低成本、低伤害的活性水压裂液一直是国内煤层压裂的主要压裂液体系。但由于活性水压裂液滤失大，携砂、造缝能力较差，根据裂缝扩展规律研究，容易形成近井裂缝异常复杂，支撑剂堆积严重，支撑裂缝长度难以提高，压裂改造效果较差。随着国内清洁能源的需求度逐年增加及"煤改气"大背景推动下，天然气价格有大幅增长，煤层气单井产量的提高迫在眉睫，较高成本的高效增产改造技术及压裂液体系也具有一定的应用潜力，近年来也完善和形成了多种低伤害压裂液体系。

一、煤粉悬浮活性水体系

1. 煤粉对压裂施工及生产的影响

煤层气井在改造中和投产后，煤粉会随着煤层水产出。煤粉产出影响煤层气井压裂施工及生产的主要情况如下。

（1）煤粉造成施工压力偏高。煤粉的混入使液体黏度增加，结果导致更高黏度液体流过裂缝时压力增加。一些研究定性地解释了煤粉对高施工压力的作用，介绍了几种机制。更重要的是如何对这一问题进行定量分析。实验测试可以证明煤粉的产出，但是压裂液使其产出的定量分析很难被评估。

（2）煤粉对压裂施工更严重的影响是：在井筒周围煤粉的聚集导致压裂液流经此处时，压力升高。在煤层气田改造过程中，煤粉很容易被液体带入裂缝的端部，由于表面上含有大量的脂肪烃和芳香烃等憎水的非极性基团，从而使煤粉表面具有较强的疏水性，在水中分散性很差，从而堆积在裂缝端部起到堵塞作用，这种作用影响了裂缝端部的扩展，从而迫使裂缝改道而重新破裂另一方向的煤层，从而造成裂缝的复杂、弯曲不规则，并使裂缝内压力（或地面施工压力）升高。

（3）一些煤层可以产生粗颗粒和煤粉，在井筒周围使其流动通道更加曲折。这些煤粉可以在发展的裂缝顶部聚集，或者在裂缝的任何地方桥接导致施工压力偏高。煤层气井的注入压降测试证明了其具有高表皮系数。

（4）煤粉流动和产出会直接导致煤层天然裂缝系统和支撑剂充填层孔隙的堵塞，随着时间的推移煤粉将恶化裂缝导流能力，可能侵入第二、第三天然裂缝网络中进一步伤害煤层渗透率，严重影响煤层气的正常生产，出水产量明显降低、煤层气几乎不解吸或少解吸。

（5）细小的煤粉进入井筒中，形成黏稠胶状物进入泵内，极易造成卡泵现象，需要频繁检泵。煤粉堵塞泵吸入口，造成阀门关闭不严，大幅度降低水泵功效。煤粉易在煤层下部井筒堆积，极易发生埋泵现象。

2. 煤粉悬浮活性水体系

研究表明，煤粉造成堵塞煤层节理、压裂裂缝及卡泵等原因均与煤粉可在运移过程中聚集成黏稠团状有关。为了解决这个问题，近年来多家机构研究出煤粉悬浮剂（或称煤粉分散剂），利用表面活性剂的润湿吸附机理，改变煤粉表面电性、润湿吸附性能，使其均匀分散在压裂液中，不能聚集引起伤害。下面以煤粉悬浮剂 FYXF-3 为例进行介绍。

FYXF-3 煤粉悬浮剂为黄色液体，属于非离子类表面活性剂，密度 1.028g/mL。分别通过模拟井筒（垂直管流）和裂缝（水平孔隙流动）中的煤粉悬浮体系对煤粉的分散和携带作用，对煤粉悬浮性能进行研究，如图 5-16 所示，可以看出，无论在井筒或裂缝中，煤粉悬浮体系均可以非常好地分散和携带煤粉，并能够"清洗"裂缝，提高裂缝导流能力。

煤粉悬浮活性水体系目前在煤层气生产现场主要用于压裂及煤粉卡泵后的洗井作业，FYXF-3 煤粉悬浮活性水体系目前在沁水盆地现场试验压裂 6 口井，洗井 4 井次，液体配方：0.4%FYXF-3+0.3% 助排剂。措施后增产倍数达到 3.8 倍（邻井常规活性水压裂后平均产量 572m³/d，FYXF-3 体系措施后平均产量 2174m³/d），效果显著。

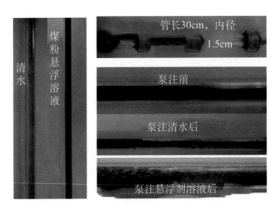

图 5-16　模拟井筒和裂缝中的煤粉悬浮剂性能实验

二、低浓度瓜尔胶压裂液

1. 体系介绍

羟丙基瓜尔胶压裂液是压裂增产措施中使用最多的液体体系，主要原因在于瓜尔胶是一种天然植物胶，性能稳定，适应性广。随着天然气需求的进一步提升，储层改造对降低压裂液伤害提出了更高要求。瓜尔胶压裂液对地层伤害很重要的原因之一是残渣较多，其主要来源是瓜尔胶含有一定量的水不溶物。例如，国内 120℃ 油气藏压裂用的常规瓜尔胶压裂液中瓜尔胶的使用浓度为 0.45%，残渣含量为 226mg/L，即使破胶彻底，这种残渣也不能完全消除。

瓜尔胶是天然植物胶，为降低其水不溶物，在改性方面已有大量研究，水不溶物由瓜尔胶原粉的 10%～25% 降低到改性瓜尔胶的 7%～10%，例如羟丙基瓜尔胶、羧甲基羟丙基瓜尔胶、超级瓜尔胶、离子型瓜尔胶等。尽管瓜尔胶改性后水不溶物大幅度降低，但其绝对含量仍然很高。因此降低瓜尔胶用量是降低残渣伤害的主要途径，从交联剂方面着手，研发出适合超低浓度羟丙基瓜尔胶交联的高效交联剂，延长交联剂链的长度，增加交联剂交联点，大幅降低瓜尔胶使用浓度，提高交联冻胶耐温耐剪切性能。另外，在 2012 年，随着北美页岩气的规模开发，瓜尔胶出现供不应求的局面，导致价格大幅上涨，2012 年 4 月份普通瓜尔胶高达 18.6 万元 /t。虽然目前瓜尔胶价格回归正常，但是国内瓜尔胶基本依赖进口，降低使用浓度，对缓解这种受制于人的局面也会起到一定的积极作用，同时还能够降低压裂液成本。

低浓度羟丙基瓜尔胶压裂液技术的关键是交联剂技术，长链螯合的有机硼交联剂能够使更低浓度的瓜尔胶交联，具备常规压裂液体系的流变性能。其次，由于羟丙基瓜尔胶适应性广，与现有的大多数添加剂配伍性好，因此添加剂选择更为容易，根据不同储层特征，满足防膨、助排等需求即是压裂液其他辅剂选择的标准。

2. 主剂研发

低浓度羟丙基瓜尔胶压裂液主剂为稠化剂和交联剂，为了最大限度地降低压裂液对储层的伤害，一方面稠化剂要满足增黏、减阻、降滤失的作用，另一方面要交联能力强、水不溶物低、残渣少、价格便宜等，因此本体系选择优级羟丙基瓜尔胶作为稠化剂。

交联剂是低浓度羟丙基瓜尔胶压裂液体系的关键，影响整个体系的性能。本体系使用的交联剂为长链螯合多极性交联剂，结合稠化剂分子结构，增加了交联剂长度和交联点，使较低浓度的羟丙基瓜尔胶形成有效交联冻胶，交联时间可控。

交联剂和稠化剂需要在适宜的条件下才能发生交联作用，形成网络冻胶。由于低浓度压裂液瓜尔胶浓度低，要求交联剂具有更好的交联性能，配套了交联调理剂。调理剂的作用主要是为了控制特定交联剂和交联时间所要求的 pH 值，并有利于交联剂的分散，使交联反应均匀进行，形成更高更稳定的黏弹性网络结构，改善压裂液的耐温耐剪切性和温度稳定性。另一方面，调理剂还可有效地控制交联反应速度，达到高温延迟交联的效果，产生较高的井下最终黏度和更好的施工效率，满足储层和压裂液工艺技术对压裂液性能的要求。

3. 体系优点

通过交联剂分子设计和结构优化，使用长链多点螯合技术增大了交联剂链的长度并实现多极性头多点交联，使得交联剂在更低浓度溶液中可以形成三维"牵手"网络冻胶，最低瓜尔胶交联浓度降低为 0.12%。

该体系在 10℃ 以上温度条件下即可溶胀交联，瓜尔胶用量降低 30% ~ 50%，破胶液残渣为 33mg/L（常规压裂液残渣为 200 ~ 300mg/L）。

针对低温储层，传统破胶剂过硫酸铵在低于 50℃ 时失去活性，破胶困难；单独使用生物酶，用量大，成本高。因此形成的高效三元复合低温破胶技术，使用特效生物酶 + APS+ 活化剂，适用于低温环境，成本降低，破胶彻底，对储层的伤害减小。

4. 综合性能

压裂液性能是决定压裂施工成败的关键因素之一，压裂液的耐温耐剪切性能、破胶性能、破胶液性质、压裂液滤失、减阻能力等都是必须考察的关键内容。低浓度羟丙基瓜尔胶压裂液综合性能见表 5-3，在 20℃ 下的耐温耐剪切曲线如图 5-17 所示。

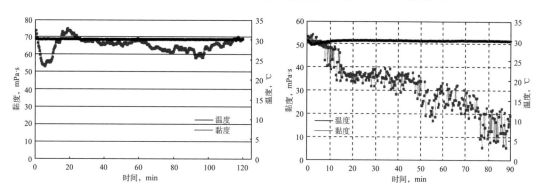

图 5-17　低浓度瓜尔胶耐温耐剪切性能和破胶性能实验

表 5-3　低浓度羟丙基瓜尔胶压裂液体系综合性能

项目	结果
基液黏度	0.15%HPG，黏度 75mPa·s，
交联性能	根据储层温度可调，10s ~ 5min
常温稳定性	溶液配伍，静置 72h，无悬浮物，无沉淀
耐温耐剪切性	30℃、170s^{-1}、2h，黏度大于 60mPa·s

续表

项目	结果
水不溶物含量	4.58%
静态滤失	滤失系数 $C_Ⅲ$=8.71×10⁻⁴m/min⁰·⁵，静态初滤失量=5.79×10⁻³m³/m²，滤失速率=1.91×10⁻⁴m/min
破胶性能	破胶时间7～8h内，破胶液黏度小于5.0mPa·s

5. 应用实例

安1-50X井地处山西省安泽县杜村乡东塘村，井深1209m，目的层位为沁水盆地西部安泽斜坡带单斜3#煤层。本井3#煤气层段较好。储层温度30℃。共注入前置液140.8m³，携砂液246m³，顶替液12.4m³，加砂58.8m³，砂比26.1%，排量2.5～4.0m³，施工压力16.6～33.2MPa，施工正常。节约瓜尔胶用量54%，压后本井产量提升17%，邻近的生产井也见到压力反应，说明该液体体系具有良好的降滤、提高裂缝长度性能。邻井排采曲线如图5-18所示。

压裂液配方为：1.0%KCl+0.15%瓜尔胶GJ+0.3%活化剂+0.3%助排剂+0.1%杀菌剂，数量450m³。

破胶比：50×10⁻⁶低温酶+4×10⁻⁴APS。

交联比：100：0.3。

活性水配方：1.0%KCl+0.3%助排剂，配液量80m³。

配液说明：配基液时，首先用射流真空吸入GJ（HPG），防止形成鱼眼，循环30min再加入KCl、活化剂、杀菌剂、助排剂，最终基液黏度大于10mPa·s。

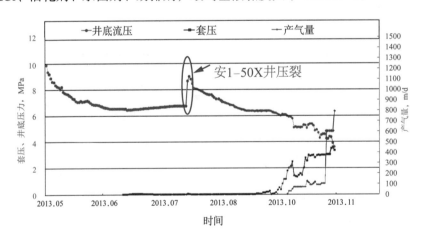

图5-18　安1-50X井邻井安1-49井排采曲线

三、清洁压裂液

由于煤岩本身的吸附特征及割理系统发育等特征，使得储层和割理内部易伤害。低温下（煤层温度大多处于20～60℃）交联冻胶压裂液在裂缝壁表面形成的滤饼及缝内残留的残胶难以解除，堵塞所形成的导流通道，使煤气井产量降低。虽然近年来聚合物的使用浓度得到了降低，但破胶后产生的滤饼和聚合物中水不溶物残渣仍然可引起对裂缝导流能力的伤害，并且降低了气体流动的速率。对煤层的伤害高达 80% 以上，严重影响压后产量。压裂液使用的增稠剂主要是多糖类聚合物，具有可增稠、可输送支撑剂、可悬浮、可控制滤失及可进行层间隔离的特性，在作业完成之后难降解，往往会造成聚合物伤害。压裂液储层伤害主要是以瓜尔胶水不溶物为主的破胶液残渣、滤饼及黏附在支撑剂填充层未破胶凝胶。

相对常规交联聚合物压裂液，表面活性剂压裂液具有无固相、无残渣、低损害、添加剂种类少、减少了施工前期配液工序和混合时间、施工摩阻低、携砂能力强等特点。近年来，国内在研发液体效率高、对地层污染小的清洁压裂液方面取得了一定成果。

1. 体系介绍

对离子型表面活性剂，根据其浓度差异以及体系中存在的反离子种类和浓度的不同，在溶液中形成不同的结构体，如球形胶束、柔性棒状胶束、囊泡等。当表面活性剂在溶液中形成线型柔性棒状胶束时，溶液的黏度将增加，特别是当线型柔性棒状胶束相互缠绕形成网状结构时，体系表现出复杂的流变性。

2. 体系特性

双子表面活性剂比单链表面活性剂更易在水溶液中自聚，且倾向于形成更低曲率的聚集体，降低使用浓度。双子表面活性剂在水溶液中能形成一系列的聚集体：球状胶团、椭球状胶团、棒状胶团、枝条状胶团、线状胶团、双层结构、液晶、囊泡等。对于某种双子表面活性剂，特定形状聚集体的形成取决于两亲水基间的平衡距离、连接基的疏水程度以及弹性度，同时还受疏水链对称程度的影响。合成的双子表面活性剂使用浓度低，在 0.1% 浓度下黏度可到 10mPa·s，在 0.3% 浓度时可达到 33mPa·s。在保证携砂性能的同时选择合适的表面活性剂浓度，是降低压裂液成本的重要途径。不加盐即迅速增黏，增黏时间在 1min 之内，为实现在线连续混配提供了重要的条件，解决煤层气井场狭小配液受限的困难。

0.2% 表面活性剂 SF-A+0.4% 反离子钠 SF-B 体系流变曲线如图 5-19 所示，表面活性剂浓度为 0.2% 时，其黏度可达到 25mPa·s，能满足携砂要求，表面活性剂用量降低 50%，符合煤层气低成本开发的需求。

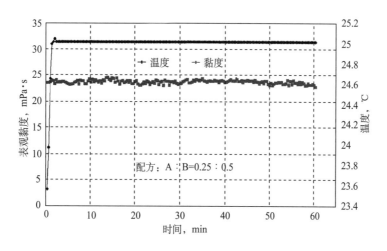

图 5-19　SF-A 清洁压裂液 25℃流变曲线

通常认为清洁压裂液在地层中遇烃类或被地层水稀释时即可完全破胶，且破胶后无任何残渣，然而研究表明：液体烃类如原油、某些类型的破乳剂如OP-10可以使清洁压裂液破胶，但存在破胶时间不可控制的难题。主要存在的问题是：（1）当破胶剂的浓度不能达到使清洁压裂液破胶的浓度时，压裂液的黏度很快降低，之后基本不再变化，但不能完全破胶，所以对储层造成一定程度的伤害；（2）当破胶剂的浓度达到一定浓度时，清洁压裂液很快破胶，不能很好完成携砂任务，易砂堵。地层水稀释清洁压裂液可以缓慢破胶，但与地层水的量有很大关系，在一定时间内不能保证充分破胶。

煤层深度一般在500～1100m，原始地层温度在25～40℃之间，所以实验温度分别为25℃、35℃、40℃。根据破胶曲线图5-20可以看出，破胶剂SF-C可有效控制清洁压裂液的破胶时间。破胶剂用量越大，破胶时间越短。破胶时间可以通过改变用量控制。煤层气井温为25℃左右时，SF-C用量为0.03‰左右即可达到破胶要求。

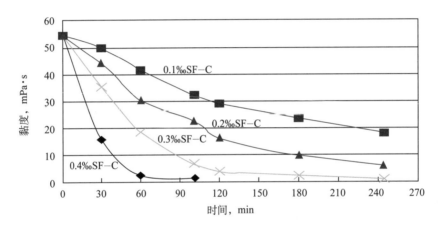

图 5-20　SF 清洁压裂液体系破胶曲线

第三节　煤层气直井增产改造工艺技术

"十二五"以前，国内普遍认为埋深大于300m的煤层气压裂裂缝形态较复杂，但裂缝形态仍以垂直缝为主，压裂液波及的裂缝都能够较长延伸并有效支撑，压裂形成的裂缝全部可以满足压裂后排水采气的需求。在这种研究结论指导下，国内大部分煤层气区块采用活性水低砂比的低成本压裂模式，在沁水盆地的樊庄、成庄等区块取得较好的应用效果，但在技术推广过程中，部分区块活性水压裂效果并不理想。本节基于煤层压裂裂缝形态的研究结论，针对煤层气"排水—降压—采气"的生产规律，研究煤层高产对压裂裂缝的需求，形成多因素耦合导流能力评价模型和煤层深度有效支撑压裂技术。

一、中高煤阶高效支撑压裂改造理念

1.煤岩对水力裂缝导流能力需求

与砂岩和页岩气藏不同，煤层气需要经过排水降压后才能产气，在相同压差下的水力裂缝中，液体的高效流动比气体更需要较高导流能力。研究表明，煤层气井实现"有效排水"对导流能力的需求比砂岩气井高 1 倍左右，比页岩气井高 10 倍左右。

根据煤岩压裂裂缝扩展物模和巷道挖掘分析结果，煤岩裂缝形态和扩展规律非常复杂。中国目前煤层气的主体压裂技术为大排量、大液量、低砂比的活性水压裂，由于活性水体系滤失大，携砂效率低，压裂液波及范围大，支撑效率低，大部分裂缝为无支撑的剪切裂缝或弱支撑裂缝，裂缝导流能力非常低，如图 5-21 所示。

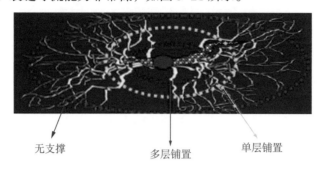

图 5-21　煤层常规活性水压裂裂缝示意图

根据煤层气井"排水、降压、采气"的生产规律，通过 Eclipse 煤层气模块的等效导流产量模拟方法，以煤层厚度 5.5m，渗透率 0.5mD，井距 250m 为例，以煤层气井 15 年累计产气量最大化为目标，对煤层压裂裂缝长度和导流能力进行优化，优化结果如图 5-22 和图 5-23 所示。

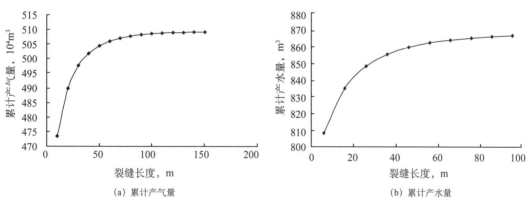

(a) 累计产气量　　　　　　　　　　(b) 累计产水量

图 5-22　不同裂缝长度下，累计产水和产气量变化规律

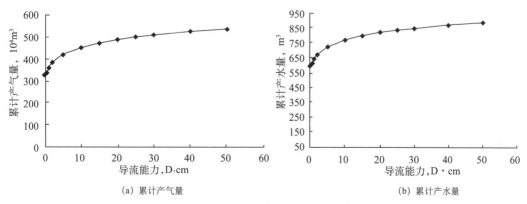

(a) 累计产气量　　　　　　　　　　(b) 累计产水量

图 5-23　不同裂缝导流能力下，产水和产气量变化规律

可以看出，满足煤层高效排水所需的导流能力为 25D·cm 以上，裂缝长度 60m 以上；满足煤层高效采气所需的导流能力为 15D·cm 以上，裂缝长度 70m 以上。排水对水力裂缝导流能力的需求为采气的 2 倍左右，所需缝长相差不多。而根据研究，页岩气和致密气对压裂裂缝导流能力需求分别为 2D·cm 和 5D·cm 以上，故煤层气井对导流能力的需求比致密砂岩气井和页岩气井更高。

同样地，对煤层气井压裂形成单一长缝（缝长 120m，1 条裂缝）和形成近井裂缝复杂短缝（缝长 35m，6 条裂缝）两种情况进行数值模拟，对比其累计产量发现，累计排采 10 年，煤层简单长缝累计产量比复杂短缝高 3 倍左右，排采 15 年后增加倍数为 4 倍以上。因此，可以得出如下结论：煤层气水力裂缝既需要一定的长度，又需要有效的支撑导流能力。

针对煤层高效排水降压对水力裂缝导流能力需求高的问题，分别通过煤岩剪切滑移裂缝渗透率实验和煤岩支撑剂单层铺置导流能力实验来研究煤层无支撑和弱支撑裂缝导流能力。实验结果表明：煤岩无支撑裂缝渗透率比基质渗透率提高 6.7～90.6 倍，但其导流能力仅为（2.2～26）×10^{-4}D·cm，远远不能满足煤层排水降压的需求。煤层弱支撑裂缝初始导流能力较高，但随着闭合应力增加，导流能力下降非常快，在常规的煤层闭合应力（>10MPa）下也不到 5D·cm，同样不能满足煤层高效排水降压的需求。

2. 煤层压裂裂缝多因素耦合导流能力评价模型建立

导流能力受裂缝缝宽和渗透率影响，而根据煤岩特征及压裂施工中可以进入煤层对裂缝缝宽或渗透率造成影响的因素进行分类，可以得到影响煤岩压裂裂缝导流能力的主要因素有以下三大类：（1）地层参数，其中闭合应力和煤粉会对裂缝渗透率造成影响，多裂缝会影响主裂缝的铺砂浓度，进而影响缝宽；（2）支撑剂，支撑剂的粒径会影响裂缝渗透率，支撑剂嵌入和铺砂浓度会影响裂缝宽度；（3）压裂液，压裂液主要包括活性水、清洁压裂液和瓜尔胶压裂液 3 种类型，而这 3 种类型对裂缝渗透率的伤害程度差异较大，压裂液中添加剂的浓度也会对裂缝渗透率有很大影响，压裂液的黏度会影响压裂液滤失及支撑剂对裂缝的支撑效果，从而影响缝宽。同时发现，导流能力随着时间的变化是逐渐降低的，故评估压裂效果时，研究导流能力随时间的变化规律也是必不可少的。本部分在创新实验的基础上，对煤岩裂缝导流能力单因素进行分析和对导流能力进行评价。

通过对支撑剂粒径及组合、闭合压力、支撑剂嵌入、煤粉、压裂液、多裂缝等 6 个影响因素的物理本质分析和导流能力实验数据拟合，得到每个影响因素对导流能力的影响函数，如图 5-24 所示，通过函数即可评价不同煤层气区块的导流影响主要因素，并指导压裂设计的优化。

影响因素	物理本质	影响函数
支撑剂粒径组合	多粒径颗粒堆积渗流	$Fcd_{Dp}=C_{DP}\cdot Fcd_0$ 影响因子 C_{DP} 可根据图版插值得到 $f(\sigma_c, t)=v\cdot f(\sigma_c, 20/40m, t)+(1-v)\cdot f(\sigma_c, 16/30m, t)$
闭合应力	颗粒堆积多孔介质的压实效应	20/40 目：$f(\sigma_c, 20/40m, t)=\dfrac{12.48e^{-0.0224\sigma_c}}{\sigma_c}(1+0.187e^{-0.21t})$
		16/30 目：$f(\sigma_c, 16/30m, t)=\dfrac{12.57e^{-0.02\sigma_c}}{\sigma_c}(1+0.23e^{-0.194t})$

影响因素	物理本质	影响函数
支撑剂嵌入	固—固接触弹塑性形变	晋城（高阶煤）嵌入导流损失： $$Fcd_{Emb} = (-0.12\sigma_c^2 + 4.456\sigma_c + 0.0681)(1-e^{-0.155t})$$ 韩城（中阶煤）嵌入导流损失： $$Fcd_{Emb} = (-0.119\sigma_c^2 + 5.54\sigma_c + 0.0742)(1-e^{-0.18t})$$
煤粉滞留	固液两相流在多孔介质中的流动、堵塞	$$f_{dust}(\sigma_c, C_{dust}) = 0.336C_{dust}\cdot\sigma_c + 0.004\sigma_c + 0.49C_{dust} + 0.106$$ $$C_{dust} = 0.0042e^{1.8\times10^5 C_1} - 0.0045 \qquad C_1 = v/60Q$$
压裂液	流体对多孔介质渗透率伤害	0.3% 瓜尔胶破胶液影响函数： $$f_{cdliq}(C_s, C_{liq}=0.3\%, \sigma_c) = (0.0003\sigma_c^2 - 0.0022\sigma_c + 0.1217)\cdot\ln\left[\frac{0.4}{C_s}+1\right]$$ 0.3%SF-A 清洁破胶液影响函数： $$f_{cdliq}(C_s, C_{liq}=0.3\%, \sigma_c) = (0.00014\sigma_c^2 - 0.001\sigma_c + 0.072)\cdot\ln\left[\frac{0.18}{C_s}+1\right]$$
多裂缝	多裂缝壁面嵌入	$Fcd_{multi}=\alpha\cdot Fcd_{Emb}$ 多裂缝因子 α 可通过数模或实验获得

其中，σ_c—闭合压力，MPa；t 为时间，h；Fcd_{Dp}—支撑剂粒径对导流影响函数，D·cm；C_{Dp}—粒径影响因子；Fcd_0—该粒径下的初始导流，D·cm；$f(\sigma_c, t)$—组合粒径下的导流变化率；v—20/40 目支撑剂所占比例；$f(\sigma_c, 20/40m, t)$ 和 $f(\sigma_c, 16/30m, t)$—分别为 20/40 目粒径及 16/30 目粒径下的导流变化率；Fcd_{Emb}—嵌入引起的导流变化量，Dc·cm；$f_{dust}(\sigma_c, C_{dust})$—煤粉引起的导流变化率；$C_{dust}$—裂缝中的煤粉占裂缝中支撑剂的质量分数；$C_1$—导流设备出口端煤粉体积分数或生产井口排出的煤粉质量分数；v 和 Q—分别为导流实验设备出口或生产井口的煤粉产出质量速度及产出液排量；C_s—压裂液的残渣含量，mg/L；$f_{cdliq}(C_s, C_{liq}=0.3\%, \sigma_c)$—浓度为 0.3% 的压裂液伤害引起的导流能力变化率；Fcd_{multi}—多裂缝引起的导流能力变化量，D·cm；α—多裂缝因子

图 5-24　多因素导流能力评价函数

针对原生煤、碎裂煤、碎粒煤三类主体煤结构，结合上述研究成果，评价压裂力学特征和导流伤害主控因素，综合运用变排量施工、多级段塞、复合压裂等多项有利于主缝延伸和远端缝有效支撑的成熟技术，形成以延伸主缝、深度改造、提高远端支撑为目标的中、高阶煤层高效支撑压裂技术体系，见表 5-4。

表 5-4　煤层深度有效支撑压裂技术试验区块及优化措施

井组成区块	煤结构	压裂力学特征	导流伤害评价	优化的技术措施
大宁—吉县宫 1 井组	原生煤	中高阶煤、埋深 917～1037m，应力梯度中高（0.017～0.033MPa/m），杨氏模量中高（6000～10000MPa）	应力＞多裂缝＞压裂液＞嵌入＞煤粉	两次停泵分析返排优化控制
蒲池蒲 1&蒲 2 井组	原生煤	高阶煤、低温低压（25℃）、割理发育、储隔层应力差小（3～5MPa）、杨氏模量中低（2000～4000MPa）	多裂缝＞应力＞压裂液＞嵌入＞煤粉	多级段塞技术支撑剂组合
韩城 WL1 井组	碎裂煤	中高阶煤、埋深 312～600m，割理发育、应力梯度低（0.012～0.02MPa/m），杨氏模量低（2000～5000MPa）	多裂缝＞嵌入＞煤粉＞压裂液＞应力	多级段塞技术大粒径支撑剂尾追复合压裂技术
安泽区块	碎裂煤	中高阶煤、埋深 780～1100m，割理发育、应力梯度低（0.014～0.026MPa/m），杨氏模量低（2000～3000MPa）	压裂液＞煤粉＞应力＞嵌入＞多裂缝	低前置比例较快控制返排小幅多级提砂比

续表

井组成区块	煤结构	压裂力学特征	导流伤害评价	优化的技术措施
宁武盆地武试5&武试15井组	碎裂煤	中高阶煤、埋深950～1250m，破碎率高、闭合应力梯度中高（0.022～0.036MPa/m），杨氏模量中低（5000～8800MPa）	煤粉>嵌入>多裂缝>应力>压裂液	煤粉悬浮剂体系大粒径支撑剂尾追复合压裂技术
滇黔川沐爱区块	碎粒煤	中高阶煤、埋深200～1000m，多薄层、闭合应力梯度中高（0.018～0.053MPa/m），杨氏模量中低（4000～8000MPa）	应力>嵌入>多裂缝>压裂液>煤粉	两次停泵分析返排优化控制清洁压裂液体系

二、薄煤层顶板穿层压裂技术

薄煤层顶板穿层压裂技术又称煤层间接压裂技术，是指如果煤层上部或下部有不含水的砂岩层存在，那么在施工中同时压开砂岩层及煤层，使裂缝沟通砂岩层和煤层，利用砂岩水力裂缝不受煤粉堵塞、支撑剂嵌入及滤失大等因素影响，增加裂缝延伸长度和导流能力，从而提高压后产量。该技术实施的条件为：（1）有砂岩或粉砂岩隔层；（2）煤岩垂向渗透率比横向渗透率高；（3）支撑剂能进入砂岩隔层并有较高导流能力。由于增产效果显著，国外粉河、黑勇士、苏拉特等盆地满足地质要求的煤层气直井均采用这种技术进行压裂改造。

"十二五"以前，国内由于对煤层及顶底板砂泥岩含水性评价技术、裂缝扩展控制及射孔优化技术等方面的技术差距，利用该技术改造井的效果差异较大，整体改造效果不明显，未能推广该技术。

通过测井资料剖面显示韩城区块部分井5#层厚度2～4m，上下无含水层，煤层含气量较高，邻近井台排采效果较好，且煤层上部发育一套较厚砂岩层，无断层及异常井，满足间接压裂优选条件，故优选了该区块19口井26层进行间接压裂试验。

根据韩城煤样的物性、垂向渗透性及煤岩力学参数，通过数值模拟，得出该区块的优化射孔方式为：砂岩底射开0.5～1.5m，煤层射开50%，优化结果如图5-25所示。

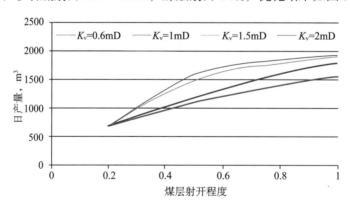

图5-25　不同垂向渗透性K_v下煤层射开程度优化

根据优化的"射开煤层上部＋顶板下部"射孔方式，对19口井26层进行压裂施工，压裂过程中，采用多级小幅提排量及砂比，保证施工压力低且平稳，表明裂缝沟通了顶板砂岩层并有效延伸，如图5-26所示。

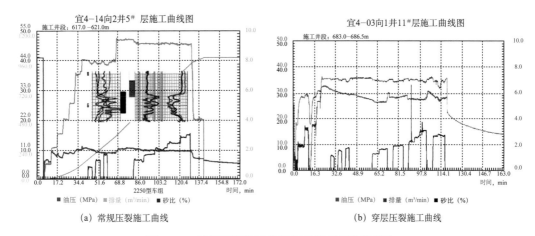

（a）常规压裂施工曲线　　　　　　　　　（b）穿层压裂施工曲线

图 5-26　穿层压裂施工曲线与常规压裂曲线对比

19 口井压后排采效果显示，15 口井改造效果显著，平均产气量为区块平均产气量的 2 倍左右，排水效率也较高，见表 5-5。

表 5-5　19 口穿层压裂井排采数据统计

井名	压裂后临界解吸压力，MPa	动液面，m	日产气，m³	日产水，m³	流压，MPa	套压，MPa
韩 4-25 向 1	3.18	533.00	2216.20	2.34	2.04	1.36
韩 4-25 向 2	4.13	604.00	1965.00	3.56	1.51	0.58
韩 4-26 向 1	3.75	572.00	778.30	2.60	1.34	0.56
韩 4-26 向 2	3.11	621.00	2121.80	7.30	1.73	0.74
韩 5-16 向 1	1.19	642.00	2081.10	1.54	1.03	0.46
韩 5-16 向 3	2.39	587.00	3283.20	1.83	1.44	0.54
韩 8-02 向 2	3.98	927.00	1024.60	0.47	1.53	1.16
韩 4-03 向 3	3.50	543.00	667.50	1.08	1.68	0.99
宜 4-13	4.85	570.00	3041.00	1.12	1.34	0.95
宜 4-13 2	4.22	651.00	2190.00	1.20	1.46	0.91
宜 4-13 向 3	3.90	642.00	3090.00	2.45	1.68	1.16
宜 4-14	3.30	553.00	2400.00	0.80	1.50	1.09
宜 4-14 向 1	4.11	555.00	2835.00	3.45	1.61	0.77
宜 4-14 向 2	3.76	605.00	1088.00	0.80	1.48	0.96
宜 4-14 向 3	4.33	582.00	2083.00	1.85	1.84	0.98
有效井平均	3.58	612.47	2057.65	2.16	1.55	0.88
韩 8-07 向 3	3.18	621.00	0	34.00	4.11	0
韩 15-01	2.44	899.00	132.00	0.76	0.53	0.14
宜 4-06 向 3	1.25	996.00	4.00	0.25	0.10	0.09
宜 5-03	7.49	766.00	409.00	1.00	0.77	0.40
IVFC 井平均	3.58	656.26	1653.14	3.60	1.51	0.73

续表

井名	压裂后临界解吸压力，MPa	动液面，m	日产气，m³	日产水，m³	流压，MPa	套压，MPa
区块平均	3.38	687.79	821.73	3.76	1.46	0.82
IVFC/区块平均	1.06	0.95	2.01	0.96	1.03	0.89

对产气量较低的 4 口井进行分析发现，这 4 口井压裂前期施工压力较高，表明裂缝在煤层中延伸，中期压力突降后，裂缝突破砂岩并一直在砂岩层延伸，与煤层接触面积有限，导致产量较低（图 5-27）。分析表明：裂缝不仅要沟通砂岩层，又要保证与煤层大面积接触。

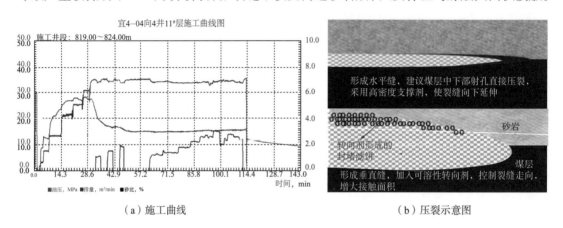

（a）施工曲线　　　　　　（b）压裂示意图

图 5-27　顶板砂岩穿层压裂低效井施工曲线及改进方法

为了防止裂缝过度向砂岩层延伸，使煤层无裂缝或裂缝较短，根据煤层地应力梯度特征及测井解释应力特征，根据可能产生的不同裂缝形态，提出两种控制裂缝扩展的措施：（1）针对可能形成水平缝的井，采用小粒径的陶粒进行段塞支撑，使裂缝尽量向下延伸并开启较多支撑裂缝，提高裂缝与煤层的接触面积；（2）针对可能形成垂直缝的井，采用浮珠或可溶性缝内向下转向剂控制裂缝过度向上延伸，增大缝长的同时，提高裂缝与煤层的接触面积。

三、煤层复合压裂技术研究及应用

活性水压裂液伤害较低，但携砂能力差，远井弱支撑和无支撑裂缝无法满足煤层气高效排水需求。瓜尔胶压裂液携砂能力较高，但由于煤层埋藏浅，温度低（25～40℃），常用的 APS 破胶剂在 40℃以下活性低，难以有效破胶，残胶和残渣伤害大，改造效果差。降低瓜尔胶使用浓度可以有效降低伤害和破胶难度。"十二五"以前，国内外在致密气开发中常采用活性水（滑溜水）+黏性压裂液的复合压裂模式，发挥活性水低成本、冻胶高携砂性能的优势，降低成本的同时提高了压后效果，但由于煤层低温破胶问题的存在，该技术在煤层压裂中适应性较差。

对韩城煤样分别进行瓜尔胶和活性水压裂 76cm×76cm×90cm 大型物模实验及可视平行板携砂实验，如图 5-28 所示，结果对比表明：（1）煤层活性水压裂主裂缝主要沿层理和割理延伸，近井附近有 14 条水平和垂直交错裂缝，形态较为复杂，呈"千层饼"状多层分布，而瓜尔胶压裂液压裂后主裂缝附近层理及割理无压裂液进入，仅有 3 条较明显的张开裂缝，表明瓜尔胶压裂液能够显著降低压裂液滤失及裂缝复杂度；（2）瓜尔胶压裂液可形成支撑剂均匀铺置的长缝，携砂能力明显高于活性水，支撑裂缝长度及裂缝剖面均优于活性水压裂液，缝口沉砂较少，有利于提高加砂强度和改造体积。

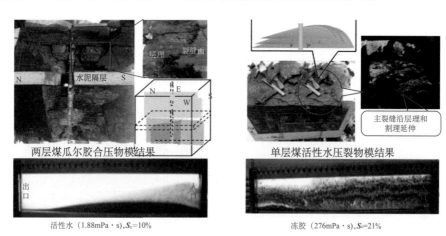

图 5-28　瓜尔胶与活性水煤岩压裂物模实验及平行板携砂实验结果对比

结合低浓度瓜尔胶压裂液和复合压裂实验研究成果，针对韩城区块部分井煤层较软、滤失大、对砂比敏感、活性水压裂施工压力较高、易砂堵、压裂液携砂和伤害矛盾突出、压后效果不理想的难题，采用"活性水 + 黏性压裂液"复合压裂技术：前置液采用活性水，携砂段用清洁压裂液；利用黏性压裂液高携砂性和较低伤害特性，实现低伤害高效加砂压裂。该技术的主要特点有：

（1）活性水前置、清洁压裂液携砂，低前置液比（30% 左右）；

（2）前置液低排量起步，多级变排量，低排量施工（≤ 6m³/min）；

（3）"预置破胶剂 +APS+ 活化剂"高效破胶，保证瓜尔胶压裂液的低温破胶效率，降低瓜尔胶压裂液伤害。

该技术初期试验 1 井 2 层，施工压力较低且平稳，平均砂比 13%，较活性水提高 44%，压后产量比邻井提高 1.8 倍左右，显示出技术的适应性和有效性。2014 年，该技术在二连盆地褐煤厚煤层试验 2 口井，采用中等规模低前置液比例"活性水 + 低浓度瓜尔胶"压裂技术，最高加砂量达到 74.1m³，压后连续 4 个月稳产 2000m³/d 以上，首次实现国内褐煤煤层气的工业气流，为中国煤层气开发增添新层系，如图 5-29 所示。

四、煤层重复压裂技术研究及应用

重复压裂选层的基础来源于煤层气压裂井低产原因分析，煤层气压裂井排采过程中低的产水量或产气量是由多种因素造成的，除去地层本身的原因外，其他的主要原因有：排采不合理、压裂不合理、井网与裂缝匹配不合理、井网分布区内煤层气已基本采出。

（1）排采不合理包括：排采速度过快造成煤层中颗粒或支撑剂运移堵塞储层或裂缝、排采过程过快使降压区域面过小，解吸的气量有限造成稳产时间短、排采过程中不连续使得运移的煤粉堵塞储层或裂缝。

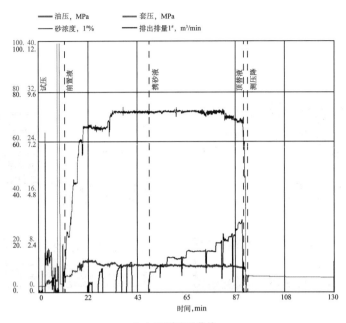

（a）压裂施工曲线

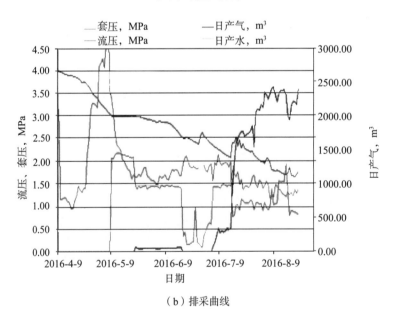

（b）排采曲线

图5-29　复合压裂施工曲线及排采曲线

（2）压裂不合理包括：压裂液伤害过大使得压裂效果差、压裂施工参数不合理造成支撑裂缝长度过小、压裂施工中砂堵造成裂缝长度短不能较好改造煤层。

（3）井网与裂缝匹配不合理是指排采过程中裂缝周围降压区内气体已基本采出，而远离裂缝的煤层由于渗透率低气体不能有效降压解吸，造成大量煤层气无法有效动用采出。

（4）井网分布的煤层气已基本采出是指井网分布与裂缝匹配合理，井网区内的煤层气采出程度较高而自然衰减形成的低产。

1. 煤层重复压裂裂缝转向机理研究

煤层气有产量必须经过压裂，已压裂的井随着排采的进行，原来形成的裂缝控制的气已经基本采出，但是常规的水力裂缝设计方法和压裂技术已不能满足煤层气开采的需求。可以实施裂缝转向重复压裂，在纵向和平面上开启新层，开采出老裂缝控制区以外的煤层气，实现煤层气田的可持续发展。

国内外的重复压裂实践主要有以下三种方式：（1）层内压出新裂缝；（2）继续延伸原有裂缝；（3）转向重复压裂。对于重复压裂中出现的裂缝转向，目前认为主要有三种不同方式：（1）地应力反转；（2）定向射孔诱导；（3）桥堵转向压裂工艺。

1）排采后应力发生反转

根据弹性力学理论和岩石破裂准则，裂缝总是沿着垂直于最小水平主应力的方向起裂，因此，重复压裂井中的应力场分布决定了重压新裂缝的起裂和延伸。

（1）储层原地应力场。

地下岩石的应力状态，可以用三个相互垂直且不相等的主应力表示。

地应力的大小可以通过水力压裂测试、阶梯注入—返排测试方法和测井资料解释的方法获得。地应力的方位可以通过声波测定、地电测定、测量井径变化方法和岩心测试的方法获得。

（2）诱导应力场。

①裂缝诱导应力场。

$x=0$ 处，诱导应力最大，离缝越远，诱导应力越小，一定距离处，诱导应力变为零；缝口诱导应力最大，缝端诱导应力最小；垂直于裂缝方向诱导水平应力大，裂缝方向诱导水平应力小，如图 5-30 所示。

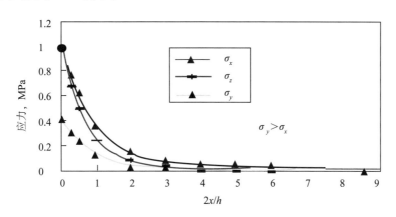

图 5-30 诱导应力大小与裂缝不同位置关系图

②生产诱导应力场。

煤层气井长期生产，通常会导致地层孔隙压力下降，引起原地应力状态的改变。研究表明：孔隙压力减少，使水平应力降低；且在裂缝方向强于垂直于裂缝方向的区域。所以最大水平主应力减小得比最小水平主应力多。

（3）破裂机理研究。

初次人工裂缝诱导应力以及生产诱导应力改变了煤层气井周围的应力分布状况。当诱导应力差足以改变地层中的初始应力差，则在井筒和初始裂缝周围的椭圆形区域内应力重定向，从而新裂缝发生转向，如图 5-31 所示。

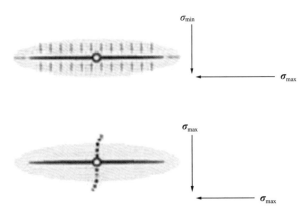

图 5-31　初次人工裂缝内的应力重新分布

（4）新裂缝延伸规律。

重复压裂能否形成新裂缝，主要取决于储层地应力场变化的结果。垂直于裂缝方向附加的诱导应力大，裂缝方向上附加诱导应力小，可能使 $\sigma_{xmin}+\sigma_x$ 诱导大于 $\sigma_{ymax}+\sigma_y$ 诱导，重复压裂裂缝的重新定向就有可能发生。

井筒附近重复压裂新裂缝将以与初始裂缝呈 90° 的方位角延伸。距井筒一段距离后，裂缝仍沿原来的方位延伸，如图 5-32 所示。

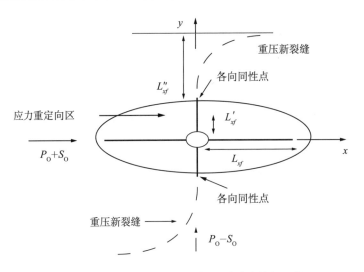

图 5-32　应力重新分布后重复压裂裂缝转向示意图

2）定向射孔诱导

水力裂缝沿阻力最小的路径延伸。在大多数情况下，垂直方向的应力最大，因此最佳裂缝面是垂直的，其方向沿着最大水平主应力方向，即水力裂缝在沿着垂直于最小水平主应力的方向扩展。但是由于井眼和射孔导致的应力集中，近井地带的应力场与远井的应力场是存在差异的。

射孔密度和射孔方位角是影响地层破裂压力的主要因素，而射孔孔眼长度和孔眼直径的影响不大。当射孔孔眼与水平最大主应力方向一致时，形成平面裂缝；当射孔孔眼与水平最大主应力存在一定夹角时，可形成双 S 型水力裂缝，裂缝发生转向，如图 5-33 所示。

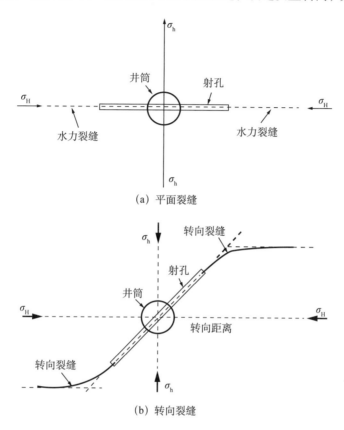

图 5-33　射孔诱导形成的平面缝和转向裂缝的机理示意图

3）桥堵转向压裂

桥堵转向压裂是在压裂施工中应用化学暂堵剂的桥堵作用暂堵老缝或已加砂缝，提升井底静压力，使流体在地层中发生转向，形成不同于老裂缝方向的新裂缝或使压裂砂在裂缝中均匀分布，从而在储层中打开新的流体流动通道，更大范围地沟通老裂缝未动用的储层，增加气产量。

暂堵转向重复压裂技术的实施方法是在施工过程中实时地向地层中加入化学暂堵剂，该剂为黏弹性的固体小颗粒，遵循流体向阻力最小方向流动的原则。转向剂颗粒进入井筒的炮眼，部分进入地层中的裂缝或高渗透层，在炮眼处和高渗透带产生滤饼桥堵，可以形成高于裂缝破裂压力的压差值，使后续工作液不能向裂缝和高渗透带进入，从而压裂液进入高应力区或新裂缝层，促使新缝的产生和支撑剂的铺置变化，如图 5-34 所示。产生桥堵的转向剂在施工完成后溶于地层水或压裂液，不对地层产生伤害。

对暂堵剂的性能要求是：强度高、易形成滤饼、可溶性好、有利于返排、方法操作简单、时间可控。需要进一步调研适合煤层的暂堵剂并且合理优化暂堵剂的用量。

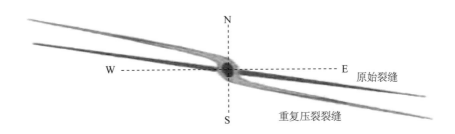

图 5-34 桥堵压裂裂缝转向示意图

2. 煤层重复压裂实施技术及应用

根据有限元分析，研究初次压裂后裂缝附近地应力场是否发生转变，针对裂缝附近局部应力场转变与未转变两种情况，研究形成两种重复压裂对策：（1）转向剂暂堵转向，使裂缝在一定转向半径范围产生新缝，之后转向到原始应力方位，沟通远井储层；（2）解堵重复压裂，活性水＋煤粉悬浮剂清洗"老缝"，并采用低排量和砂比压裂施工进一步延伸和填充"老缝"。

1）暂堵转向重复压裂

这种技术针对煤层气压裂井经过长期的排水采气在沿着裂缝方向上煤层解吸产气量日趋减少，使得产量降低的井。

针对这种情况，采用可溶性炮眼暂堵剂和可溶性裂缝内向下转向剂两种暂堵转向剂进行暂堵转向。

炮眼暂堵剂：由多种水溶性强、胶结强度大的高分子材料组成的棕黑色不规则长方体固体颗粒。该转向剂颗粒随液体进入炮眼和裂缝后，在压力差下反应交联，形成高强度的滤饼，从而堵住炮眼。

裂缝内向下转向剂为黏弹性的固体小颗粒，遵循流体向阻力最小方向流动的原则，转向剂颗粒进入井筒的炮眼，部分进入地层中的裂缝或高渗透层，在炮眼处和高渗透带产生滤饼桥堵，可以形成高于裂缝破裂压力的压差值，使后续工作液不能向裂缝和高渗透带进入，从而使压裂液进入高应力区或新裂缝层，促使新缝的产生和支撑剂的铺置变化。同时，该剂密度小于水，对于重复压裂井—间接压裂（射开顶板）井可以起到控制裂缝向上延伸的作用，保证裂缝在储层的延伸。转向剂在施工完成后溶于地层水或压裂液，不对地层产生伤害。

转向剂暂堵技术目前在韩城区块进行了 4 井 5 层的试验，针对较厚煤层和支撑剂下沉导致裂缝失效两种情况，研发两种可溶性转向剂：（1）可溶性炮眼暂堵剂，封堵旧炮眼，改造前次未压开层；（2）可溶性缝内转向剂，暂堵向上扩展的微裂缝，迫使裂缝向煤层中部转向。两种技术在韩城 WLC10-1 井、韩 5-02 向 4 井、宜 4-03 向 1 井 $3^{\#}+5^{\#}$ 煤层进行现场试验，重复压裂后，最高产气量、套压、井底流压等参数均有明显提高，平均增产 5.33 倍。

2）煤层解堵性重复压裂技术

解堵性重复压裂技术通过对不同排采特征分类，采取 4 种不同规模的解堵压裂，见表 5-6。包括针对排采间歇应力敏感井采用小规模解堵，针对老缝失效及煤粉堵塞的井采用中规模解堵，针对排采时间长且供气能力差的井采用大规模解堵，针对一次压裂失败或压后排水效率低的井采用二次压裂。解堵性重复压裂在樊庄区块进行 14 口井试验，见效 12 口，平均单井增产 600m³/d，改造效果显著。

表 5-6　解堵性重复压裂技术规模分类表

重复压裂类型		小规模水力解堵	中规模水力解堵	大规模水力解堵	二次压裂
施工参数	液量，m³	150	350	400	
	砂量，m³	中砂	中砂	中砂	中砂
	排量 m³/min	2.0	4.0	3.0	6.5
	砂比	2%～4%	2%～4%	2%～4%	8%～10%

第四节　煤层压裂裂缝综合诊断评估技术

裂缝诊断方法主要有井温测井、电位测井、测斜仪、微地震、示踪剂、巷道挖掘、压裂压力分析法等。

井温测井主要用于测试裂缝高度，其确定裂缝高度的原理非常简单，利用压裂所注入的液体或压后人为注入的液体所造成的低温异常，根据井温曲线确定压裂裂缝的高度。注入液体前，井内液体与地层有着充分的热交换，因此注入液体前所测得的井温曲线一般与当地的地温梯度和地层的岩石热性质有关。而注入液体后，由于注入的液体温度往往低于地层温度，因此注入后的井温曲线在吸液层段将出现低温异常，这一异常反映了压裂裂缝的存在和分布高度。由于煤层一般埋藏较浅，温度较低，故该技术对煤层裂缝监测的可靠性较低。

地面电位法监测原理：由于常规压裂液携带的 KCl 溶液改变煤层电阻率分布，采用高精度电位观测系统，通过对比压裂前后煤层电阻率的变化，即可推导水力裂缝的几何参数。国内的李玉魁等人[18-21]研究了通过煤层气井压裂地面电位监测对裂缝进行监测的技术和结果，初步获取了煤层压裂裂缝的形态参数，并对部分井的裂缝形态和扩展方向进行了分析和总结。但该方法只能诊断裂缝延伸的方向和长度，无法得到其他裂缝参数。

测斜仪的工作原理很简单，一条压裂裂缝会导致其周围岩石产生具有一定特征的变形。用非常灵敏的测斜仪在多个位置测量压裂裂缝引起的地层倾斜，能够得到裂缝方向（地面测斜仪）和裂缝几何形态（井下测斜仪）。将地面测斜仪变形接收器安置在压裂井周围的多个浅井中，利用电缆将多个井下测斜仪变形接收器线性地排列放置在一口或多口邻井中的目标井压裂层深度。结合两种接收器的信号并加以分析处理，就能够比较准确地监测随时间变化的裂缝高度、长度和宽度。该技术在美国北得克萨斯州的 Barnett 页岩地层、澳大利亚的多数气井和 HelperUtah 煤层气田压裂监测中广泛应用，监测结果可信度高。中国国内由中国石油天然气集团科学技术研究院在"十一五"期间引进了一套测斜仪水力压裂裂缝监测设备，目前对大庆油田、吉林油田、四川页岩气储层及山西等地的煤层气储层压裂进行少量井的压裂监测。

微地震监测法：裂缝扩展时，必须沿着裂缝面边缘形成一系列微震，监测这些微震，确定震源位置，就可以确定裂缝轮廓。目前的国外的微地震监测结果可以给出裂缝的长度、方位、高度和产状。压裂过程中，在压裂井周围人为布置3个分站，用来记录微震震源信号。监测过程和压裂过程同步，要求3个分站的连线成为1个三角形，压裂井处于三角形之中。在同一区块进行多次多井监测可以给出地下人工裂缝网络，为布井和井网调整提供依据。该技术能够较精确地测量人工裂缝的长度、高度、方位，估测裂缝的几何形态和复杂性，在美国黑勇士盆地、Woodford和Barnett等煤层气和页岩气水力压裂监测中得到广泛应用。

巷道挖掘观测技术指在埋藏较浅煤层气储层，通过挖掘煤层，对煤层压裂裂缝剖面进行直观观察的一种水力裂缝监测方法。20世纪90年代，Diamond和Oyler等人在美国政府支持下报道了22口煤层气井的挖掘观察。观察结果表明，煤层压裂形成的裂缝以水平缝、T形缝等复杂裂缝为主，单一垂直裂缝很少。国内湖南里王庙煤矿和山西潘庄煤矿进行过巷道挖掘观测，但至今无相关观测结果的报道。该技术前面章节已有叙述，本节不再赘述。

中国目前煤层气水力裂缝监测主要利用微地震监测法和测斜仪监测法，晋城矿区寺河井田、韩城煤层气示范区等区块的部分煤层气井压裂中进行了微地震监测，获得了对这些区块人工裂缝的方位、长度及地应力方向的直观认识。

一、水力裂缝测斜仪测试解释技术

根据定义，水力压裂是将地下岩石分开，使两个裂缝面分离并最终形成具有一定宽度的裂缝[12, 13]。压裂裂缝引起岩石变形，变形场向各个方向辐射，引起地层的倾角变化，这种倾角的变化可通过电缆将一组测斜仪布置在井下和将一组测斜仪布置在地面连续进行监测，通过对倾斜信号反演可以获得裂缝的方位、倾角、尺寸等参数。其中，地面测斜仪主要用来测试水力裂缝方位和形态，井下测斜仪主要用来测试分析水力裂缝几何尺寸。要得到水力裂缝的方位和几何尺寸，则需要同时应用地面和井下两种测斜仪测试方法。

1.测斜仪解释原理及测试技术

水力压裂过程中，裂缝会引起岩石形变，这种形变虽然非常微小，但通过极为精密的测斜仪工具，可在地面不同位置及井下测量倾斜量和倾斜方向，如图5-35所示。测斜仪水力裂缝测量的原理非常简单，类似于"木匠水平仪"，测量倾斜量的仪器非常精密，精度可达10^{-9}弧度。测斜仪器内有充满可导电液体的玻璃腔室，液体内有一个小气泡，如图5-36所示，仪器倾斜时，气泡产生移动，通过精确的仪器探测到2个电极之间的电阻变化，这种变化是由气泡的倾斜变化所导致。通过布置地面和井下监测仪器来测量压裂裂缝引起的地层倾斜变形。水力裂缝引起的倾斜量通常在几十到几百纳弧度，数值非常小，但这些倾斜量含有裂缝方位、形态、尺寸等独特的信息。测斜仪裂缝解释技术是通过对倾斜量的反演拟合裂缝参数，形成单一的水平缝或垂直缝，如图5-37和图5-38所示。由于变形场是唯一的，并且与储层内水力裂缝特征相关，对变形值进行地质力学的反演，推算出水力压裂的几何形状、方位、倾角等信息。该监测方法，变形场结果直观，解释方法相对简单，对压裂裂缝的形态和尺寸认识非常有效。

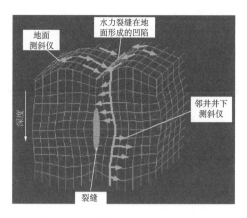

图 5-35　测斜仪压裂裂缝监测原理

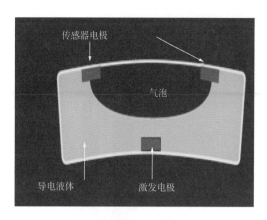

图 5-36　测斜仪传感器示意图

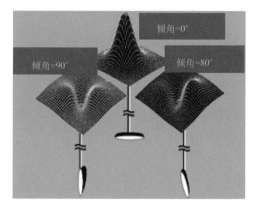

图 5-37　不同裂缝产生不同的变形特征

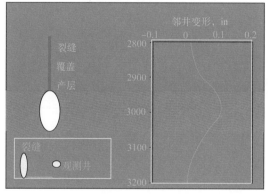

图 5-38　垂直裂缝在邻井产生的变形特征

1）地面测斜仪测试技术

（1）测试方法。

将测斜仪传感器安装在压裂井周围井眼直径 4in、深度 12m 并用水泥固结好的 PVC 管中，如图 5-39 所示。布孔位置以射孔位置在地面垂直投影为圆心，范围为射孔位置垂直深度的 25% ～ 75% 的半径范围内，如图 5-40 所示。单层（段）监测布孔数量依据水平井射孔垂直深度和压裂施工排量确定，如图 5-41 所示，对于水平井多段压裂监测，要相应增加地面测斜仪数量。

（2）测试要求。

①地面测斜仪最大测试地层垂直深度为 5000m。

②测斜仪电子仪器工作的温度范围是 –40 ～ 85℃。

（3）技术指标。

地面测斜仪电子仪器工作的温度范围是 –40 ～ 85℃，传感器倾斜角分辨率为 10^{-9} 弧度，目前最大测试地层深度为 5000m。一般井越深测量结果的精度相对就要差些，裂缝方位精度是每 300m 井深大约 0.10°。泵的排量越高以及施工规模越大，越能获得更好的测量结果。对于大约 3000m 的井深，则要求泵的排量不小于 $3m^3/min$，而总液量不少于 $400m^3$。

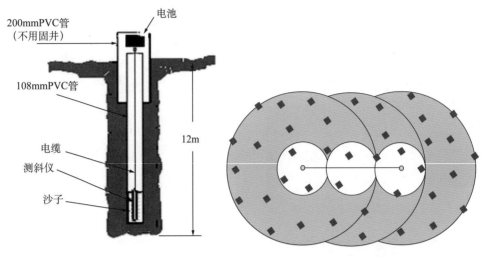

图 5-39　地面测斜仪井眼结构　　　　图 5-40　典型水平井地面测斜仪布置

图 5-41　地面测斜仪的使用数量与压裂层的深度和施工排量的关系图

2）井下测斜仪测试技术

（1）测试方法。

井下测斜仪是将测斜仪下入到 1～2 口观测井中，根据压裂井和观测井的数据，设计下井测斜仪的数量和仪器之间的连接长度，使仪器串的长度能包容压裂目的层的厚度，使最下部的仪器深于压裂目的层的底部，使最上部仪器的深度小于压裂目的层的上部深度，测斜仪底部距井底不能小于 9m。下入仪器一般 7～14 个，使用常用的单芯电缆车下到井内，井下测斜仪要下到水力压裂相对应的同一地层，用磁力器使其与井壁紧紧连接，压裂过程中这些测斜仪连续记录地层倾斜信号参数，从而得到水力裂缝的连续扩展。

（2）测试要求。

①井下测斜仪用放置在套管完井的观测井中，套管的直径为4.0～9.0in。

②观测井全井段的井斜不大于15°，放置井下测斜仪井段井斜应小于8°。

③仪器的额定最高工作温度为120℃，额定最高工作压力为100MPa。

（3）技术指标。

井下测斜仪电子仪器工作的温度范围是 −40～120℃，额定最高工作压力为100MPa，传感器倾斜角分辨率为10^{-9}弧度。井下测斜仪用电缆车安装在有套管的观测井中，仪器的直径为7.28cm。观测井全井段的井斜不大于15°，但是放置井下测斜仪的那段井斜应小于8°。观测井离压裂段的水平距离一般不大于400m，如图5-42所示。裂缝引起的倾斜角的变化特性随着距离的增加而扩散和减弱，因此测斜仪测量的准确程度随着观测井到压裂井距离的增加而减弱，如图5-43所示。

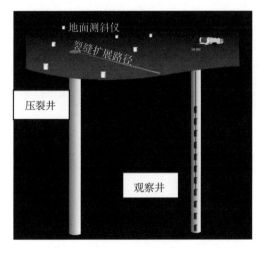

图 5-42　井下测斜仪测试示意图　　　　图 5-43　裂缝高度拟合曲线

2. 复杂裂缝表征方法的建立

1）建立新的参数表征裂缝复杂性

为了能表征体积压裂网络裂缝的复杂程度，并使测斜仪技术更好地应用于网络裂缝监测，通过对等效裂缝容积与施工液量、水力裂缝系统中水平分量与垂直分量大小和所占比例的相对关系分析，建立两个新的参数，分别是多裂缝系数 R 和裂缝复杂指数 β。多裂缝系数是模型拟合的等效裂缝体积与施工用液量的比值，当水力压裂过程中产生多条裂缝时，需要通过更大的解释裂缝体积来进行拟合，多裂缝系数可以表征多裂缝发育程度，由于多裂缝发育造成变形场的叠加，该值越大，代表裂缝条数越多。复杂裂缝系统往往是水平缝与垂直缝交互共生，当一种形态的裂缝所占比例越高或接近于100%时，裂缝形态的复杂性将降低，如水平分量所占比例接近于100%，则可以认为施工形成了水平裂缝，反之，则可以认为形成了垂直裂缝。在定义的裂缝系统中，水平分量的体积与垂直分量的体积差值与总等效裂缝容积的比值 R 越小，表明垂直裂缝与水平裂缝所占的比例接近，裂缝系统中水平缝与垂直缝交互存在，裂缝系统越复杂，β 值越高；反之，复杂程度越低，β 值越低。

$$R = \frac{V_e}{V_i} \qquad\qquad (5-2)$$

$$\beta = 1 - \frac{|V_v - V_h|}{V_v + V_h} \qquad\qquad (5-3)$$

式中　V_e——模型拟合的裂缝容积，m³；

　　　V_i——施工注入体积，m³；

　　　V_v——模型解释垂直分量体积，m³；

　　　V_h——模型解释水平分量体积，m³。

通过上述参数的应用，可以解释非常规储层复杂裂缝的特点，判断复杂裂缝系统是以多裂缝发育为主（R 高）还是产生了形态复杂，或者是水平缝和垂直缝交互存在的裂缝系统（β 高）。图 5-44 是上述情况裂缝复杂特征的示意图。

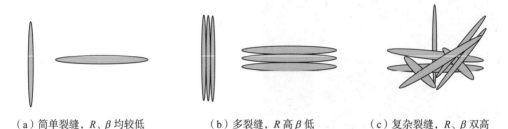

（a）简单裂缝，R、β 均较低　　　（b）多裂缝，R 高 β 低　　　（c）复杂裂缝，R、β 双高

图 5-44　裂缝复杂特征示意图

2）新参数在不同岩性储层结果对比

为了验证新的参数，在不同岩性的储层中进行应用对比，表 5-7 中给出了砂岩、煤层、页岩三种类型储层水平井分段压裂测斜仪监测解释结果，及计算得到的 R、β 值。

表 5-7　三种岩性储层水平井分段压裂测斜仪监测结果对比

序号	施工用液量 m³	等效裂缝容积 m³	水平缝比例 %	垂直缝比例 %	R	β
1	1968	4044	78	22	2.1	0.4
2	1958	9653	48	52	4.9	1.0
3	1941	8399	53	47	4.3	0.9
4	1983	2922	93	7	1.5	0.1
5	1978	4552	58	42	2.3	0.8
6	1991	4954	50	50	2.5	1.0
7	1962	5088	54	46	2.6	0.9
8	2034	6034	76	24	3.0	0.5
页岩平均（水平井，8 段数据）					2.9	0.7
砂岩平均（水平井，15 段数据）					1.4	0.3
煤层平均（水平井，9 段数据）					2.2	0.4

从表中数据可以知道，砂岩、煤岩、页岩的多裂缝系数分别为1.4、2.2、2.9，裂缝复杂指数 β 则为0.3、0.4、0.7。可见，砂岩裂缝单一，多裂缝不发育，R、β 均较低；煤岩以多裂缝发育为主，裂缝形态复杂程度低，表现为 R 高 β 低；页岩多裂缝发育程度高、裂缝形态复杂度高，R、β 双高。综合对比表明砂岩压裂裂缝最为简单，页岩最为复杂，煤岩次之。

利用新参数解释结果与煤岩大物模实验结果进行比较，可以得出，两种方法对煤岩裂缝的解释结果有较好的相似性，即吉县中高煤阶煤岩压裂裂缝多裂缝发育，但复杂度较低。

3. 低成本测斜仪煤层气井组监测方法创新

在创新监测解释技术的基础上，针对煤层井组压裂的特点，开展了测斜仪井组压裂监测及测斜仪与微地震联合监测的裂缝诊断评估技术研究，在节约监测成本的同时，提高了技术的针对性和准确性。

对于单井监测来说，确定地面测斜仪观测点位置时首先要用GPS绘制一张压裂井井位及压裂段位置的地图，分别以压裂井预压层平均深度的25%、50%、75%为半径，以压裂井预压层在地面垂直投影为圆心画3个圆，并根据单段压裂规模和深度确定布置仪器数量。而对于煤层气丛式井组来说，测点的布置范围要根据井组的位置进行优化设计，因此测点布置范围要远大于单一水平井的范围，测点数量也比单一井要多。首先，要根据压裂段垂直深度和压裂规模，确定单个压裂段监测需要的地面仪器数量和布置范围大小；接着，要确定丛式井组多口井压裂需要布置地面仪器的面积，根据监测面积比例，确定多口井监测需要的仪器数量；最后，根据现场实际地形地面，对仪器位置进行优化，从而减少监测井眼数量、下入工具数量及相关的监测、解释工作量，大幅减少单井平均监测成本，如图5-45所示。

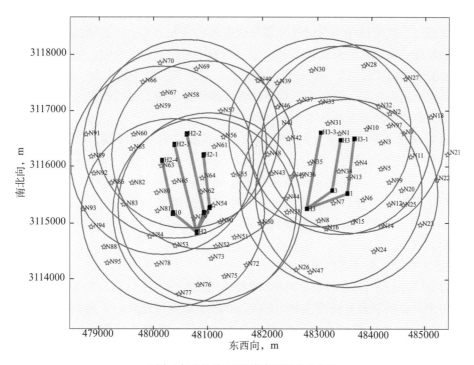

图中☆标注的是地面测斜仪监测点的位置

图5-45 丛式井或水平井组监测仪器布置优化

目前，测斜仪井组监测技术已在郑庄、筠连、宁武等煤层气区块进行了 6 个井组 39 井 51 层的压裂施工裂缝监测，如图 5-46 所示。监测结果进一步认识丛式井井间干扰，了解压后应力场变化；为合理布井、优化压裂设计提供依据；可以对比不同工艺、不同液体体系等的针对性与合理性。

筠连及宁武区块监测结果表明：井距较小的煤层气井组压裂顺序对后压裂井的裂缝主方向及波及范围影响较大，压裂优化设计需要实时调整，井组中所有井均采用一种压裂模式并不能使增产改造效果最大化。

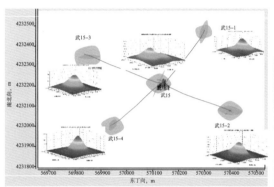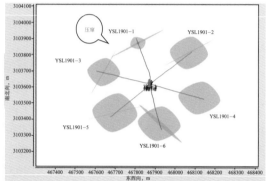

（a）武试 15 井组裂缝示意图 　　　　　（b）YSL1902 井组水力裂缝示意图

图 5-46　测斜仪井组压裂监测结果

二、微地震监测技术

随着页岩气、致密油气和煤层气等非常规资源的开发，水力压裂微地震监测技术有了突飞猛进的发展。微地震监测提供了目前储层压裂中最精确、最及时、信息最丰富的监测手段。可根据微地震"云图"实时分析裂缝形态，对压裂参数（如压力、砂量、压裂液等）实时调整，优化压裂方案，提高压裂效率，客观地评价压裂工程的效果。

1. 微地震监测原理及监测技术

水力压裂改变了原位地应力和孔隙压力，导致脆性岩石的破裂，使得裂缝张开或者产生剪切滑移。微地震监测，通过水力压裂、油气采出等石油工程作业时，诱发产生的地震波，由于其能量与常规地震相比很微弱，通常震级小于 0，故称"微震"。微地震监测技术理论基础是声发射和天然地震，与地震勘探相比，微地震更关注震源的信息，包括震源的位置、时刻、能量和震源机制等。水力压裂微地震监测主要有井下监测和地面监测两种方式。

1）地面（浅井）微地震监测技术

地面微地震监测是将地震勘探中的大规模阵列式布设台站与基本数据处理手段移植到压裂监测中来，在压裂井地面或浅井（10 ～ 500m）布设点安装一系列单分量或三分量检波器进行监测，如图 5-47 所示，采用多道叠加、偏移、静校正等方法处理数据。通常地面检波器排列类型主要有 3 种：星形排列、网格排列和稀疏台网。布设点达到几百个，每点又由十几到几十单分量垂直检波器阵组成，检波器总数可以以万至数万计。

此法施工条件要求低，数据量大，具有大的方位角覆盖，有利于计算震源机制解，但易受地面各种干扰的影响，信噪比低，干扰大。地面微地震监测在国内外油气田的生产实践中得到了越来越多的应用，其监测结果可确定裂缝分布方向、长度、高度等参数，用于评价压裂效果。

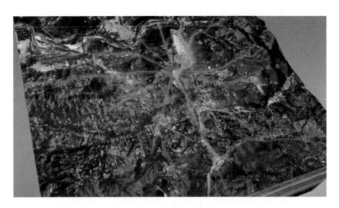

图 5-47　地面监测时采用的 FracStar 阵列图

2）井下微地震监测技术

井下微地震裂缝监测是目前应用最广泛、最精确的方法，井中微地震监测接收到的信号信噪比高、易于处理，但费用比较昂贵，并且受到井位的限制。

现场常用的井下微地震波监测试验如图 5-48 所示，三个地震波检波器布置成互相垂直，并固定在压裂井邻井相应层位和层位上下井段的井壁上。首先将仪器下井并固定，同时确定下井的方向进行压裂。记录在压裂过程中形成大量的压缩波（纵波，P 波）和剪切波（横波，S 波）波对，确定压缩波的偏差角以及压缩波和剪切波到达的时差。由于介质的压缩波和剪切波的速度是已知的，所以，可将时间的间距转化为信号源的距离，得出水力裂缝的几何尺寸，测出裂缝高度和长度，再根据记录的微地震波信号，绘制微地震波信号数目和水平方位角的极坐标图，以此确定水力裂缝方位。

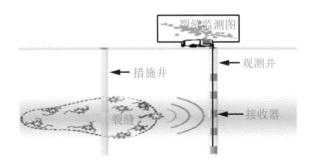

图 5-48　井下微地震波测试示意图

2. 微地震信号处理

微地震常规数据处理包括确定微地震特征参数（如能量、事件数、G-R 统计的 b 值、发震时间等参数）和精确定位，再根据精确定位的微地震事件"云图"边界，确定有效储层改造体积（SRV）。其中影响定位精度的因素包括波形信噪比、P 波 S 波时拾取精度、速度模型和定位算法。

到时拾取是精确定位的关键，由于微地震数据量较大，通常采用自动拾取到时的方法，常用的到时拾取方法为短长时间平均比法（STA/LTA）[15]、修订能量法（MER）[16]和 AIC 准则[17]。常用的速度模型为均匀各项同性介质模型、时变均匀各项同性介质模型、横向各向同性介质模型、时变横向各向同性介质模型和射线追踪。常见的定位算法为简单算法、盖革定位和网格搜索法。

3. 矩张量反演

微地震事件震源机制的求取主要借鉴于天然地震学中的相关方法。天然地震学中震源机制求取方法主要有利用 P 波初动极性求取、矩张量反演和利用 P 波和 S 波振幅比求取 3 种方法。根据微地震监测的特点，目前常用的微地震震源求取方法主要是前两种。利用双力偶点源模型，根据地震 P 波初动和振幅信息求震源模型参数的结果，通常称为震源机制解（断层面解），解的过程称为矩张量反演。矩张量反演把微地震波形信息和岩石破裂类型（张性破裂、剪切破裂和滑移等）建立了联系，如图 5-49 所示。矩张量反演可以用来计算断层面解，确定每个事件的震源球（也称为沙滩球）。为了方便分析，Hudson 的 T-K 图可用来显示所有事件的机制，可用来分析特定区域内所有事件的破裂类型，如图 5-50 所示。

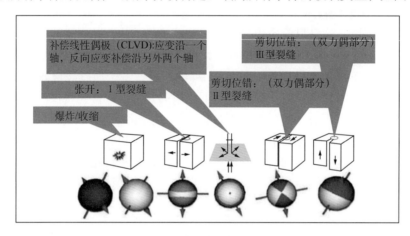

图 5-49　震源机制解与裂缝破裂形态关系

彩色代表 P 波初动为正，白色代表 P 波初动为负（引自 ESG 公司）

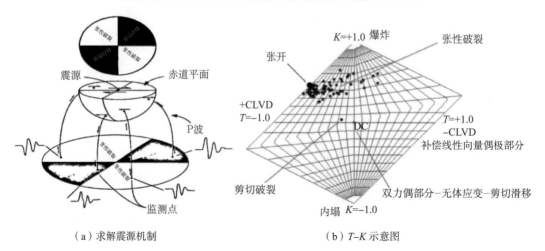

（a）求解震源机制　　　　　　　　（b）T-K 示意图

图 5-50　利用 P 波初动极性求解震源机制和 Hudson 的 T-K 示意图

矩张量反演用来评价产生微地震事件的破裂面的方位和运动的方向。然而，要获得震源机制，检波器布设的覆盖范围必须要广，井中微地震观测至少需要两口井以上才可获得震源机制解。水力压裂现场经常没有合适的监测井满足需求。地面微地震监测的覆盖面可以满足矩张量反演要求，但地面微地震背景噪音较高，很难识别有效波形，识别P波初动极性和振幅较难，需要提高信号处理能力和方法。

通常致密砂岩会产生经典的张性对称型双翼裂缝，而含天然裂缝砂岩和非常规储层在合理的地应力作用下、合适的施工条件下可以形成复杂的裂缝，既有张性裂缝也有剪切裂缝。沿天然裂缝的剪切滑移可以产生自支撑作用，虽然裂缝闭合，但仍有很高的导流能力，能有效地提高储层渗透性。这些发现为压裂后产能的评价提供了重要线索，帮助现场工程师计算有效的储层改造体积（ESRV）。

三、测斜仪和微地震联合监测的裂缝综合诊断评估技术应用

根据测斜仪及微地震裂缝监测的原理，可以看出，测斜仪对压裂裂缝几何形体具有直接测量和直观显示的优势，但监测范围和对动态裂缝形态反映不足，而微地震可以监测应力波及范围，能够量化监测裂缝动态影响范围，但难以描述支撑裂缝的具体形态。故课题将两者结合，利用两者优势互补，在郑庄2号大井组的沁13-10-28和沁13-11-31两个井组进行试验，对煤层裂缝进行更为直观、客观的监测及描述。

这两个井组相邻，距离较近，约800m左右，两个井组的井间距均在300m左右，物性条件及施工参数基本一致。沁13-10-28井、沁13-11-31井、沁13-11-31-1井、沁13-11-31-2井、沁13-11-31-3井等5口井同时进行了测斜仪和微地震裂缝监测，如图5-51所示。现对监测结果分析如下。

测斜仪总体监测结果：该井组显示水平缝和垂直缝共存，裂缝垂直体积分数较高，以垂直缝为主；垂直缝特征较明显的井（沁13-10-28-4井、沁13-11-31-2井、沁13-10-28-1井等）裂缝方向与主应力方向基本一致；沁13-10-28井和沁13-11-31-1井水平缝特征明显，裂缝与主应力方向相差较大。分析认为，井组内后压裂的井裂缝方向与最大主应力差异大，可能是由于先压裂的井使附近区域的地应力场发生了改变，从而影响后压裂井的裂缝扩展。

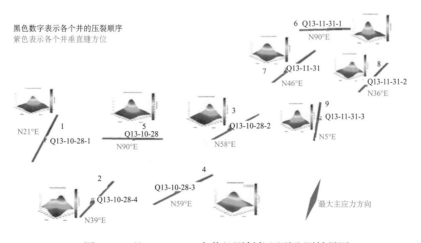

图5-51　沁13-11-31大井组测斜仪压裂监测结果图

从微地震监测结果可以看出，井组中人工裂缝方向均为北东向；每口井都存在两组以上平行裂缝、斜切裂缝；主缝为北东45°，有4组明显的支缝，见表5-8。

表5-8　微地震监测结果

井号	统计方位，(°)	倾角，(°)	倾向	主缝走向，(°)	支缝走向，（°）
沁13-10-28	北东62.1	2	东南	北东45	北东70、北东75、北西60、北西80
沁13-11-31-1	北东76.5	0	直立	北东65	北东60、北东75、北西60
沁13-11-31	北东56.6	10	东南	北东30	北东60、北东55、北西20、北西50
沁13-11-31-2	北东69.9	0	直立	北东45	北东10、北东50、北西60
沁13-11-31-3	北东80.0	0	直立	东西	北东70、北东80、东西

将微地震与测斜仪监测对裂缝方向及长度加以对比，如图5-52所示，可以看出，微地震监测结果和测斜仪监测结果裂缝方位在大方向上基本一致；仅两个井组最后压裂井沁13-10-28井和沁13-11-31-3井监测结果差异较大，两种方法解释的裂缝方位相差大于30°，分析认为是井组前几口井压裂过程中使得地应力场发生转变，裂缝形态异常复杂，已无明显主应力方向造成。

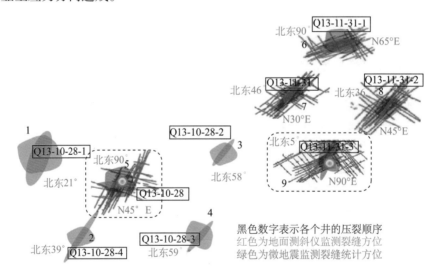

图5-52　郑庄2号大井组测斜仪与微地震联合监测成果图

由监测结果可以看出：（1）测斜仪和微地震两种压裂裂缝监测的裂缝方位在大方向上基本一致，但仍有部分差异，沁13-10-28井、沁13-11-32-2井和沁13-11-32-3井3口井地面测斜仪与地面微地震监测裂缝方位相差大于30°，说明两种监测方法在监测及解释方法上还有待完善或改进；（2）水力裂缝较长（微地震半缝长94～119m），但支撑裂缝短（测斜仪半缝长24～93m）；（3）两个井组最后压裂井监测结果差异较大，先压裂井使地应力场转向并叠加，已无明显主应力方向，裂缝形态异常复杂。

对比监测结果，对压裂设计的指导意义如下：

（1）压力波及面积大，但支撑长度较小，故需要提高支撑裂缝长度，提高裂缝控制面积和改造体积；

（2）井组中心井尽量先压裂，以免产生应力干扰叠加，裂缝难以扩展至远端，影响压后效果；

（3）井组最后压裂井的规模及压裂方式需要进行优化，尽量使后压裂井与先压裂井裂缝波及范围有所重合，从而提高排水降压效率，缩短见气时间。

参考文献

［1］闫相祯，杨秀娟，王建军，等.基于多井约束优化方法的低渗油藏应力场反演与裂缝预测技术及应用［M］.中国石油学会第一届油气田开发技术大会论文集［M］.北京：石油工业出版社，2006.

［2］Warpinski N R, Teufel L W.Influence of geologic discontinuities on hydraulic fracture propagation［J］,Journal of petroleum technology, SPE 13224,1987.

［3］Meng Chunfang, De Pater. Hydraulic Fracture Propagation in Pre-Fractured Natural Rocks［C］.SPE 140429, 2011.

［4］付海峰，崔明月，彭翼，等.基于声波监测技术的长庆砂岩裂缝扩展实验［J］.东北石油大学学报，2013, 37（2）: 96-101.

［5］郭印同，杨春和，贾长贵，等.页岩水力压裂物理模拟与裂缝表征方法研究［J］.岩石力学与工程学报，2014, 33（1）: 52-59.

［6］Diamonds W P, Oyler D C.Effects of Stimulation Treatments on Coalbeds and Surrrounding Strata Evidence From Underground Observations-RI 9083［J］.

［7］陈勉，庞飞，金衍.大尺寸真三轴水力压裂模拟与分析［J］.岩石力学与工程学报，2000, 19（S）: 868-872.

［8］Beugelsdijk L J, Pater C J, Sato K, et al.Experimental hydraulic frature propagation in amulti-fractured medium［C］.SPE59419, 2000.

［9］Casas L, Miskimins J L, Black A, et al.Laboratory hydraulic fracturing test on a rock with artificial discontinuities［R］.SPE103617, 2006.

［10］张士诚，郭天魁，周形，等.天然页岩压裂裂缝扩展机理试验［J］.石油学报，2014, 35（3）: 496-503.

［11］程远方，徐太双，吴百烈，等.煤岩水力压裂裂缝形态实验研究［J］.天然气地球科学，2013,24（1）: 134-137.

［12］Liu Yuzhang, Cui Mingyue, Ding Yunhong, et al.Experimental investigation of hydraulic fracture propagation in acoustic monitoring inside a large-scal polyaxial test［R］.IPTC 2013: International Petroleum Technology Conference, 2013.

［13］L.G.Griffin, C.A.Wright, E.J.Davis.Surface and Downhole Tilemeter Mapping: An Effective Tool for Monitoring Downhole Drill Cuttings Disposal［J］.SPE63032.

［14］L.G.Griffin, C.A.Wright, S.L.Demetrius, et al.Identification and Implications of Induced Hydraulic Fractures in Waterfloods: Case History HGEU［J］.SPE59525.

［15］Sharma, B.K., Kumar, A., and Murthy, V.M., 2010.Evaluation of seismic event-detection algorithms: Journal geological society of India, 75, 533-538.

［16］Han, L., Wong, J., and Bancroft, J., 2009.Time picking and random noise reduction on microseismic data: CREWES Research Report, 21, 7.1.13.

［17］Oye，V.，and Roth，M.，2003.Automated seismic event location for hydrocarbon reservoirs：Computers & Geosciences，29，851–863.

［18］李玉魁，刘长延，尹清奎，等.煤层压裂裂缝监测技术的现场试验［J］.中国煤层气，1998（1）：30–33.

［19］王修利，张金城，石华荣.动态法测定压裂井压裂裂缝方位技术［A］.煤层气勘探开发理论与实践［C］.2007.

［20］张金成，王小剑.煤层压裂裂缝动态法监测技术研究［J］.天然气工业，2004，24（5）：107–109.

［21］单学军，张士诚，张遂安，等.华北地区煤层气井压裂裂缝监测及其扩展规律［J］.煤田地质与勘探，2005，35（5）：25–28.

第六章　煤层气排采技术

排采是煤层气开发特有的重要环节，通常称其为煤层气开发的"临门一脚"。针对中国煤层气储层渗透率低、敏感性强、排采技术不配套等突出问题，"十二五"期间，依托国家科技重大专项《煤层气排采工艺与数值模拟技术》（2011ZX05038）和中国石油天然气股份有限公司重大科技专项《煤层气气藏开发机理和排采技术研究》（2010E-2205）、《煤层气气藏工程与排采配套技术研究》（2013E-2205JT），中国石油在"十一五"的基础上，开展了煤层气排采技术和配套工艺的深化攻关研究，并就沁水盆地南部、鄂尔多斯盆地东缘进行了系统的现场试验，在煤层气排采理论、控制方法和煤层气井防煤粉、防偏磨、高效修井工艺等方面取得了一系列重要进展，进一步完善了煤层气排采技术，大幅提升了中国煤层气排采技术整体水平。

第一节　煤层气排采理论

煤层气特殊的成藏机制和赋存状态决定了其开发机理与常规天然气有很大差异。实践和研究成果表明，煤层气的生产过程为排水—降压—解吸—产气，排水量的大小直接影响煤储层的压降速率和煤层气井压降漏斗的形成，进而影响煤层气的解吸，最终决定煤层气的产出。煤储层渗透率决定了压降漏斗的形态和压降半径，而且随着排采过程而变化，其变化主要受应力敏感性、速度敏感性和煤粉堵塞 3 个因素控制[1, 2]。因此，搞清煤层气的排采理论对于煤层气开发至关重要。

一、排采机理

1. 煤层气产出机理

煤层气井排采的基本原理是通过排水将煤层压力降低至临界解吸压力之下，使甲烷从煤基质内表面解吸出来。解吸出来的气体在基岩和微孔隙扩散逐渐进入割理、裂缝网络中，再经过割理、裂缝流向井筒，最后从井口产出（图 6-1）。通过排出煤层水来达到降低储层压力是目前煤层气开采的最有效手段。

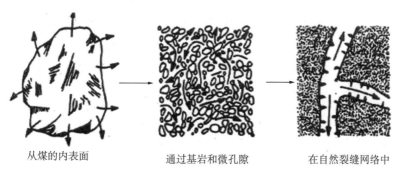

从煤的内表面　　　　通过基岩和微孔隙　　　　在自然裂缝网络中

图 6-1　煤层甲烷气解吸—扩散—渗流的迁移过程图

煤层气井中煤层气的产出情况可分为 3 个阶段：阶段 1 是井筒附近压力下降，只有水产出，单相流动；阶段 2 是储层压力进一步下降，一定数量甲烷从煤表面解吸，形成孤立气泡，阻碍水流动，水相渗透率下降，但气不能流动，属于非饱和单相流阶段；阶段 3 是压力进一步下降，更多的气体解吸出来，水中含气达到饱和，气相对渗透率大于零。随着压力下降，水饱和度降低，气相对渗透率逐渐增大，气产量逐渐增加。如图 6-2 所示。

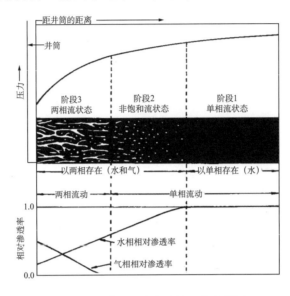

图 6-2　煤层甲烷产出的 3 个阶段图

2. 面积降压理念

煤层气规模开发通过连片部署煤层气生产井来实现。多井排采比单井排采更容易形成区域性的、整体的、大面积的压降漏斗，从而达到区块规模开发的目的。通过井组规模长期地排水，随着时间的延长，在井与井之间逐渐形成压降的连通、干扰（图 6-3）。压降传递在井与井之间连通后，煤层开始整体降压、面积解吸，利于最大程度发挥煤层产气潜力，提高总体产气量。

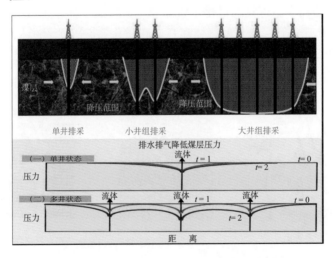

图 6-3　煤层气井组排采井间压降连通示意图

3. 煤层气与常规天然气开发的差别

煤储层和常规砂岩气储层与开发特点有许多不同（表6-1），决定了各自的储气方式、储气能力、产能和开采工艺。

表 6-1　煤层气和常规砂岩气储层与开发特点的对比

项目	常规砂岩储层	煤储层
储层岩石成分	矿物质	有机质
储层生气能力	无	有
气源	外源	本层
储层储气方式	圈闭	吸附
储气能力（相对）	较低	较高
储层孔隙结构	单孔隙结构或双重孔隙结构	双重孔隙结构
储层裂隙	发育或不发育	独特的割理系统
储层渗透性	高低不等 岩心测定渗透率 对应力不敏感 开采过程稳定 井距大	一般低于1mD 求渗透率不能单靠岩心测定 对应力很敏感 随开采时间延长有变好的趋势 强烈的不均质性 井距小
开采范围	圈闭以内	较大面积连片开采
井距（相对）	大	小
断裂	断裂可起圈闭作用	断裂可起连通作用提高渗透率
储层中的水	推进气的产出，不需先排水	阻碍气的产出，要先排水
开采深度	>1500m	300～1500m
产气量（相对）	高（约几十万立方米每天）	低（约几千立方米每天）
储层压力	产气的动力，同样的压降采出量大	储层降压才能产气，同样的压降采出量小
生产曲线	下降曲线（8～10年）	产气量先上升，达到高峰后缓慢下降，持续很长的开采期（20～30年）

二、排采影响因素

理论和实验研究表明，影响压降扩展、区域降压的关键因素主要有4个，分别是渗透率、有效应力、流体相态和煤粉运移。其中，渗透率最关键，其余因素均是通过对渗透率的直接或间接作用来影响煤储层的压降扩展。

排采过程中通过连续排出地层水，在地层中形成了以排采井为中心的压降漏斗，并不断往远处延伸，压降波及的区域不断扩大。在某个时刻 t 压力波所传播的最远径向距离叫作探测半径 r_i。根据探测半径计算公式：

$$r_i = 2\sqrt{\frac{Kt}{\mu\phi C_t}} \qquad (6-1)$$

式中　K——煤层渗透率，mD；

　　　　μ——流体黏度，mPa·s；

　　　　ϕ——煤层孔隙度；

　　　　C_t——总压缩系数，MPa^{-1}。

由公式（6-1）可知，压降半径的扩展速度与地层渗透率 K 成正比，与流体黏度 μ、地层孔隙度 ϕ、总压缩系数 C_t 成反比。流体黏度 μ、地层孔隙度 ϕ、总压缩系数 C_t 在排采过程中是不发生改变的，因此影响扩压效果的关键因素是煤层渗透率 K。

在排采时间一定的情况下，煤储层渗透率越小，压降半径越小，压降漏斗的形态越陡，扩压的范围就越小；渗透率越大，压降半径越大，漏斗形态趋于平缓，煤储层扩压范围和解吸面积越大，甲烷解吸量和煤层气井产量越高（图6-4）。

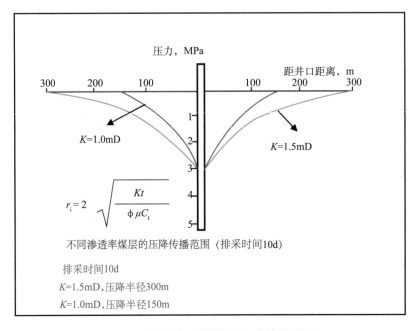

图 6-4　不同渗透率煤层的压降传播范围

排采过程中，煤储层渗透率主要受应力敏感性、速度敏感性和煤粉堵塞 3 个因素影响。

1. 应力敏感性

煤岩岩心围压测试实验表明：随着煤岩的有效应力增加，煤岩发生变形，渗透率下降（图6-5）。当围压增至 12MPa 再回至 1MPa 时，煤心渗透率下降了 55.12%～78.48%，平均为 63.91%，说明煤岩应力敏感性强，且整个过程具有不可逆性，一旦煤岩渗透性因应力敏感造成伤害，即使应力减小，渗透性也无法恢复。

对郑庄区块两口实验井进行了 10 井次的压力恢复测试，从测试结果可以看出，煤层气井在排水阶段的影响因素以应力敏感性为主，随着反复的快速降压和压力恢复，渗透率呈指数级下降（表6-2、表6-3），在解吸前两口井的渗透率降低为原来的 30%，应力损伤达到了 70%，与实验室数据较为吻合。

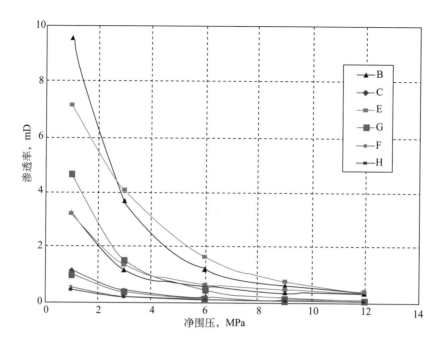

图 6-5 煤岩有效应力与渗透率关系

表 6-2 沁 13-12-7 井各测试阶段地层参数对比表

测试阶段	平均排液产量，m³/d	平均压降速率 MPa/d	关井井底压力，MPa	有效渗透率，mD
第一阶段	1.640	0.120	5.58	2.27
第二阶段	1.780	0.102	2.82	0.67
第三阶段	1.930	0.273	3.51	1.07
第四阶段	1.414	0.167	3.56	1.11
第五阶段	3.600	4.380	3.00	0.48

表 6-3 沁 13-11-25-2 井各测试阶段地层参数对比表

测试阶段	平均排液产量，m³/d	平均压降速率，MPa/d	关井井底压力，MPa	有效渗透率，mD
第一阶段	2.16	0.1079	5.53	1.450
第二阶段	2.02	0.0785	2.92	0.460
第三阶段	1.66	0.0953	3.49	0.460
第四阶段	3.63	0.7174	3.78	0.315
第五阶段	3.40	1.4815	4.85	0.501

　　室内实验和现场测试均表明，在煤层气生产过程中，若井底压力下降速度过快，井筒附近煤层容易受压敏效应影响，煤层渗透率急剧下降，导致压降漏斗扩展变慢，甚至造成渗流通道闭合，压降漏斗停止扩展，进而影响煤层气井产量。因此在排采过程中，在单相流阶段，尤其是初期的饱和水单相流阶段，应主要考虑压敏效应对煤层渗透率的伤害，需控制合理的降压速度。

2. 速度敏感性

速敏效应是指煤储层中气水流体存在一个临界流速，流体流速一旦超过临界流速，就容易引起煤粉颗粒运移并堵塞喉道，造成渗透率下降，进而影响压降漏斗继续扩展（图6-6）。

在排采中后期处于气水两相流阶段，由于流体黏度增加，地层压力从井筒向地层深处传播的速度明显慢于单相流阶段。随着持气率的上升，气液泡沫混合流体的黏度大幅增加，携固能力进一步提高。当泡沫流的流速一旦超过临界流速，容易引起携带煤粉颗粒运移，大尺寸固体颗粒堵塞喉道（图6-7），造成渗透率下降，影响压降漏斗进一步扩展。因此，在气水两相流阶段，煤层压降的扩展速度受速敏效应影响较大，需注意控制产气量突增（流速过快）对煤层的伤害，抑制携带大量煤粉产出，避免导致埋泵、卡泵[3]。

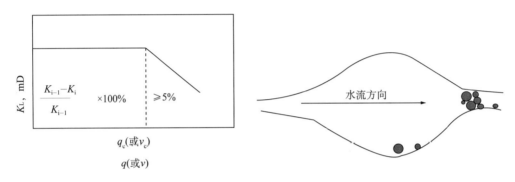

图 6-6　岩心速度敏感性评价图　　　　图 6-7　速度敏感性示意图

3. 煤粉堵塞

通过大量的煤岩力学综合测试显示（表6-4、表6-5）：煤岩弹性模量低，泊松比高，多孔松散、胶结程度较弱，内聚力和内摩擦角较低，抗剪切能力差。表明煤岩具有机械强度低、易塑性变形的特点，在压裂施工和排采过程中极易受到流体的冲蚀作用而产生煤粉[4-12]。

表6-4　煤岩泊松比和弹性模量测试结果

区块	煤层号	泊松比	弹性模量，MPa
韩城区块	3#	0.33	3350.2
	5#	0.32	3656.1
	11#	0.31	5220.4
三交区块	5#	0.26	2483.7
保德区块	8#	0.34	2812.3
	13#	0.41	1576.5
大宁—吉县区块	5#	0.32	1637.1
	8#	0.30	2865.1

表6-5　煤岩内聚力和内摩擦角测试结果

区块	煤层号	内聚力，MPa	内摩擦角，（°）
保德	8#+9#	1.24	43.86
	4#+5#	2.65	31.58

区块	煤层号	内聚力，MPa	内摩擦角，（°）
临汾	8#	1.63	38.14
	5#	0.87	45.52

通过模拟煤层气的排采过程，分析煤粉产出和运移的规律，用驱替流速和围压分别模拟煤层气排采过程中的产水强度和储层压力。实验结果表明，产出煤粉的粒径与驱替液流速有关，并且煤粉颗粒的运移存在临界启动速率。在变流量模拟实验中，当流速大于 3mL/min 时，煤粉开始运移；随着流速增加，排出的煤粉浓度增大（图 6-8）。变流速模拟实验同时也表明，随着流体流速的提高，产出煤粉的粒度分布范围扩大、粒度值增大（图 6-9）。在煤层气实际生产中，高强度的排采速度会加快流体流速，对煤储层造成较大的冲蚀伤害，产生数量更多、粒径更大的煤粉颗粒，容易对渗流通道形成一定堵塞，降低压降扩展速度，或造成卡、堵，影响排采的连续性。

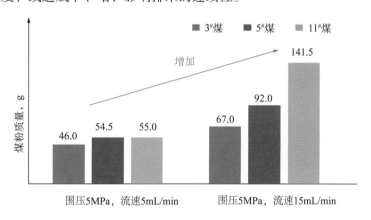

图 6-8　不同流速下产出煤粉质量的变化图

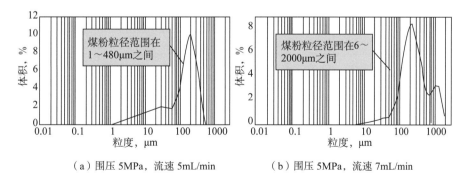

（a）围压 5MPa，流速 5mL/min　　　（b）围压 5MPa，流速 7mL/min

图 6-9　变流速模拟实验产出煤粉粒度分布曲线

通过生产动态监测查明了排采过程中煤粉产出的规律，在单相流阶段初期，煤粉产出量呈现出了一个高峰，其主要来源是钻井、压裂的残留物和煤粉；在两相流阶段，产气量不断上升，达到高产时易出煤粉，主要是因流体冲蚀导致煤体破坏所产生的煤粉。掌握煤粉的产出规律,为制订不同排采阶段的控制方法提供了指导依据。

三、煤层气井生产特点

由于中国煤层渗透率普遍较低,压降漏斗扩展速度慢,面积压降时间长,甚至难以形成。因此,中国煤层气井生产一般具有排水期长、上产慢、稳产期长、产水量变化大等特点[13-15]。如图 6-10 所示,沁水盆地煤层气井的排水期一般为 1 ～ 6 个月,鄂尔多斯盆地煤层气井的排水期一般为 5 ～ 9 个月。煤层气井产气后,开始逐步缓慢提产,为使气体缓慢解吸、产出,提产过程较慢,沁水盆地煤层气井的上产期一般为 6 ～ 24 个月,鄂尔多斯盆地煤层气井的上产期一般为 8 ～ 27 个月。有别于常规天然气井到达产气高峰后便开始快速递减的特点,由于煤层甲烷呈吸附状态,随着压降范围和解吸范围的持续扩大,煤层气井能保持相对较长时间的稳产期,沁水盆地煤层气井的上产期一般为 5 ～ 8 年,递减期 6 ～ 9 年,鄂尔多斯盆地煤层气井的上产期一般为 6 ～ 8 年,递减期 5 ～ 7 年（表 6-6 ）。根据这些特点和规律,鄂尔多斯盆地东缘和沁水盆地煤层气井排采技术不断优化完善。

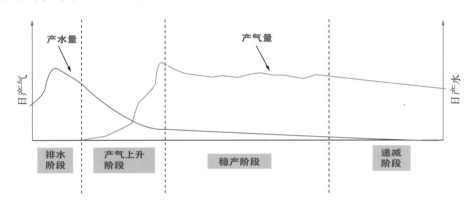

图 6-10　煤层气井排采曲线示意图

表 6-6　煤层气井不同排采阶段时间

区域	排水时间	上产时间	稳产时间	递减时间	生命周期
沁水盆地	1 ～ 6 个月	6 ～ 24 个月	5 ～ 8 年	6 ～ 9 年（预测）	16 ～ 20 年（预测）
鄂东	5 ～ 9 个月	8 ～ 27 个月	6 ～ 8 年（预测）	5 ～ 7 年（预测）	15 ～ 20 年（预测）

第二节　煤层气排采方法

国外煤层气储层渗透率高（10 ～ 300mD）,煤层气排采过程储层物性变化对产气量的影响小,排采初期井底流压降速快,产气增速快,对排采控制缺乏重视。中国煤层气大部分储层渗透率低（0.01 ～ 1mD）,且成煤后期构造破坏严重,构造煤发育,储层非均质性强,煤层气排采过程储层物性变化对产气量的影响非常大。中国煤层气开发早期,对煤层气排采规律认识不足,直接参照国外的排采模式,排采速度过快,导致产气效果不理想。"十二五"期间,在深化煤层气排采机理和影响因素基础上,创新形成了中国不同煤阶煤层气排采控制方法，并在鄂尔多斯盆地东缘和沁水盆地进行了现场试验和大规模推广应用，取得了良好效果。

一、中低阶煤煤层气排采控制方法

中国石油煤层气公司在鄂尔多斯盆地东缘对中低阶煤煤层气进行了大规模开发，根据该地区中低阶煤煤储层地质特点和煤层气井的产气规律，以科学提高煤层气井产量和煤层气田采收率为目标，探索形成了适合中低阶煤煤层气开发的"六段双压"排采控制方法。

1. 排采控制原则

影响压降半径长短最关键的因素是煤储层渗透率，渗透率越大，压降范围扩展越远，单井控制面积内的煤岩解吸气量就越大。因此，排采过程中如何最大程度维持或改善储层渗透率是排采控制的第一要点。基于煤层气压降扩展机理及其主控因素，为减轻应力敏感效应、速度敏感效应和煤粉堵塞等因素对渗透率的不利影响，促进压降漏斗缓慢向远处扩展、气量稳步增加、流体连续渗流至井筒、排采长期进行，最大限度释放煤储层产气潜力，煤层气排采控制必须坚持"缓慢、稳定、连续、长期"4项基本原则，也就是"缓慢降压、稳定提产、连续举升、长期抽排"。

1）缓慢降压

"缓慢降压"主要指针对煤层应力敏感性强、抗剪切能力差的特点，通过控制合理的产水量，保持井底流压缓慢下降，最大程度降低应力敏感效应对渗透率的伤害作用，减少煤岩因剪切破坏产生的煤粉。

在煤层气排采初期的饱和水单相流阶段，要摸清地层合理供液能力，严格控制合理的日产水量以控制井筒动液面下降速度，缓慢降低井底压力，要尽量避免近井地带因井底压力下降幅度过大而发生应力敏感效应和煤岩剪切破坏，从而造成渗透率下降或煤粉堵塞，进而影响压降扩展速度和后续产气效果。

2）稳定提产

"稳定提产"主要是指针对煤层机械强度低、压裂后煤层中易产生煤粉（泥）的特点，在煤层气解吸产出后的排采过程中，通过控制套压和水量，防止产气量突增，避免速敏效应引起大颗粒煤粉堵塞狭窄喉道降低煤层渗透率，对储层造成煤粉堵塞渗流通道、渗透率降低的伤害。

煤层气井产气后，煤储层中存在气、水、固三相流，流体流速一旦超过固体颗粒的临界流速，固体颗粒便会被携带向井筒方向运移。固体颗粒在运移的过程中，如果流速突然减小或者颗粒尺寸较大，固体颗粒的运移速度就会逐渐变慢直至沉降或堵塞在窄小的吼道，导致渗透率显著降低，减慢压降扩展速度，影响解吸面积和后续产气效果。通过合理控制套压和水量"稳定提产"，防止产气量增速过大，有效避免速敏效应造成伤害，达到高产稳产的目的。

3）连续举升

"连续举升"主要是指针对低渗透煤储层造成的物性伤害具有不可逆性的特点，保持连续举升排采过程，避免在近井地带因排采的突然中断产生气（水）锁、煤粉沉降等问题出现，减轻储层渗透率下降程度，使压降波及范围和解吸面积持续向远端扩大，确保煤层气稳定解吸产出。

4）长期抽排

"长期抽排"主要通过长期排水，实现整体降压、面积解吸、连通渗流，使煤层气充分解吸产出，最大程度提高单井产量和煤层气田采收率。

2.六段双压控制方法

根据煤层气井排采过程中不同阶段井底流压和套压与产水量、产气量的变化特征，将煤层气井划分为见套压前阶段、憋套压阶段、初始产气阶段、产气上升阶段、稳定产气阶段和产气递减阶段6个阶段（图6-11）。每个阶段对井底流压和套压等关键排采参数，采用不同工作制度及相关控制指标进行管控。

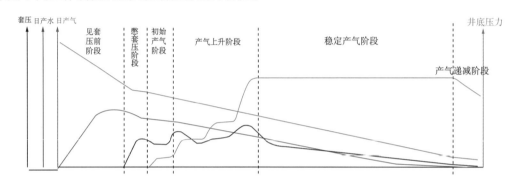

图6-11　排采阶段划分示意图

1）见套压前阶段

此阶段为煤层水采出单相流阶段，对煤层渗透率的伤害主要来源于生产压差不断放大（应力敏感性）。核心控制目标有两个，一是减少压敏效应对煤层的伤害，维持或改善渗透率；二是使压降漏斗形态更平缓，扩大压降面积。控制重点是在不伤害煤层渗透率的条件下，尽可能多排水，使压降范围逐步向远端扩展。

在见套压前阶段的控制方法是：首先在起抽前，测量静液面深度，掌握煤储层原始地层压力情况；起抽后，以最低制度起抽，稳定液面排采一段时间后，根据煤层供水能力，以保护煤层渗透率和避免煤粉堵塞为原则，合理控制动液面（井底流压）下降速度，使煤层水尽量多地产出。当井底流压达到煤层气临界解吸压力，井口见套压后此阶段结束。

2）憋套压阶段

见套压后，煤层气开始解吸。此阶段核心目标有两个，一是控制产气突增对煤层的伤害，抑制大量煤粉产出；二是使压降漏斗形态更平缓，扩大压降面积。控制套压生产可以主动抑制产气量过快上涨，对煤储层起到保护作用。因此，在见套压前需关闭针阀，见套压后憋套压排采一段时间，以控制煤层气的过快解吸。

3）初始产气阶段

煤层气井产气后，煤层中形成气—液泡沫流，流体黏度增大，携固能力也随之提高。为保证有效扩压，此阶段应保持井底压力稳定，控制产气量在较低值稳产扩压一段时间，使压降范围扩展，解吸范围增大。所以此阶段的核心控制目标是抑制气液泡沫流速过快，避免煤粉运移堵塞喉道。

4）产气上升阶段

此阶段的特点是产气量逐步上升，产水量明显减少。核心控制目标有两个，一是减少速敏效应对煤层的伤害，减少煤粉堵塞，维持煤层渗透率；二是减少压裂砂返吐，预防出砂修井。当套压和产气量不再明显上升时，进入稳定产气阶段。

5）稳定产气阶段

此阶段的特点是产气量和套压基本稳定，产水量很少。若排采井产液量过低，可更换小排量排采设备，若抽油机已达最小冲次，则实施间抽。

6）产气递减阶段

排采后期，井底流压很低，井口套压逐渐降低，产气量自然下降，进入产气递减阶段。煤层气井基本不产水或产水量极低，可采取停抽或间抽方式继续排采。

二、中高阶煤煤层气排采控制方法

"十一五"以来，华北油田在沁水盆地南部对该地区高阶煤煤层气开展了大规模开发工作。根据煤层气井产气规律，提出"缓慢、连续、长期"排采控制原则，形成高阶煤层气"五段三压法"排采控制技术、"三段三点式"控制法和"两段两点式"控制法。

1. 五段三压法

"五段三压法"排采控制技术（图 6-12）的核心是对井底流压和煤粉的管控。单井的排采划分为 4 个阶段，即排水阶段、憋压控压阶段、稳产阶段、衰竭阶段，对不同的阶段采取不同的排采管理手段。

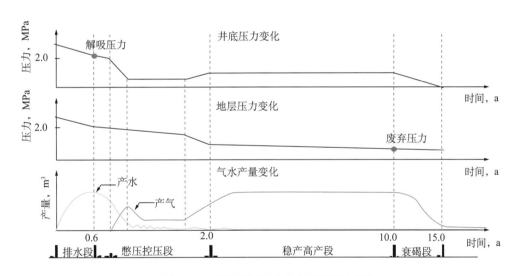

图 6-12　高阶煤层气井单井开发理论曲线

1）排水阶段

主要排出煤层中压裂后裂缝网络中的压裂液和煤层水的混合液。生产井周围地层天然裂缝发育程度不同，压裂液漏失量不同，因此降压到煤层解吸时累计排出水量不同。排水段中，所有生产井累产水量与井底流压之间都存在线性关系。此阶段地层表现为有效应力造成地层微裂隙压缩负效应为主。

2）控压排采阶段

在排水降压过程中，生产井压裂优势裂缝带渗透率高，压降传导速率快，煤层解吸快，生产表现为井筒套压上升。此时解吸面积小，但裂缝带暴露面积大，煤岩解吸速度快。套压值为裂缝带解吸气量的表征，与井筒液柱高度共同组成井底压力值。虽然采取憋压和控压方式排采，但由于地层中仍然存在气泡和气条，占据了部分通道（地层气锁），造成地层产水能力降低。因此，延长排水段时间及增大其累产水量非常有必要。随排采时间的延长，地层中各点压力逐渐下降，但由于块状煤解吸速度慢，此阶段气量的产出主要靠解吸面积的扩大，生产表现为套压稳定、气量稳定，或套压低、气量很低。此阶段地层表现为有效应力与煤基质收缩正负效应共同作用。

3）稳产高产阶段

随时间的延长，解吸面积扩大到压裂改造裂缝能沟通的最大网络后，地层产水能力丧失，生产表现为日产水量很小或不产水。地层中煤基质收缩正效应起主导作用，使得煤层中微裂隙增宽，裂隙网络扩张，煤层渗透率改善。同时加大了煤基质暴露面积，使得解吸速度加快，解吸气量在大浓度差压力下扩散速度加快，提高了气体分子与扩散、渗流通道壁的碰撞概率和碰撞次数，使得甲烷分子反射式前进，相对增大了渗流能力。

4）衰竭阶段

生产井井控范围内的地层压力下降至枯竭压力，压降面积内煤层大部分解吸完毕，产气量自然下降。距离生产裂缝网络远的煤层仍存在一定的解吸能力，生产井将保持低产量较长时间。

2. 三段三点式控制法和两段两点式控制法

随着煤层气开发实践的进行和煤层气井排采管控理论认识逐渐深入，排采技术逐渐走向定量化，形成"三段三点式控制法"和"两段两点式控制法"。

综合考虑高阶煤层气井的控产地质参数、参数控制下的动态渗透率变化规律、储层的各项敏感性、气井的完井方式，制订高阶煤层气井的排采管控方式及参数，与以前的排采管控办法有本质的区别，这里称为高阶煤层气的储层疏排采气技术，该技术的核心是动态渗透率的管控。

根据完井方式分为两种具体的管控办法。

（1）直井、L形水平井、多分支水平井由于改造范围有限，已改造区域与原始区域产气无法自然衔接，需要在产气后改善储层动态渗透率方能达到较高产量，采用三段三点方式进行排采管控（图6-13和表6-7）。

放气点：套压达到解吸压力的50%开始放气，避免液面过低泵筒气锁，造成排采间断。

排活点：经过较长的排活阶段，单位压降增气量提高到排活阶段的3～4倍后，活化完成。

稳产点：井底流压降至系统压力附近时稳定生产。

（2）水平井分段压裂改造范围大，可以突破改造区域与原始区域产气自然衔接问题，排采后不需要长时间产气，等待渗透率改善即可达到较高产量，采用两段两点办法进行管控（图6-14和表6-8）。

放气点：套压达到解吸压力的50%开始放气，避免液面过低泵筒气锁，造成排采间断。

稳产点：井底流压降至系统压力附近时稳定生产。

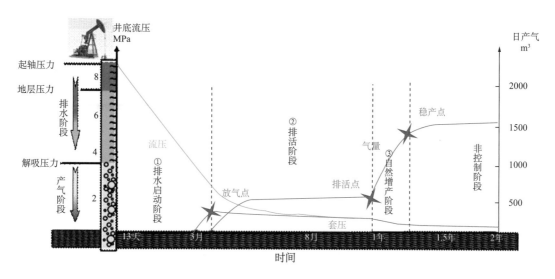

图 6-13　直井、L 形水平井、多分支水平井三段三点式排采管控办法示意图

表 6-7　直井、L 形水平井、多分支水平井三段三点式排采管控办法各阶段原则

阶段	①排水启动阶段	②排活阶段	③自然增产阶段
作用描述	扩大压降面积，启动排活产气阶段	改善煤层渗透率，改善供气通道	协调气水两相流影响，释放自然产能
控制原则	稳降流压	维持较低产量，稳定流压生产	阶梯式稳增放气

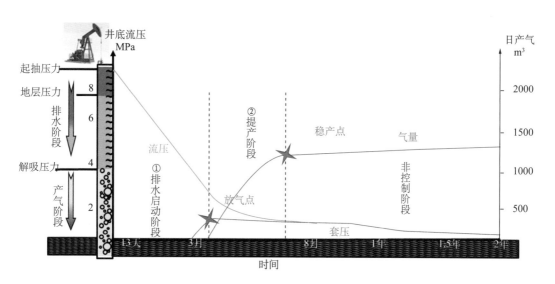

图 6-14　水平井分段压裂两段两点式排采管控办法示意图

表 6-8　水平井分段压裂两段两点式排采管控办法各阶段原则

阶段	①排水启动阶段	②提产阶段
作用描述	扩大压降面积，启动产气阶段	协调气水两相流影响，释放自然产能
控制原则	稳降流压	阶梯式稳增放气

第三节 煤层气排采配套技术

"十二五"期间，针对中国煤储层渗透率低，敏感性强，构造煤发育，且以丛式井开发为主，导致煤层气排采过程中出煤粉频繁、杆管偏磨严重，修井和复产周期长，排采连续性差等问题，研发形成了煤层气井防煤粉、防偏磨、高效修井和负压排采等配套工艺，在鄂尔多斯盆地东缘和沁水盆地进行了现场试验和大规模推广应用。

一、煤层气防煤粉技术

出煤粉是影响煤层气井连续排采的重要问题之一。在排采过程中，当井筒流体的流速较低，不足以将煤粉携带至地面时，部分煤粉颗粒将在井筒中沉积，易引起卡泵或埋泵，造成修井作业，影响排采的连续性。并且在修井的过程中，悬浮的煤粉也容易因流速的突变而沉积在煤层中，造成煤粉堵塞孔喉通道，伤害储层的渗透率，因此出煤粉导致排采不连续是影响煤层气井产气效果的重要因素。分析煤粉产出影响因素和对策可以从根源上减少煤粉产出量。对于产水量较低、出煤粉严重的井有针对性地采取洗井工艺、洗泵工艺，以及更换防煤粉特种泵措施，可以有效降低因出煤粉导致的修井作业，提高煤层气井排采的连续性。

1. 洗井工艺

在实际排采过程中，煤层气井产水量是变化的。见气前煤层气井产水量一般逐步增大，此时产水量较高，流体流速较快，可以较好地保证杆管环空中煤粉有效排出。当压力降到解吸压力以下开始解吸产气时，随着地层中气相相对渗透率的增加，产水量逐渐减少，流体流速降低而携带煤粉能力减弱，进入井筒中的煤粉难以被排出，逐渐沉积易引起卡泵，如图6-15所示。

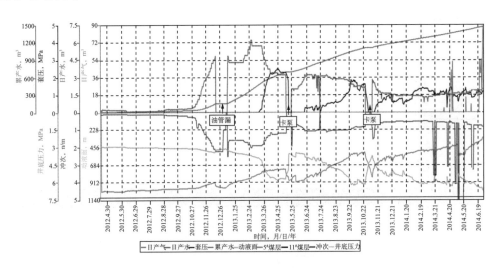

图6-15 韩105井排采曲线

通过长期现场试验，形成了具有煤层气特色的洗井工艺技术，包括井间洗井和柱塞泵洗井。其工艺原理为通过邻井或柱塞泵向油套环空内注水，稳定井底压力的同时，提高排液量，通过大排量外排将泵筒、杆管环空内沉积的煤粉举升至地面，从而降低杆管环空内的煤粉浓度，防止卡泵的发生，延长检泵周期。

井间洗井是利用同一井台中水量较大、水质较好井的产出水注入到水量较小或产煤粉较多的井，被注水井通过高冲次排水将煤粉携带出地面。此方式成本低，易于操作，适用于无套压或低套压井。具体工作原理如图 6-16 所示。

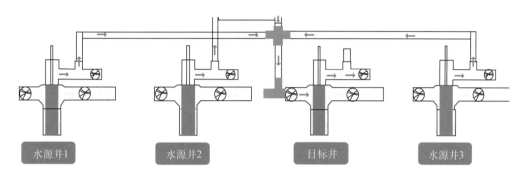

图 6-16　井间洗井工艺工作原理图

在井筒存在较高套压时，井间注水管线无法向高套压井注水，此时可采用地面柱塞泵注水进行洗井。柱塞泵注水洗井工作原理是通过变频器调节补水泵上电机转速，将洗井所用液体增压后，经高压过滤器过滤，再注入油套环空，同时观察流量计示数精确控制注水量。保证煤层气井高冲次将污水排至沉降池，污液经沉降后，作为洗井用液循环利用。具体工作流程如图 6-17 所示。

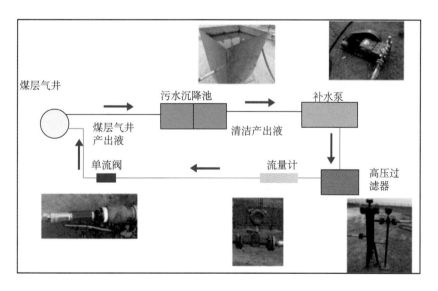

图 6-17　柱塞泵洗井工艺流程图

对柱塞泵洗井试验井韩 107 井进行分析，计量泵洗井前示功图［图 6-18（a）］显示该井上冲程载荷波动明显且呈锯齿状，表明软卡严重。洗井后示功图［图 6-18（b）］显示上冲程锯齿消失，说明软卡消失，证明洗井有效地排出了柱塞及泵筒内的煤粉，降低了上行阻力和下行阻力。

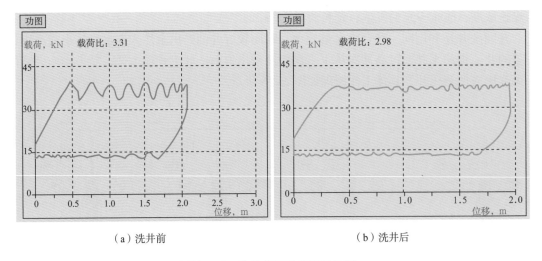

（a）洗井前　　　　　　　　　　　　　（b）洗井后

图6-18　洗井前后示功图对比图

通过对韩城研究区总体应用效果进行统计分析（图6-19），得出洗井工艺试验并推广后，卡泵井次呈明显的下降趋势。在应用柱塞泵注水洗井工艺之前（2013年6月前），卡泵修井平均为18.9井次/月，使用之后卡泵修井平均为9.3井次/月，较应用前减少了9.6井次/月，对减少卡泵取得了较为明显的效果。

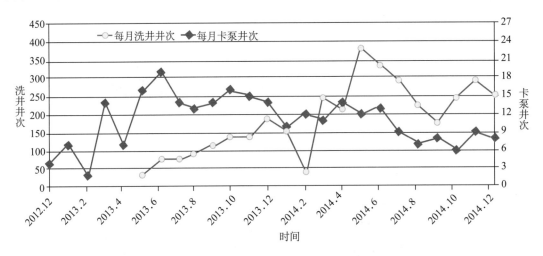

图6-19　卡泵井次与洗井井次关系图

2. 自洁式抽油泵

在煤层气排采中，因排采水中含有大量煤粉，普通抽油泵在排水过程中，煤粉易沉积在固定阀周围，并黏附在阀球、阀座上，工作达到一定时间后固定阀失效，不得不停抽检泵。停抽后，固定阀被煤粉掩埋更加严重，导致抽油机无法启动，如图6-20所示。

针对韩城区块存在的以上问题对普通抽油泵进行改进，使其能够对沉积在固定阀周围的煤粉进行冲洗，延长抽油泵在煤层气井下的使用周期，以自洁式抽油泵为例开展研究。

静止的液体受到水流的冲击时，其内部的沉积物就会获得能量而运动，并悬浮在液体中，随水流一起运动。自洁式抽油泵就是利用液流速度对沉积在固定阀周围的煤粉（固体物质）等进行冲刷，使其悬浮在液体中，通过抽油泵的吸液、排液过程将煤粉排出抽油泵，实现自洁的功能，防止固定阀因煤粉黏附、掩埋失效，达到煤层气排采的连续及稳定。

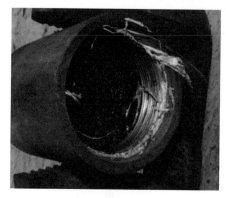

（a）泥沙黏附　　　　　　　　　　　　　（b）煤粉掩埋

图 6-20　被煤粉、泥沙粘附和掩埋的阀

　　自洁式抽油泵主要由泵筒总成、柱塞总成、泵筒加长管、导流筒、出液阀和进液阀总成 6 部分组成，如图 6-21 所示。泵筒总成、泵筒加长管、导流筒和进液阀总成随排采管柱一起下到井筒中的设计深度，柱塞总成和出液阀总成随抽油杆下入排采管柱中。

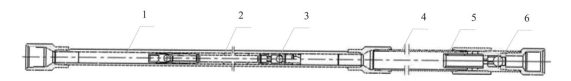

图 6-21　自洁式抽油泵的结构示意图

1—泵筒总成；2—柱塞总成；3—出液阀总成；4—泵筒加长管；5—导流筒；6—进液阀总成

　　设计考虑在不影响煤粉等颗粒通过性的情况下，缩短导流筒长度，减小过流面积使其与阀座过流面积比约为 1.6，使液流能够更充分地对沉积的煤粉进行冲刷。

　　自洁式抽油泵工作原理如图 6-22、图 6-23 所示。上冲程时，柱塞上行，柱塞下腔体积变大，下腔压力变小。在压差作用下固定阀开启进油，上、下游动阀关闭排油。油液从固定阀进入泵筒，使泵筒充满油液，直至上冲程结束。在此过程中，流体通过固定阀导流装置对沉积在泵筒底部的泥沙、煤粉等颗粒进行冲刷，使泥沙、煤粉等颗粒随流体排出泵筒。下冲程时，柱塞下行，柱塞下腔体积变小，下腔压力变大。在压差作用下固定阀关闭，上、下游动阀打开，流体通过游动阀进入泵筒上部的油管，直至下冲程结束，完成一个抽汲过程。

　　通过以上结构设计和工作过程，自洁式抽油泵可实现的功能有：在抽汲过程中，固定阀导流装置对从固定阀总成进入泵筒的液体流向进行引导，使流体对沉积在抽油泵底部的泥沙、煤粉等颗粒进行冲刷清洗，并通过流体将固体颗粒排出泵筒，起到自洁功效。在泵筒下部增加了泵筒加长管，其内径略大于泵筒内径，柱塞在运动到下死点时能越出泵筒一定长度，这样可以把泵筒内的积砂带出泵筒，起到保护泵筒工作面的作用，防止发生砂卡现象。柱塞具有刮砂槽，可以将进入柱塞和泵筒间隙的砂粒刮进刮砂槽，在柱塞上、下运动过程中带出泵筒，降低泵筒磨损，延长泵筒的使用寿命。

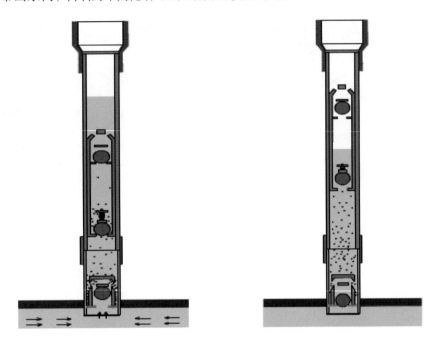

图 6-22　上冲程示意图　　　　　　　图 6-23　下冲程示意图

韩城研究区在 2012 年 9 月份依次将韩 30 井、韩 408 井、韩 405 井作为试验井，试用自洁泵。三口试验井使用自洁泵的效果良好。自洁泵能够对抽油泵底部的泥砂、煤粉进行冲洗自洁、防砂卡、耐磨及防腐、密封可靠，减少了因卡泵、泵漏等造成的修井作业，能够保证煤层气井连续排采。以韩 30 井为例（图 6-24），自 2012 年 9 月下泵投产，投产至今未发生任何井下故障，防煤粉效果显著。

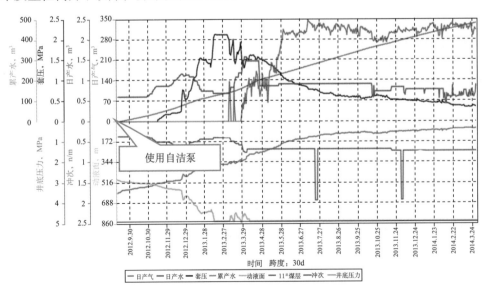

图 6-24　韩 30 井排采曲线

3. 空心抽油杆洗泵工艺

对于产气井或有套压井，当受到煤粉影响导致泵效变低、软卡甚至卡泵无法正常生产时，由于产气量和套压在停机后自然下降缓慢，无法及时动管柱进行检泵作业，导致产气量长期无法恢复；另一方面检泵作业占井工期较长，作业成本较高，且压井、冲洗井作业会造成储层伤害，影响煤层气井产能。因此，为解决煤粉原因引起检泵作业的问题，研究了空心抽油杆洗泵工艺，下入空心抽油杆对泵筒内固定阀和油管进行清洗，可以解除煤粉、煤垢的影响。

空心抽油杆洗泵的工艺流程是将待检泵井的抽油杆柱和柱塞提出井口，不动油管柱，再下入空心抽油杆将井口密封，由泵车经高压软管向空心抽油杆内注入高压、高速液流，冲洗泵筒内固定阀和油管内壁，将煤粉携带出地面。洗井作业开始时，地面设备先采用低压供液，检查各连接是否可靠。待管线出口有洗井液返出后，缓慢增压进行洗井作业，管串在泵内 3m 冲程范围内上下活动，来回冲洗，当返液清澈后悬停于固定阀上 0.3m 处冲洗，冲洗后对井内管柱进行憋压测试。若憋压 15min，压降小于 0.3MPa，说明该井固定阀及油管密封严实，即为合格。洗井作业完成后，取出空心抽油杆，下入抽油杆将柱塞总成下放到井底，关闭光杆上端的阀门，上提防冲距，恢复抽油机开抽。

韩城区块自 2012 年开始使用空心抽油杆洗泵工艺，截至目前共计 101 井次，总体效果良好。以韩 308 井为例（图 6-25），该井自 2011 年投产后因卡泵原因修井共计 4 次，从 2012 年 4 月 1 日试验空心抽油杆洗泵后，迄今为止运行正常，未再发生卡泵事故。

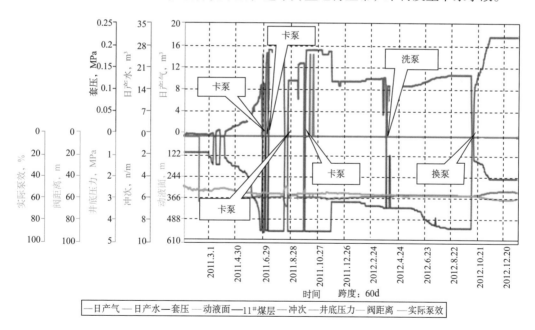

图 6-25　韩 308 井排采曲线

二、煤层气防偏磨技术

煤层气多采用以丛式井平台为主的低成本开发模式。鄂尔多斯东缘气田定向井的比例高达 73%，偏磨问题普遍存在，严重影响了排采的连续性。与常规油气生产相比，煤层气井生产原理是排水采气，由于地层水润滑性小，易腐蚀管、杆柱，加剧管、杆的磨损。

管、杆偏磨成为影响煤层气井排采连续的主要原因之一，主要表现为油管磨漏、腐蚀漏和抽油杆断、脱。以往研究内容围绕煤层气排采设备选型与优化进行研究，对延长检泵周期起到了一定的效果，但是偏磨严重的问题尚未得到有效解决。本部分从导致丛式井管杆偏磨的主要因素入手进行系统分析，结合煤层气排水产气的特点，试验并评价常规油气田各种防偏磨技术及相关设备对煤层气井的适用性，达到综合治理偏磨的目的。

1. 优化管柱设计结构

下冲程时，为了避免下部抽油杆柱受轴向阻力作用发生失稳弯曲，需要使用加重杆抵消轴向阻力，从而减轻杆管磨损，延长抽油杆使用寿命和检泵周期。

抽油杆所受轴向阻力 $P_{轴}$ 包括柱塞与衬套间的半干摩擦力 P_f、井内液体通过游动阀所产生的阀孔阻力 $f_{阀}$ 以及液体对杆柱产生的上顶力 $F_{上顶}$。

$$P_{轴}=P_f+f_{阀}+F_{上顶} \tag{6-2}$$

$$L_b = \frac{P_{轴}}{(1-0.128\rho_L)q_b} \tag{6-3}$$

式中 L_b——加重杆长度，m；

ρ_L——液体密度，kg/m^3；

q_b——加重杆单位长度重力，N/m。

针对杆柱断脱发生在相对集中的位置，采用二级杆柱设计，并且在杆柱组合下部使用加重杆，改善杆柱整体受力情况，增加最小悬点载荷，保障杆柱下行顺畅，既有效增加上部杆柱抗拉强度，又减轻底部杆柱屈曲失稳。

杆柱组合设计自下而上为 ϕ38mm 加重杆 +ϕ19mm 抽油杆 +ϕ22mm 抽油杆。根据井身结构参数、生产动态参数及设计要求，在实践中基本形成指导经验，即 ϕ22mm 抽油杆一般加 10～30 根，加重杆一般加 2～3 根。

韩城区块使用加重杆设计的 8 口井中，使用时间最长为 427 天。通过对比加重杆使用前后修井周期，使用前的平均修井周期为 210 天，使用后的平均修井周期为 378 天（表 6-9）。

表 6-9　加重杆统计表

井号	使用数量，根	使用时间	使用前修井周期，d	使用后修井周期，d
韩 23	5	2012.12	273	427
宜 46 向 2	4	2012.8	164	398
宜 56 向 2	3	2012.7	193	364
韩 74	5	2012.10	215	344
韩 83 向 2	5	2012.8	207	411
韩 4 向 6	5	2012.6	240	355
韩 46 向 1	4	2012.9	211	324
宜 20 向 1	4	2012.11	179	403

韩 23 井 2012 年 12 月油管漏修井，修井周期为 273 天，漏点在泵上第 3 根油管处，同时泵上第 1 ~ 8 根油管偏磨严重。分析后认为，韩 23 井为失稳弯曲偏磨漏，该井生产冲次较高，抽油杆下冲程所受轴向阻力大，导致泵上第 1 ~ 8 根油管失稳弯曲偏磨严重。在泵上使用 5 根加重杆后，已经连续排采 427 天，有效延长修井周期 154 天，改善效果显著（图 6-26）。

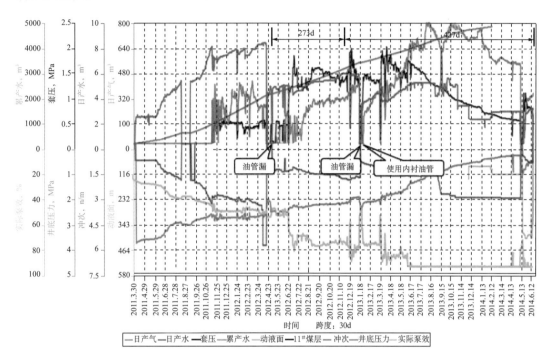

图 6-26　韩 23 井排采曲线

2. 扶正器优化设计

解决偏磨最常规的方法就是使用抽油杆扶正器来避免油管和抽油杆直接接触。这种方法解决偏磨的关键在于合理设计扶正器位置和选择扶正器类型。

1）扶正器间距优化

由失稳弯曲的临界条件得到，可通过合理设计扶正器间距来缩短变形杆柱长度，从而使临界载荷大于轴向阻力，避免杆柱失稳的情况发生，从而减缓偏磨。

从最底端算起，第一个扶正器位置为

$$F_1 = P_{Lj} = \frac{\pi^2 \cdot E \cdot I}{L_1^2} \qquad\qquad l_1 = \sqrt{\frac{\pi^2 \cdot E \cdot I}{F_f + F_v + F_0}}$$

$$F_i = F_{i-1} - (F_{gi-1} \cdot \cos\alpha - F_{fi-1} \cdot \cos\alpha) \qquad\qquad （6-4）$$

第 i 段抽油杆底端受力：

当轴向阻力小于临界载荷时，抽油杆不会失稳弯曲，即 $F_i \leqslant P_{Lj}$，可得

$$l_i = \sqrt{\frac{\pi^2 \cdot E \cdot I}{F_i}}$$

$$（6-5）$$

式中　E——弹性模量，GPa；

　　　　F_o——浮力，N；

　　　　I——惯性矩，m⁴；

　　　　F_g——杆柱重力，N；

　　　　F_f——摩擦力，N；

　　　　F_v——阀孔阻力，N；

　　　　L——杆柱长度。

如此迭代计算下去，直到 $F_i \leqslant 0$，得到不发生弯曲的各段抽油杆的长度，此长度即为放置扶正器的合理间距。

该计算方法已在韩城地区推广使用，现场应用已达 200 余井次，均取得了较好效果。以 H65 井为例（图 6-27），该井之前磨漏周期仅为 120 天，合理设计扶正器位置后，达到 269 天仍未检泵，防偏磨效果显著，延长检泵周期至 1.9 倍以上。

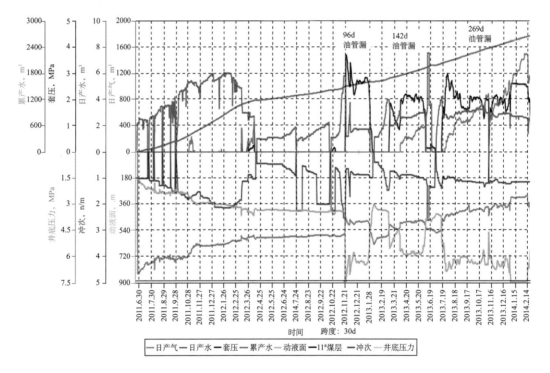

图 6-27　H65 井排采曲线

2）扶正器类型

常用的扶正器类型有杆间扶正器、卡箍式扶正器、铸塑抽油杆等。根据煤层气井特点，试验并推广应用了滑套扶正器，有效减缓了杆管偏磨，延长了修井周期。

滑套扶正器的原理是滑套扶正器随时有工作面与油管接触，保证杆柱在油管内可以任意角度转动，同时使杆管之间的线接触摩擦转变为面接触摩擦（图 6-28）。滑套的外壁喷有焊镍基粉末合金层，在杆管摩擦过程中，接触面之间会形成润滑膜，减少了摩擦力，降低了杆管之间的磨损，使用寿命较长。

图 6-28　滑套扶正器实物图

滑套扶正器连接在抽油杆接箍位置，只有通过抽油杆短节调整长度，才能在适当的扶正器间距使用。对于泵上位置，通过 4m 短节加滑套的方式避免杆管偏磨。

韩城区块在 6 口井上试验滑套扶正器，使用时间最长为 415 天。对比分析后发现，滑套扶正器使用前的平均修井周期为 190 天，使用后平均修井周期延长至 391 天（表 6-10）。

表 6-10　滑套扶正器统计表

井号	使用数量，个	使用时间	使用前修井周期，d	使用后修井周期，d
韩 46	11	2012.12	162	415
韩 60	8	2012.10	210	388
韩 84 向 2	12	2012.11	221	401
韩 32	6	2012.10	173	375
宜 45	14	2012.9	151	398
韩 48 向 1	19	2012.11	224	366

H46 井在使用滑套扶正器前两次因油管漏修井，修井周期为 162 天，漏点在泵上第13、第 17 根油管处，同时泵上第 10～20 根油管偏磨严重。分析 H46 井为几何偏磨漏，该井井斜角较大，受井身轨迹影响，泵上第 10～20 根油管偏磨严重。在偏磨严重段使用11 个滑套扶正器后，连续排采 415d，检泵周期延长了 1.5 倍以上，使用效果显著（图 6-29）。

对于普通油管井，根据井眼轨迹及杆柱受力情况分别采用单扶或双扶设计。对于内衬油管井，因 ϕ22mm 抽油杆接箍尺寸与扶正器尺寸相近，因此将 ϕ22mm 抽油杆的单扶设计位置进行改变，即从外螺纹位置移至杆体中部，ϕ19mm 抽油杆的单扶或双扶设计与普通油管井设计相同（图 6-30）。

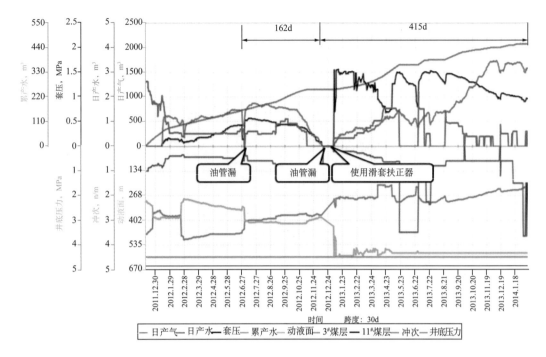

图 6-29 H46 井排采曲线

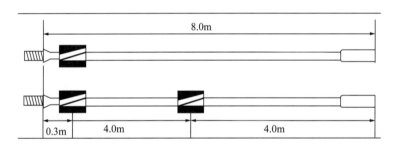

图 6-30 不同类型油管的扶正器位置设计示意图

3. 防腐耐磨油管

依靠扶正器减少偏磨容易增加杆柱和系统的复杂性，增加故障的发生率，且抽油杆与油管的偏磨是一个非常复杂的力学、化学现象，涉及力学、材料学、化学等多方面的知识，因此，仅依靠扶正器来解决偏磨问题远远不够。

内衬防腐耐磨油管是将防腐耐磨材料衬在油管内壁上制成同时具有防腐和耐磨性能的特种油管。衬里材料为碳纳米管和超高分子聚乙烯复合而成，其抗滑动摩擦磨损性是油管本体材料的 5～8 倍、尼龙材料的 5 倍以上，滑动摩擦系数是钢的 1/3，并且耐多种化学介质，包括强碱和强酸的腐蚀。内衬防腐耐磨油管能有效避免杆管直接接触磨损，可在任意井段安装，避免偏磨发生（图 6-31 和图 6-32）。

韩城区块使用内衬防腐耐磨油管的井中，使用时间最长为 453 天，使用前的平均修井周期为 204 天，使用后的平均修井周期为 395 天（表 6-11）。

图 6-31 未使用内衬油管井的抽油杆

图 6-32 使用内衬油管井的抽油杆

表 6-11 内衬防腐耐磨油管统计表

井号	使用数量，根	使用时间	使用前修井周期，d	使用后修井周期，d
韩 42 向 2	60	2012.11	204	453
韩 38	20	2012.10	164	432
宜 53 向 1	25	2012.7	203	365
宜 55	30	2012.11	151	379
韩 12 向 3	45	2012.8	184	368
韩 14	32	2012.9	236	443
宜 45 向 2	24	2012.11	176	376
韩 13	32	2012.10	248	364
韩 28	42	2012.9	192	432
宜 44 向 2	51	2012.7	167	390
韩 18 向 1	22	2012.9	253	403
韩 42	17	2012.10	245	356
韩 18 向 4	32	2012.11	226	379
宜 43	20	2012.8	267	376
韩 92	15	2012.9	232	398
韩 75	26	2012.12	211	402
宜 15 向 1	34	2012.10	170	411
宜 52 向 3	28	2012.11	177	384
宜 19 向 3	26	2012.9	183	363
韩 48 向 2	37	2012.10	196	421

H42X2 井 2012 年 11 月由于油管漏修井，修井周期 204 天，修井时发现泵上第 1～60 根油管偏磨严重。在偏磨严重井段使用 60 根内衬防腐耐磨油管，连续排采 453 天，检泵周期延长 1.2 倍以上，应用效果显著（图 6-33）。

H14 井 2012 年 9 月由于油管腐蚀漏修井，修井周期 236 天，修井时发现泵上第 2 根油管腐蚀穿孔漏，以及泵上第 1～32 根油管腐蚀、偏磨严重。在腐蚀偏磨严重井段使用 32 根内衬油管，2013 年 12 月泵漏失修井，修井周期 443 天，检泵周期延长 207 天，效果显著（图 6-34）。

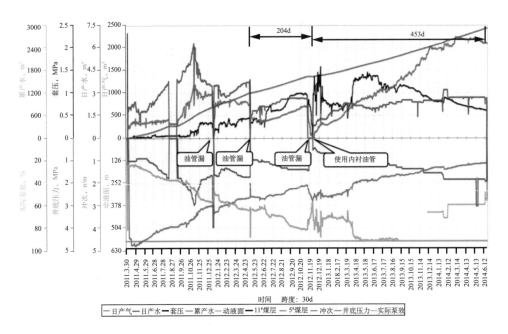

图 6-33　H42X2 井排采曲线

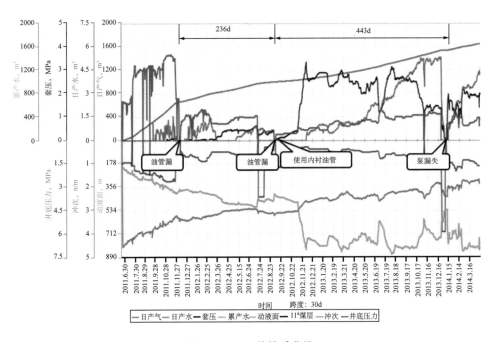

图 6-34　H14 井排采曲线

　　韩城区块的应用情况说明，内衬油管在保护油管不受磨损的同时，能减缓抽油杆的偏磨，极大程度延长了油管的使用时间，同时防腐效果明显，大大减少了因油管磨漏、腐蚀漏等造成的修井作业，保证了煤层气井的连续性排采。自 2013 年 1 月起，内衬油管在韩城区块 270 口井中应用，检泵周期平均延长 236 天，其中 H3-3-075 井延长 600 天。目前，内衬油管在保德、韩城等区块已广泛开始使用。

4.偏磨综合防治模型

对井型、偏磨位置、偏磨原因和防腐耐磨设备特性进行综合研究后，形成了3个偏磨综合防治模型，在鄂尔多斯盆地东缘韩城、临汾、保德区块应用该类型技术达100井次，各区块平均检泵周期呈逐年上升的趋势。韩城区块应用前后的平均检泵周期分别为338天和415天，延长77天。保德区块应用前后的平均检泵周期分别为252天和342天，延长90天。

1）弯曲偏磨井防治模型

针对底端轴向阻力引起的下部抽油杆柱失稳弯曲、且偏磨井段主要集中在泵上、中和点以下的偏磨井，建立防偏磨举升管柱优化模型1（图6-35）。模型1为弯曲偏磨井综合治理模型，主要配套设备为滑套扶正器和加重杆，作用机理是应用扶正、加重的原理，减轻杆管弯曲偏磨，主要适用直井或小斜度定向井（井斜小于30°）。

当定向井的井斜角 β 超过30°时，加重杆在轴向上抵消轴向阻力作用越小，产生的摩擦力越大，加重杆整体防偏磨效果变差，所以加重杆只适宜小斜度定向井（井斜小于30°）。

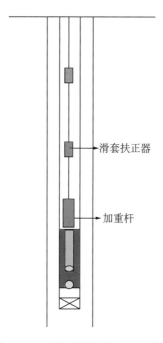

滑套扶正器

加重杆

图6-35 弯曲偏磨井综合治理模型

当轴向阻力大于3.5kN时，不建议使用加重杆。过多使用加重杆将增加抽油机驴头的悬点载荷，可能导致抽油机超负荷运行，影响抽油机安全使用。韩成区块使用加重杆优化8口井中（表6-12），应用时间最长的是H23井，已连续排采423天，排采状况稳定，效果显著。

表6-12 加重杆使用表

泵径，mm	下泵深度，m			
	500	800	1000	1200
28	3/4	4/5	5/7	6/8
32	3/4	4/5	5/7	6/8
38	3/4	4/5	5/7	6/8

续表

泵径，mm	下泵深度，m			
	500	800	1000	1200
44	3/4	5/7	6/8	7/9
57	4/5	6/8	8/10	9/11
70	6/8	10/13	—	—

注：表中 m/n，m 表示在直井中需要使用 m 根加重杆，n 表示在定向井中需要使用 n 根加重杆。

2）偏磨严重井防治模型

针对因几何偏磨、弯曲偏磨共同引起的、偏磨位置相对分散、全井或部分井段偏磨严重的井，建立防偏磨举升管柱优化模型 2（图 6-36）。模型 2 为偏磨严重井综合治理模型，配套设备为内衬油管和滑套扶正器，作用机理是通过提高油管、抽油杆抗磨性能减轻偏磨，主要适用于大斜度、井轨迹差的直井和不适合用加重杆的弯曲偏磨井，这类井抽油杆、油管无明显腐蚀现象。

3）腐蚀偏磨严重井防治模型

针对全井段或部分井段偏磨严重、油管腐蚀严重的井，建立防偏磨举升管柱优化模型 3（图 6-37）。

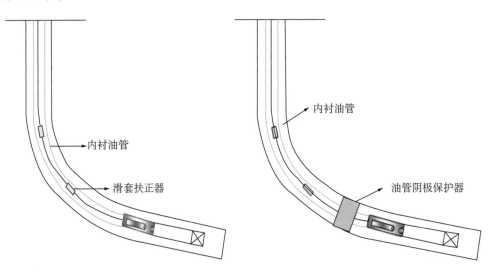

图 6-36　偏磨严重井综合治理模型　　　　图 6-37　腐蚀偏磨严重井综合治理模型

模型 3 是腐蚀偏磨严重井综合治理模型，配套设备为内衬油管（加重杆）和油管阴极保护器，作用机理是重点解决油管腐蚀问题，同时结合使用防偏磨设备，适用于腐蚀偏磨严重的井。

5. 液力驱动同心双管排采新技术

由于煤层中存在的大量煤粉及泥砂随着水一同排出煤层进入排采泵后，很容易出现卡泵等井下故障，导致气井不能正常生产，需要频繁进行检泵作业。同时，受井斜和举升介质（介质为煤层水）的影响，有杆泵举升工艺均易发生杆管偏磨等问题，且下入深度不够，不能深抽，影响排水采气生产。针对上述问题，目前所采用的排采设备在使用上都有一定的不适应性，而液力驱动同心双管排采技术能够较好地解决这些问题。

1）液力驱动同心双管排采设备原理与工艺

（1）基本原理。

液力驱动同心双管排采设备及射流泵采气工艺技术，是以高压水为动力液驱动井下排水（煤粉）采气装置工作，以动力液和产出液之间的能量转换达到排水（煤粉）采气的目的。在产出液的举升过程中，液体在生产管柱内任意截面的流速均大于泥砂、煤灰的沉降末速 2 倍以上，从而能保证煤层煤粉和泥砂随流体一起顺利排出。排水（煤粉）采气装置的吸入口下至煤层下部，保证煤粉不埋煤层。

煤层气井是油管与套管环空双通道生产，在煤层气井中的工作流程和原理是：在煤层气井内下入双层油管，连接井下射流泵，由地面柱塞泵向井口注入高压动力液，经 1.9in 动力液管线到达井下泵并驱动井下排水（砂）采气装置工作，在射流泵泵筒内喷嘴和喉管之间产生负压，将地层水抽入泵内，地层水与动力液混合后经通过 $2\frac{7}{8}$in 油管和 1.9in 油管形成的环形空间到达井口产出地面，煤层气则从油管与套管间的环形空间产出，混合液经分离、沉淀后可作为动力液循环使用。

由于射流泵排采工艺在井筒中没有抽油杆等运动部件，可从根本上消除目前常规排采技术经常发生的管杆偏磨问题，而且射流泵各部件之间间隙大，动力液高速流动，大直径颗粒（3.5mm 以下）可以携出井口，携砂携煤粉能力显著增强，大大延长检泵和修井周期，保障煤层气井连续、稳定排采。因此，煤层气射流泵排采工艺主要用于出砂（出煤粉）严重的井、井斜较大的丛式井、无配套直井的水平井等煤层气井的排采，重点解决卡泵和偏磨问题。

（2）基本构成。

①同心管采油树。

由大四通、套管阀门、上小四通、下小四通、混合液出口上阀门、混合液出口下阀门、动力液进口上阀门、动力液进口下阀门、清蜡阀门等主要部件组成（图 6-38）。

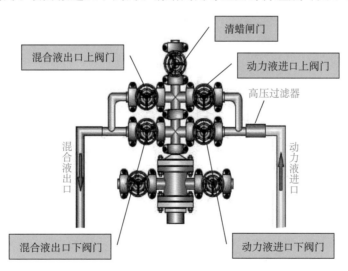

图 6-38　同心管井口装置

②地面部分。

如图 6-39 所示，地面部分主要包括变频器，地面泵，过滤器，泥砂、水、煤粉分离罐，特制井口，控制和计量仪表，气、水流程等组成。

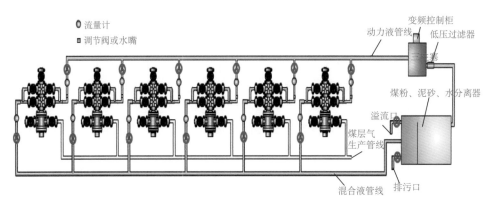

图 6-39　地面流程图

流程如下：

高压水（动力液）经动力液汇管到达各井，通过流量控制阀到达井口的高压翼一端；

地层产出液和动力液混合后的混合液从井口的另一翼产出，经流量计进入混合液汇管，然后进入泥砂、水、煤粉分离罐，沉降分离后，动力液循环使用，煤层产水进入污水池；

煤层气从套管产出，计量后进入输气流程。

③同心管井下管柱。

同心管井下管柱由动力液管柱、混合液管柱、排水（煤粉）采气装置工作筒、尾管、绕丝筛管等主要部件组成（图 6-40）。井下泵原则上下至煤层以下，特殊情况也可以在煤层上部或在两层煤层之间。

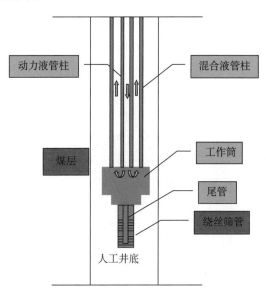

图 6-40　同心管井下管柱结构示意图

2）液力驱动同心双管排采设备改进

射流泵采气技术应用于大斜度定向井和水平井排采后，有效地解决了常规有杆泵排采因排采过程中出煤粉（砂）造成的卡泵和杆管偏磨等造成的严重问题，减少了修井工作量，延长了检泵周期，使煤层气井的排采更连续稳定，保证了排采井的生产效果。

射流泵采气工艺技术日渐成熟，但部分问题也逐渐暴露。地面动力站的建设仍然沿用传统的建站模式，地面设备多、占地面积大、施工周期长、成本高；柱塞泵为皮带轮驱动型，密封圈和皮带易损坏，平均三周更换一次密封圈，柱塞易划伤，效率较低、能耗较大，特别是排采运行过程中地面柱塞泵维护保养周期短，保养工作量大，给排采管理带来困难；配电柜无防爆设计，存在安全隐患；变频器采用手动控制，滞后性大，不利于液面稳定缓慢下降。

为此，通过开展"煤层气排采专用射流泵智能型地面举升系统试验"研究，目的是把射流泵地面动力站设备进行橇装化、标准化、自动化设计，并选用新型柱塞泵作为动力设备，提高柱塞泵工作可靠性和稳定性，减少柱塞泵维护保养工作量，完善射流泵采气工艺。

（1）地面橇装化装置原理。

射流泵地面橇装化装置主要是针对射流泵地面设备庞大、流程分散、安装周期长、管理不便、地面柱塞泵性能不稳定、地面系统智能化程度低等问题，通过橇装化工艺方案设计、井下动液面自动控制方法及控制模型研究、柱塞泵优化选型及沉降过滤式水箱设计等关键技术研究，而研制出煤层气排采专用射流泵智能型地面橇装举升系统。

该套设备最大的特点是将目前煤层气井射流泵地面配套装置，通过设备优选和优化设计，使其地面整套流程和设备橇装化，可以减少占地面积，减少现场安装的工作量，减短项目施工周期，便于操作和自动化控制。

橇装化装置工作原理和流程为：沉降过滤式水箱内的动力液通过出口阀门、动力液流量计、低压过滤器进入柱塞泵增压，增压后的高压动力液通过井口动力液阀组和动力液油管进入井下射流泵工作；动力液在射流泵工作筒内与地层产液（含煤粉和地层砂）混合后形成混合液，然后进入两油管之间的环空返至井口；混合液通过井口混合液阀组进入沉降过滤式水箱，其动力液循环使用，地层产水通过溢流口流入污水池。

（2）设备优选及工艺流程优化。

①柱塞泵优选。

对三柱塞泵结构及性能进行对比选型，通过优化计算，从变频控制、工况适应性、安全性及维护周期等方面综合设计。由常规皮带轮传动变为电机直接驱动（图6-41和图6-42），解决了由径向力传动易产生位移不同心、断皮带的问题，减少现场维护工作量，降低操作维护风险，延长维护周期。柱塞由金属柱塞改用陶瓷柱塞（图6-43和图6-44），提高了柱塞的硬度及耐磨性，解决常规金属柱塞易划伤问题，延长使用寿命。

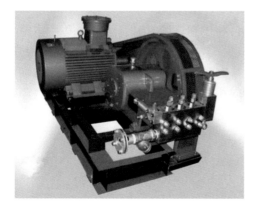

图6-41　皮带轮传动柱塞泵实物图　　　　　图6-42　电机驱动柱塞泵实物图

图 6-43 金属柱塞

图 6-44 陶瓷柱塞

②沉降式水箱设计。

由于产出水含有煤粉等杂质，直接被泵吸入会损伤柱塞泵柱塞，堵塞柱塞泵阀座。水箱设计主要考虑水的净化功能，采用两箱结构，采取箱内筛板过滤、沉降、入口防涡流等措施，采出水在回水仓沉降，通过仓内筛板过滤，然后送入吸水仓，保证了动力液相对清洁，延长高压柱塞泵的寿命，减少日常维护工作量。水箱总容积约为 10m³。

③防爆系统设计。

橇上所有设备和仪器仪表均采用防爆产品，橇整体接地，控制柜采用正压防爆结构设计，从 5m 外引风，增压注入控制柜内部，保持柜内处于正压状态，实现防爆功能。

3）自动化控制系统研究

煤层气井排采过程中，井底流压、套压和煤层产水量等生产参数在不断变化，为了适应这种动态变化，射流泵的注入压力、动力流排量等工作参数也要依据生产参数的变化做相应的调整。为此开发了射流泵排采井自动化控制系统，该系统可以对主要生产参数和工作参数进行自动采集并传输到后台服务器系统进行保存和处理。系统根据设计的工作制度计算工作参数的调整量，并通过多个闭环自动控制系统分别对注入压力、动力液排量和井底流压等进行调整控制，实现煤层气井的连续稳定排采。

设备自动控制原理为：通过现场相应传感器检测到的出、入水口流量之差和井下水位变化量比较，得到两者之差；若这个差值不在要求范围内，则调节电机的运转频率，电机在不同频率下运转入水口流量发生改变，进而使水位差值发生改变，直至差值达到系统要求，即井下水位达到控制要求，从而达到控制井下水位的目的。

射流泵自动化控制系统主要功能：动液面自动控制；产水量自动计量；产水量、产气量、动液面（井底压力）、频率等生产数据自动采集与传输；低液位、动力液超压、电机电流过大等参数异常时可自动停泵；生产数据实时显示，系统对历史数据自动保存并可生成相应历史曲线；通过手机短信，定时向相关人员发送设备运行参数和故障信息（图 6-45）。

（1）动液面自动控制。

控制器与液面自动监测仪（井下压力计）联动，依据设定的排水速率，实时监控井下动液面实际深度，通过软件智能调整柱塞泵的动力液量，调整井下水采出量，实现智能控制动液面，从而达到控制井下水位的目的（图 6-46）。

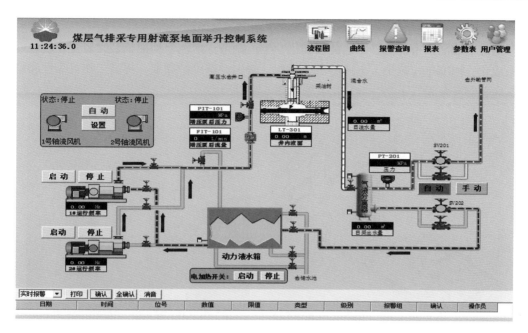

图 6-45　自动化控制界面

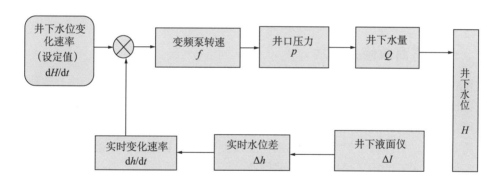

图 6-46　液面自动控制流程图

（2）产水计算。

日采混合水量：采出的混合水采取体积法计量，混合水从井口送到分离计量罐，在罐内进行气液分离；立式计量罐设置高、低液位开关，达到高位时开阀放水进水箱，降到低位时关闭，由于每次开阀放水的体积是一定值，因此混合水的流量只与电磁阀打开的次数有关。即：

$$采出的混合水量 = 分气计量罐截面积 S \times$$

$$（高液位 1.2m - 低液位 0.6m） \times 放水电磁阀开阀次数 n \tag{6-6}$$

日注入井水量：在装置注入到井中的高压水出口管路上安装流量计仪表，实时测量出口的水流量，可直接读取注入水的流量，其电信号传送到控制器。

日产水量计算公式如下：

$$日产水量 = 日采混合水量 - 日注水量 \tag{6-7}$$

（3）地面橇装化装置。

通过对地面设备优选、工艺流程优化，生产制造了射流泵地面橇装化装置，使地面设备集成化、标准化，减少了土地的占地面积，减少设备维护周期，提高工作可靠性和稳定性，完善射流泵采气工艺。橇装化装置如图6-47所示。

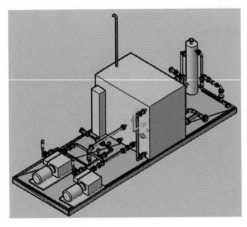

（a）结构图　　　　　　　　　　　　　　　（b）实物图

图6-47　橇装化装置结构图和实物图

三、煤层气高效修井技术

常规油气带压修井技术具有成本高、工序复杂、作业工期长的特点，这与煤层气的低成本、高效益的发展战略相悖。同时该技术适应于井下管串结构简单，易实现油套环空动态密封和静态封堵的油气田注水井、电潜泵热采井。然而煤层气井井下管串结构相对复杂，作业工具不配套，带压修井过程中环空动密封及油管封堵工艺复杂，难以实现。因此常规油气带压修井技术不适用于煤层气井修井作业。

随着煤层气勘探开发规模的不断扩展，产气井井数逐渐增加，修井问题成了制约煤层气业务发展的瓶颈问题，严重影响了气田产量的稳步攀升和整体开发效益。经过不断探索和努力，研究和试验出了一套适用于煤层气井的高效修井技术，节约放产卸压时间，实现安全快速修井并提高修后产量恢复速度，保证气田高效开发。

卸压时间长、恢复周期长和捞砂时间长是制约煤层气修井效率的三个主要问题。欠平衡多级压井工艺解决了高产水煤层气井的卸压时间长问题，杆式泵不压井修井工艺解决了低产水煤层气井的卸压时间长、恢复周期长的问题。

1. 欠平衡多级压井修井工艺

1）工艺原理

该工艺技术的核心是用邻井的产出水作为压井液（绝佳的配伍性），进行"多级"压井，即一边注压井液，一边卸套压，始终保持井底压力欠平衡，具体的控制措施如下。

设定故障井的当前套压为p（MPa），油套环空横截面积为S（m²），n为压井级数，则

$$p/n = \rho g H \tag{6-8}$$

可以得出

$$H=p/（n\rho g）=p/（1000\times9.8n）\qquad（6-9）$$

式中　H——静水柱高度，m；

　　　ρ——排采水密度，近似为 1000kg/m³。

则注满横截面积为 S、高度为 H 的环形空间所需的压井液的体积为

$$V=HS\qquad（6-10）$$

即每注 Vm³ 水，就卸套压 p/n（MPa），如此往复压井—卸套压交替 n 次后，压井完成。整个过程始终保持井底压力欠平衡，最终达到井口套压为零，井底压力自始至终保持不变。从理论上看，压井级数越多，即 n 越大，漏失到地层的压井液就越少。理想化的控制就是无级压井，即 n 无穷大，连续缓慢注入压井液，同时连续缓慢卸套压，从数学角度来看，井底压力始终是一个恒定的常数。现场实际操作一般是根据当前套压值，分 7～10 级进行压井，以保证压井效果和后续产量恢复效果（图 6-48）。

2）技术要点

（1）压井液配伍性，以邻井的产出水作为压井液，保证绝佳的配伍性。

（2）综合考虑油套环空体积、套压和井底压力，确定压井液注入量。

（3）分步压井，缓慢释放套压，逐步平衡地层压力，避免激动煤层。

（4）该方法的使用不受产水量限制。

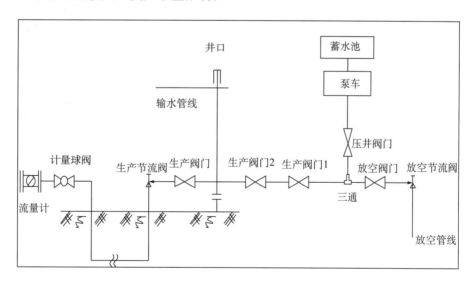

图 6-48　多级压井工艺流程图

3）应用效果

保德区块于 2013 年 5 月 29 日在 B1-1X5 井进行了先导试验，实现了高产气井当日压井、当日抬井口、当日开工。5 月 31 日修井完工开抽，开抽 4h 套压升至 3.01MPa，超过历史最高套压，因液面低停抽 10d 后继续小冲次起抽，历时 38d，于 2013 年 7 月产气量恢复至 3631m³/d（故障前最高产量 3619m³/d）。

先导试验成功后，现场又对 12 口高产气井进行了"欠平衡多级压井"修井试验。试

验结果表明该技术可完全省去修前放空套压过程，且作业完成恢复排采 1 ～ 3d 后，套压均达到或超过历史最高套压，产气恢复效果较好，部分井的产气量可达到修井前最高产量的 1.5 倍以上。与常规修井方法相比，该技术平均节约放空套压时间 93 天 / 井次，显著提高了排采连续性和修井作业效率。

2. 杆式泵不压井修井工艺

考虑到煤层气井套管产气、油管出水的排采工艺特点，实现煤层气井不压井作业的关键是作业过程中如何密封油套环空。在油管不存在漏失的条件下，若将检泵作业从套管内转移到油管内，便可实现油管内作业的同时套管继续产气，于是提出了使用杆式泵工艺管柱的技术方案。

1）杆式泵结构及特点

杆式泵主要由杆式泵、工作筒以及机械支撑部分组成，如图 6-49 所示。当杆式泵下入预定位置后，锁爪固定杆式泵，防止泵筒出现轴向位移。机械密封环与工作筒的支撑环配合形成机械密封，同时软密封环起到密封泵筒和油管之间环空的目的。

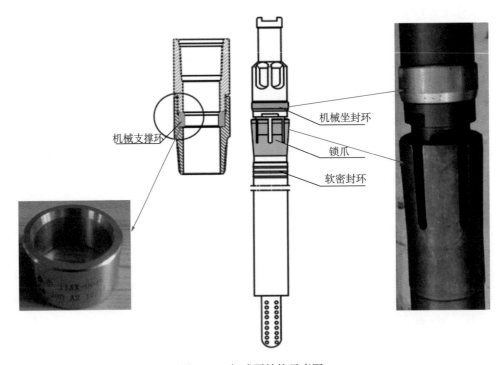

图 6-49　杆式泵结构示意图

2）工作原理

泵由抽油杆连接下入油管内的预定位置固定并密封，当需要检泵作业时，将泵随抽油杆柱一块起出，不需起下油管柱，实现不动管柱作业。

如图 6-50 所示，当杆式泵正常工作时，油管内充满液柱。当起出杆式泵后，套管与油管连通，油管内液面依靠自身重力平衡套管压力，起到对井筒的密封作用，实现不压井作业。在油管不漏的情况下，杆式泵可实现多次重复坐封。

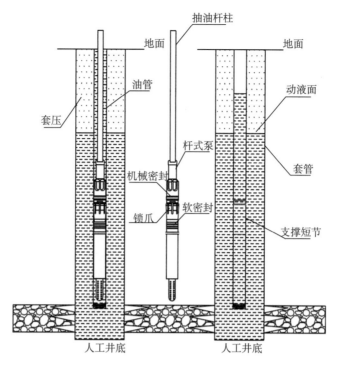

图 6-50 杆式泵不压井作业原理示意图

3）技术要点

（1）检泵作业时可将泵随抽油杆柱一块起出，实现不动管柱作业。

（2）在油管不漏的情况下，杆式泵可实现多次重复坐封和不压井作业。

（3）受油管尺寸限制，杆式泵泵排量较小，一般适用于产水量小于 30m³/d 的井。

4）应用效果

B1-3X2 井于 2013 年 3 月进行第一次常规修井作业，修井前放产时间 141 天，修后经过 75 天的连续排采产量恢复至修井前水平。第二次和第三次进行杆式泵不动管柱作业，作业后产量恢复时间 5～8 天，作业过程中排采井分别保持在 3600m³ 和 6400m³ 左右不间断生产。目前日产气量已稳定在 1×10⁴m³ 以上生产超过 900 天（图 6-51）。

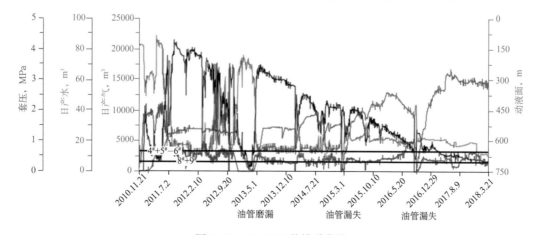

图 6-51 B1-3X2 井排采曲线

由于不需要放产，保持连续产气，杆式泵不压井作业后产量平均仅需 3.3 天即可恢复到作业前产气、产水量，相比压井作业后的产量恢复时间（平均值 83 天）明显缩短（图 6-52 和图 6-53）。

目前已经成功实施不压井修井作业 25 口井，相比常规放压或者压井修井作业，有效避免了放产造成的产量损失，累计节约产气量约 $106.5 \times 10^4 m^3$；节约产量恢复时间，保持连续产气，累计增加产气量 $270.7 \times 10^4 m^3$。25 口井累计增加产气量达 $377.3 \times 10^4 m^3$，效果非常显著。

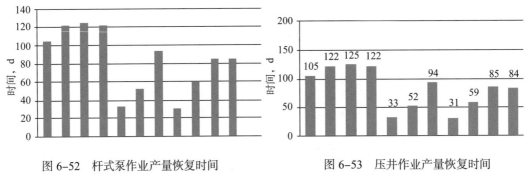

图 6-52 杆式泵作业产量恢复时间   图 6-53 压井作业产量恢复时间

四、负压排采技术

煤层气单井低压、低产，对系统管网回压极其敏感，系统压力的变化直接影响着井底流压的变化，从而对单井产气量产生影响，更有部分井区由于受到煤矿挖掘的影响，产气量直线下降甚至衰竭。针对这种现状，以提高单井产气量为目标，对部分单井及阀组实施负（微正）压排采，并评价其适用性，作为煤层气井增产的技术储备措施。

1. 负（微正）压排采原理及工艺

负（微正）压排采是通过对井底动力不足的低压、低产煤层气井，井口采用负（微正）压排采设备，降低系统管网压力对气井套管压力的影响，提高套管压力与地层压力之间的压差，使更多的煤层解吸气进入到井筒中，从而提高单井产气量，原理如图 6-54 所示。

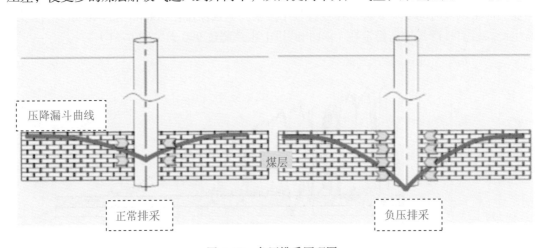

图 6-54 负压排采原理图

排采工艺：在井口（阀组）的采气（汇）管出口增加负压排采设备，由于排采设备的增压作用，温度和压力的变化使压缩煤层气的含水饱和度发生变化，必然有游离水产生；因此，在负压排采设备后端增加气液分离器，分离后煤层气进入系统，负压排采设备自带冷却水箱，工艺流程如图 6-55 所示。

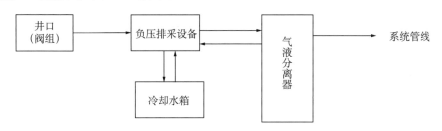

图 6-55　负压排采工艺流程图

2. 负（微正）压抽采设备

针对煤层气各种典型井负（微正）压排采的不同需要，沁水盆地煤层气田自 2010 年开始分别对典型井进行降压抽排试验，选取了水环真空泵、气驱活塞式压缩机、螺杆式压缩机 3 种负压排采设备，3 种负压排采设备适用性对比见表 6-13。

表 6-13　3 种负压排采设备适用性对比表

设备类型	工作原理	参数控制	适应性	优点	故障率
水环真空泵	泵体中装有适量的水作为工作液。叶轮旋转时，叶轮轮毂与水环之间形成一个月牙形空间，这一空间的容积不断发生变化，使气体被吸入、压缩。叶轮连续不停地旋转，压缩机就不断地吸入和排出压缩气体	排气量：1000～2160m³/d。工作压力范围：0.16～0.3MPa。电机功率：15kW	拆装不方便，设备安装需打基础。排气量低，适用于单井排采	水环真空压缩机灵活性较大，对产气量小的单井可以采用小排量的机型进行增产措施	故障率较高，开机时率小于97%
气驱活塞式压缩机	由曲柄连杆机构将驱动机的回转运动变为活塞的往复运动。活塞在气缸中作往复运动对气体进行加压。活塞在气缸内周而复始运动，完成吸气—压缩—排气过程	排气量：5000～13000m³/d。工作压力范围：0～0.27MPa	适用于初始气量为0的情况，便于吊运，适合山区、无人值守环境。排气量较高，适用于阀组排采	能够较好地满足生产需求，电力条件不满足的情况下使用气驱活塞式压缩机，节约成本	故障率在允许范围内，开机时率达99%
螺杆式压缩机	气缸内装有一对互相啮合的螺旋形阴阳转子，两转子反向旋转，转子旋转将气体带入压缩腔室，完成吸气—压缩—排气过程	排气量：5000～13000m³/d。工作压力范围：0～0.27MPa。电机功率：22kW	适用于电力条件不满足的情况，便于吊运，适合山区、无人值守环境。排气量较高，适用于阀组排采	能够较好地满足生产需求，在电力条件能够满足的情况下使用，在上产阶段可以节省部分气量	故障率在允许范围内，开机时率达99%

3. 现场应用实例

为提高单井产气量，共对 56 口单井进行了负压排采试验，所试验井分为正常排采井和特殊井（关闭角阀憋压井、未解吸井、受煤矿影响井）两大类。

1）正常排采井

（1）单井负压排采。

DS015 井于 2011 年 7 月 15 日安装负压排采设备，气量由 0 最高增加至 3500m³/d 左右。投产使用期间平均日增产气量 1600m³，套压由 0.25MPa 降至 0.08MPa（图 6-56）。

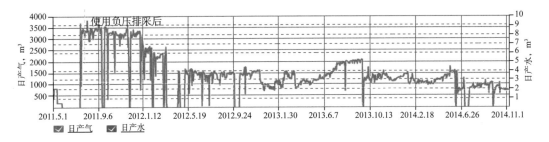

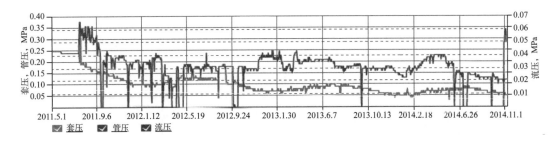

图 6-56　DS015 井试验效果

（2）阀组微正压排采。

ZC015 井于 2012 年 9 月 20 日在该井所属的郑村 2# 阀组连入负压排采设备进行微正压排采，投产使用期间平均日增产气量 1790m³，套压由 0.25MPa 降至 0.1MPa（图 6-57）。

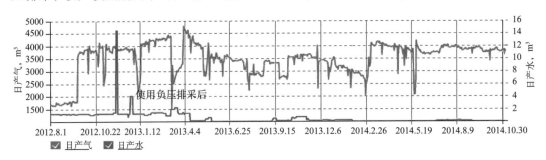

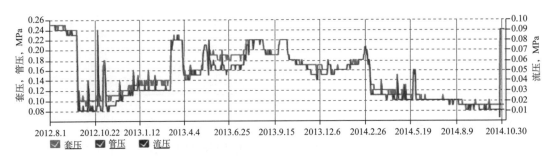

图 6-57　郑村 2# 阀组 ZC015 井试验效果

（3）效果分析。

从上述案例中可以看出，试验井取得了良好的增产效果，但也有部分井的增产效果不理想，如 P1-3 井（图 6-58）。该井于 2014 年 4 月 18 日至 2014 年 6 月 13 日使用负压排采设备，设备运行期间平均日增产 165m³。套压由 0.06MPa 降至 0.03MPa。

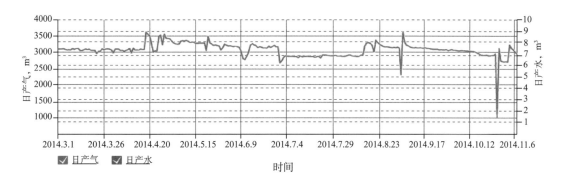

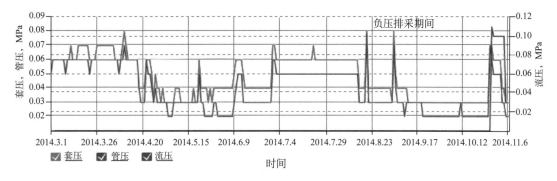

图 6-58　P1-3 井试验效果

从图 6-58 可以看出，P1-3 井试验效果并不是很理想。

一般情况下，单井随着套压的增大，增产气量也在增大，以套压值为 0.2MPa 作为横坐标分界点，日增产气量为 800m³ 作为纵坐标分界点。套压小于 0.2MPa 的单井，日增产气量基本低于 800m³；套压大于 0.2MPa 的单井，日增产气量基本高于 800m³。但有少部分井不符合此规律，下面对该类井进行重点分析。

2）特殊排采井

（1）关闭角阀憋压井。

有些单井因套压值较低，采取关闭角阀憋压的方法，此类井由于采用阀组微正压排采，也连入负压排采系统。如 ZC396 井，该井于 2013 年 4 月 22 日使用负压排采设备进行试验，但试验前后气量维持在 2500m³/d 左右，并没有明显的变化，套压、管压压差较大（图 6-59）。类似的井还有 ZC328 井、ZC424 井、ZC401 井、ZC413 井。

从图 6-59 中可以看出，憋压的井由于套压与管压之间压差较大，并不影响煤层气流入系统内，使用负压排采后的效果并不明显。

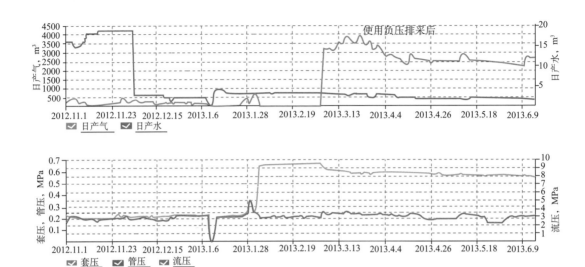

图 6-59　ZC396 井试验效果

（2）未解吸井。

有些单井还未达到解吸条件，没有产气，如 ZC410 井（图 6-60）。该井于 2014 年 1 月 5 日使用负压排采后，依然没有产气，此时产水量为 25m³ 左右，沉没度在 160m 上下波动，可见还没有解吸。类似的井还有 ZC019 井、ZC404 井。

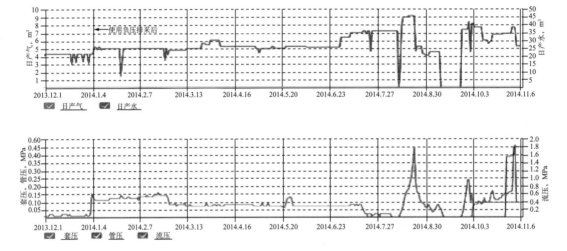

图 6-60　ZC410 井试验效果

（3）受煤矿影响井。

在煤层气井开采的过程中，由于受到煤矿开采的影响，导致产气量直线下降甚至衰竭。此类井虽然表面上看日增产气量不多，但是依然能够挽回很多损失气量，如 DS006 井（图 6-61）、ZC012 井（图 6-62）。

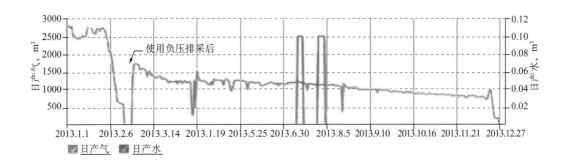

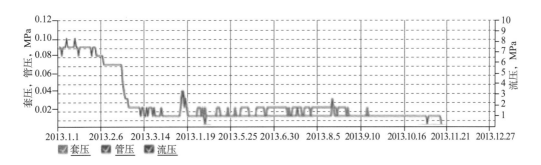

图 6-61　DS006 井试验效果

从图 6-61 可以看出 DS006 井由于受到煤矿影响，气量迅速下降到 0m³/d。自 2013 年 2 月 24 日使用负压排采设备后，恢复产气量，该段时间累计产气 326706m³，平均日增产 1071m³。

从图 6-62 可以看出，ZC012 井受到煤矿风井的影响，气量下降过快。自 2013 年 11 月 15 日使用负压排采后，气量有所回升，同时延缓了煤层气衰减速度，有效地提高了该井的排采时间。该井平均日增产 1400m³，累计增产 409931m³。类似的井有 ZC419 井、ZC011 井。

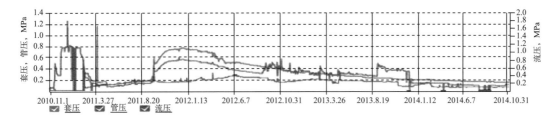

图 6-62　ZC012# 试验效果

五、自动化排采技术

通过煤层气多年开发工作，逐步形成了煤层气"解吸—扩散—渗流"的排采制度。根据不同煤储层特点，定量化排采控制制度；以流压为核心，全程自动化控制；无线数据传输、自动分析采集数据、自动调整工作制度，智能运行，流压稳定率达到91.5%。

随着排采技术研究的深入，各排采阶段控制要点及定量化参数逐渐明确。排采初期采出液以压裂液为主，之后地层流体在排出液中比重逐渐增加，到达起压点之前，阶段排采以扩大降压面积为目的，控制原则为直线式稳降流压，该阶段称为排水段；第二阶段为上产段，通过持续排采改善煤层渗透性，稳定供气通道进一步扩大，阶段控制原则是控制流压稳定，放气提产；第三阶段为稳产段，协调气水两相流影响，释放自然产能，阶段控制原则是阶梯式降压放气（图6-63）。

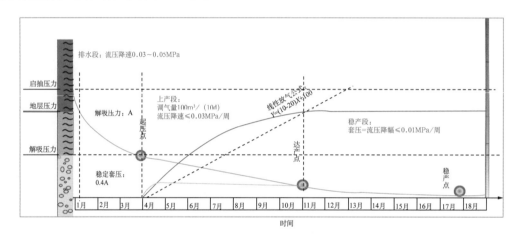

图6-63　煤层气井排采控制技术

A 为本井的临界解吸压力

通过流压、套压两个闭环控制，形成了数据录取、数据分析及参数调整的自动化，达到控压降、控流压、控套压的目的，实现了煤层气井从降液、解吸至产气等不同阶段的以流压控制为核心的自动化排采控制。

数据录取的自动化：建立了井场数据无线传输、站场数据有线传输，采集数据自动入库，实现了低成本、高覆盖的数据录取自动化。

数据分析的自动化：通过设定排采控制参数，系统自动分析采集数据，自动报警，专业技术人员对信息进行分析后修订参数。

参数调整的自动化：研发高性能智能控制器PLC，实现了排采多阶段控制算法，智能运行，自动调整工作制度，流压稳定率达到91.5%。

参考文献

[1]李仰民,王立龙,刘国伟,等.煤层气井排采过程中的储层伤害机理研究[J].中国煤层气,2010,7（6）：39-43.

[2]陈振宏,王一兵,孙平.煤粉产出对高煤阶煤层气井产能的影响及其控制[J],煤炭学报,2009,34

（2）：229-232.

［3］晏海武.煤层气井管内环空中煤粉排出条件的研究［D］.青岛：中国石油大学（华东），2010.

［4］白建梅，陈浩，祖世强，等.煤层气多分支水平井煤粉形成机理初步认识［J］.煤层气勘探开发理论与技术—2010年全国煤层气学术研讨会论文集：425-731.

［5］刘升贵，贺小黑，李惠芳.煤层气水平井煤粉产生机理及控制措施［J］.辽宁工程技术大学学报，2011，30（4）：508-512.

［6］王庆伟.沁南潘庄区块煤粉产出机理与控制因素研究［D］.北京：中国矿业大学（北京），2013.

［7］刘升贵.煤粉浓度传感器开发研究报告［R］.北京：中国矿业大学，2010.

［8］刘升贵，胡爱梅，宋波，等.煤层气井排采煤粉浓度预警及防控措施［J］，煤炭学报，2012，37（1）：86-90.

［9］王早祥，兰文剑.煤层气井煤粉产生机理探讨［J］.北京：中国煤炭，2012，38（2）：95-97.

［10］姚征.煤粉产出物理模拟及动态变化规律研究［D］.北京：中国矿业大学，2013.

［11］袁远.韩城区块煤层气井产出煤粉特征研究［D］.北京：中国矿业大学，2013.

［12］C.R.McKee.Flow-testing coalbed methane production wells in the presence of water and gas［J］. SPE 14447.

［13］叶建平，张健，王赞惟.沁南潘河煤层气田生产特征及其控制因素［J］.天然气工业，2011，31（5）：28-30.

［14］韩保山.煤层气地面垂直压裂井排采特征及分阶段管理［C］.2010，第十届国际煤层气研讨会论文集：122-129.

［15］秦义，李仰民，白建梅，等.沁水盆地南部高煤阶煤层气井排采工艺研究与实践［J］.天然气工业，2011，31（11）：22-25.

［16］朱学申.韩城区块煤层气井煤粉产出影响因素及规律研究［D］.北京：中国矿业大学，2013.

［17］刘春花.抽油机偏磨机理及防偏磨对策研究［D］.青岛：中国石油大学（华东），2009.

［18］张宁生，袁克勇.常用流体压力对油井管柱的作用［J］.石油钻采工艺，1982，4（5）：45-48.

［19］林伟民，苏凯元，于鑫，等.抽油杆扶正器安装位置的确定［J］.断块油气田，2001，8（3）：52-53.

［20］江伟英，张公社，胡荣，等.确定抽油杆柱扶正位置的模糊综合评判法［J］.石油机械，2002，30（11）：13-14.

［21］隋允康，任旭春.斜井单螺杆抽油泵柱和扶正器间距的优化设计［J］.计算力学学报，2002.19（1）：58-61.

［22］高国华.管柱在垂直井眼中的屈曲分析［J］.西安石油学院学报，1996，11（1）：33-35.

［23］李尧臣.圆截面杆在曲线井中的屈曲问题［J］.力学季刊，2002，23（2）：265-271.

［24］丛蕊，董世民.抽油杆柱稳定性问题的研究［J］.石油机械，2002，30（8）：17-19.

［25］杨海滨，狄勤丰，王文昌.抽油杆柱与油管偏磨机理及偏磨点位置预测［J］.石油学报，2005，26（2）：100-103.

［26］冯耀忠，曲乾生，张川利.有杆泵井的常见故障及预防措施［J］.油田地面工程，1994，13（5）：10-12.

［27］钱凯，赵庆波，汪泽成，等.煤层甲烷气勘探开发理论与实验测试技术［M］.北京：石油工业出版社，1997.

第七章　煤层气地面工程技术

"十二五"期间，依托国家科技重大专项《煤层气田地面集输工艺及监测技术》（2011ZX05039）和中国石油天然气股份有限公司重大科技专项《煤层气田地面集输工艺研究》（2010E-2206）和《煤层气田地面集输配套技术研究》（2013E-2206JT），结合中国石油煤层气开发的特点，煤层气田地面建设在优化简化集输工艺、优化集输管网结构和优化管材、站场工艺、建设模式、采出水集输与处理等方面进行了攻关研究，逐步形成了以"排水采气、井口计量、井间串接，低压集气、复合材质、站场分离、两地增压、集中处理"为核心，以标准化、橇装化、数字化建设为特色的煤层气田地面工程技术。

第一节　煤层气集输工艺技术

一、井场集输工艺技术

1. 井场工艺流程

煤层气的生产通常是通过排水来实现的，井口需要装配必要的排采设施。井口的排采设备主要有抽油机、螺杆泵、电潜泵等，其中采用最广泛的是抽油机。

井口的一般工艺为：抽油机把地下煤层中的水从油管中抽出，排放到井场水处理池或者进入集水管网；煤层气随煤层水的采出地层压力降低而解吸产出，煤层气解吸后由套管采出；早期在煤层气井口大多设置气水分离器，气水分离后，煤层气经过计量进入采气管线，再汇入煤层气采集系统。煤层气井在排水采气过程中，产水量一般随着排采时间增长而减少，当产液量减少至不影响煤层气正常输送时，可取消井口气液分离器。井口工艺流程如图7-1所示。

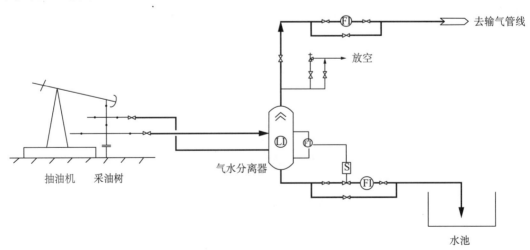

图 7-1　井口工艺流程图

2. 井场工艺流程优化

煤层气井口计量通常采用单井计量工艺，"十二五"期间流量计逐步优化为智能旋进旋涡流量计。智能流量计包含温度、压力远传，可以省去单独安装的井口温度、压力的远传，简化了井口结构。

（1）单井直井（水平井）井口工艺优化流程如图 7-2 和图 7-3 所示。

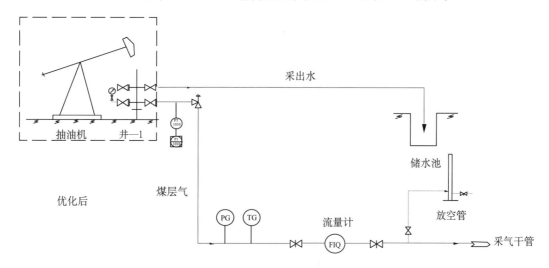

图 7-2　单井直井（水平井）井口工艺流程图（网电）

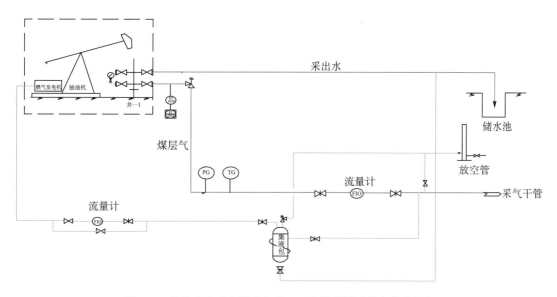

图 7-3　单井直井（水平井）井口工艺流程图（燃气发电机）

（2）丛式井根据井口结构和计量工艺优化后的单井计量井口工艺流程如图 7-4 和图 7-5 所示。

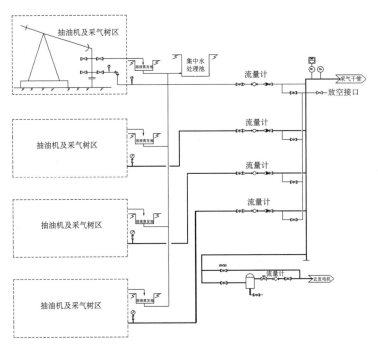

图 7-4　丛式井井口工艺流程图（燃气发电机）

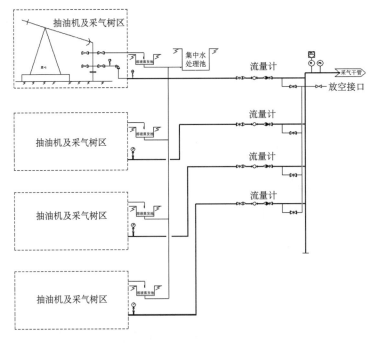

图 7-5　丛式井井口工艺流程图（网电）

（3）橇装化井场计量工艺技术。

常规的井场计量工艺通常采用阀组计量：井口采出气一路经计量后进入采气管线，另一路经调压、过滤和计量后作为燃料气，输送给井场的燃气发电机所用。常规计量阀组（图 7-6）为每口井设置一台流量计，单井计量后通过汇管进入采气管网。

图 7-6 井场阀组计量

但随着井场井数的增加，计量管汇和流量计配置需增多，且施工周期、占地面积、现场操作和维护量、流量计校验费用都会相应增加。为了解决这一问题，按照轮换计量的思路研制出了具有自主知识产权的"多井自动选井及燃料气计量装置"。

多井自动选井及燃料气计量装置采用单台流量计和电动多通阀来实现多井的轮井计量。被选定的井口来气进入计量管线，由智能旋进旋涡流量计进行计量，其余井口来气则汇入集输汇管。除放空管线外，集输汇管设有两路，一路煤层气直接进入集气管网，另一路经过活性炭过滤装置、调压阀和膜式流量计，为井场燃气发电机供应燃料气。工艺流程示意图如图 7-7 所示。

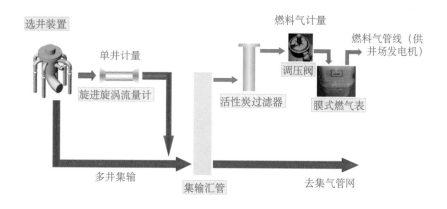

图 7-7 多井自动选井及燃料气计量装置工艺流程示意图

多井自动选井及燃料气计量橇将自动选井系统、计量模块、集输汇管和燃料气计量系统集成为一个整体，并配备了自动化控制系统。通过橇内控制柜与井场 RTU 系统的配合，可实现气体流量自动计量，压力、温度、流量等数据的远程采集和监控功能。装置具备自动运行模式与手动控制模式两种操作方式，在自动模式故障的情况下，操作人员可现场手动操作。

同时，装置整体成橇，可直接置于平整的井场地面，极大减少了现场安装的工程量。装置保温采用整体框架式屋型结构，外部铺盖 TPU 材质保温罩，顶部为斜坡面设计，防止积雨积雪（图7-8至图7-11）。

图7-8　多井自动选井计量图

图7-9　第一代选井计量装置

图7-10　第二代多井选井计量橇

图7-11　第三代多井选井计量橇

在多井式井场中，多井自动选井及燃料气计量装置优势明显。

（1）缩短施工周期，无基础安装，减少占地面积，降低了建设成本。

与常规计量阀组相比，多井自动选井及燃料气计量橇缩短建设周期50%左右，减少占地面积约50%，单井建设成本降低33%，见表7-1。

表7-1　多井自动选井及燃料气计量橇与常规计量阀组对比表

类别	常规计量阀组	多井自动选井及燃料气计量橇
建设周期，d	7～10	2～5
占地面积，m²	10～15	3～5
单井建设成本，万元/井	1.8	1.2

（2）实现自动运行，可无人值守，可搬迁使用。

通过装置控制系统与井场 RTU 系统联合，在设定好计量模式后可自动运行，相关数据及故障信号均可上传至站场级的中控室，也可从中控室远程操作选井功能。由于装置整体成橇，结构紧凑，如在某一井场不适用，可搬迁至其他井场使用。

（3）节约仪表校验成本。

对于 4～9 井多井式井场来说，常规计量阀组每口井设一台流量计，每年校验工作繁重，且需备用较多的流量计，而多井自动选井及燃料气计量橇仅设一台旋进旋涡流量计和一台膜式流量计。旋进旋涡流量计每年需进行校验，年校验费约为 700 元／台，膜式流量计校验周期为 8 年，使用期间不需校验。以一个 5 井式井场为例，使用多井自动选井及燃料气计量橇的井场每年节约校验费用约 2800 元，较大程度节约了仪表校验的工作量和运行成本。

煤层气 4～9 井式井场的多井自动选井及燃料气计量橇装置，通过前两代装置的小范围现场应用和技术优化，最终第三代装置达到各项技术指标要求，并形成定型产品，在煤层气井场建设中广泛推广应用。

3. 标准化井场工艺技术

煤层气单位产能建设井口数量较多，考虑到气田开发的经济性，完成气、水、电、建、机械、自控、暖通等专业的设计定型图和通用图，统一井场工艺流程，推行模块化建设成为降低地面投资、提高建设效率、提升开发效益的必然选择。

1）标准化的优点

与常规气田的井场建设模式相比，煤层气推行标准化井场建设和丛式井场应用具有显著的优点。

（1）占地面积减少。以成功开发的煤层气田为例，采用标准化井场建设后，平均每口井围栏占地面积可减少 64%，平均每口井征地面积可减少 75%。

（2）设备共用。煤层气井场主要设备有采气树、抽油机、计量装置、井场发电机、配电柜和井场 RTU 柜。其中井场发电机、配电柜和井场 RTU 柜均为井场通用设备，可以实现规模化集中采购；井场计量装置中，1～3 井式井场采用单井计量，4～9 井式井场采用选井轮换计量，可以实现新产品的推广应用，有效降低采购成本，提高采购质量。

（3）节能降耗。除部分离集气站较近的井场用电可以依托站内发电系统，引低压电缆至井场供电外，其余井场限于资源依托，普遍采用燃气发电机组作为电源供电。采用的丛式井场，与采用单井井场相比，可以有效减少井场发电机台数，减少发电功率 59%，有效实现节能降耗。

（4）减少现场施工量。标准化的煤层气田井场一般无人值守，设置防翻越式铁栏杆围栏，场地采用原土夯实，不做硬化处理，减少了现场施工工作量，提高了工程效率。

（5）视觉形象。井场抽油机、围栏及围栏门、集气橇和燃气集气橇等均按《中国石油油气田站场视觉形象标准化设计规定（试行）》执行，现场平面布置统一，有效提升了视觉形象。

2）标准化成果

在不断总结工程建设经验并逐步完善设计图集的基础上，通过积极推进三维设计工作，目前已形成了系列化的煤层气标准化井场设计建造技术：

（1）单井计量工艺安装（9 种形式）；

（2）多井自动选井计量工艺安装（6种形式）；

（3）排采蓄水池（8种形式）；

（4）单井井场通用图；

（5）2井式井场通用图；

（6）3井式井场通用图；

（7）4～9井式井场通用图；

（8）其他部分通用图。

以下是部分标准化设计建造的煤层气井场视觉形象图，如图7-12至图7-17所示。

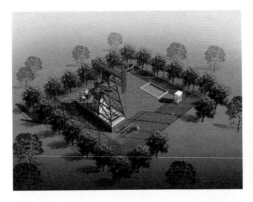 

图7-12　系统电力电网供电直井井场鸟瞰图　　　图7-13　燃气发电组供电直井井场鸟瞰图

图7-14　系统电力电网供电三井丛井场鸟瞰图　图7-15　燃气发电组供电三井丛井场鸟瞰图

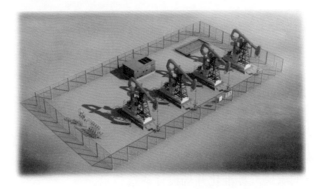

图7-16　煤层气井场标准化效果图

图 7-17　煤层气标准化井口装置图

二、管网集输工艺技术

根据煤层气田的地表条件、井位布置、单井产气量、集气集水半径以及市场用户位置，煤层气田集输管网一般采用低压集气、井场串接的方式。

经过数值模拟与系列研究，为有效利用井口压力汇集井口产出气、缩短管道敷设长度、增加接入井场数量，进而有效降低能耗、合理控制投资，采气管网逐渐优化形成了枝状、枝状—环状管网两种不同的集输模式。

1. 枝状串接管网

1）枝状串接管网模式

枝状串接模式是各个井场通过采气支线呈树枝状顺序串接在一起，汇集到采气干线，最终接入集气站。采气支线和干线相连接处，可根据串接井的数量适量设置手动截断阀。其优点是：

（1）滚动开发过程中，当有新的井位部署时，可就近直接接入，便于管网的扩展；

（2）适应各种地形条件，特别适用于狭长带状的区块。

2）"枝上枝阀组"串接管网模式

当采用枝状管网串接井场工艺时，为尽量多地就近接入滚动开发的井场，节约投资，同时便于生产管理，可以采用与阀组相结合的方式，也就是"枝上枝阀组"串接管网模式。

下图列出了三种井场串接连接方式，井间串接工艺、阀组串接工艺、多枝串接工艺（图 7-18）。

三种串接方式都是成熟的，可依现场实际情况进行选择。

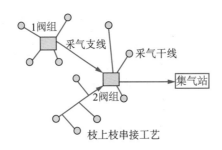

图 7-18　枝状串接管网示意图

2. 枝状—环状管网

煤层气田部分区域的井位部署中，某小范围内可能没有井位布置仍需要敷设采集干线而造成投资浪费，或者由于集输半径过大，采用单纯的枝状管网难以满足可靠和安全要求、难以满足煤层气田低成本开发的要求，为解决这一问题，逐步优化形成了枝状—环状管网集输模式。

枝状—环状管网集输模式：即多条采气干线相互连接，组合形成一个或者多个环网结构，如图 6-19 所示。其优点是：

（1）同一区域内，井场的产气可以通过两路输送至集气站，如果其中一侧线路出现故障或者人工截断时，可以通过环形另一侧进行输送，运行的可靠性和灵活性大大提高；

（2）环状管网内，可以实现压力自动调节平衡，有效降低了井场进入管网压力，提高了管网的集输能力；

（3）提高了生产调度的灵活性，集气站可以根据生产调度调整站场处理量，井场产气通过环状管网自动调节平衡。

图 7-19 为某煤层气田地面集输枝状—环状管网示意图。

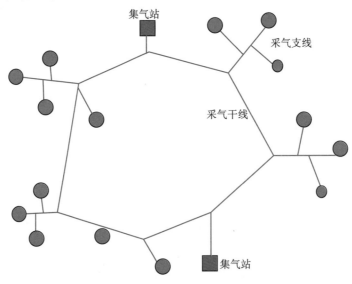

图 7-19　枝状—环状管网示意图

三、PE 管材的优化应用技术

合理选择集输管材是降低气田地面集输工程投资的重要手段。常规天然气开发建设由于井口压力高，单井产气量大，井口数量少等特点，集输管道一般采用钢管。而煤层气田具有单井产气量低、井场数量多、井口压力低、管网密集、多分枝等特点，管道长度远超常规天然气，采用钢管存在投资大，资源浪费的现象。

参照近年来城镇燃气聚乙烯（PE）管和燃气用钢骨架聚乙烯塑料复合管在油气田管网建设中的推广和普及效果，通过管材性能和经济性的对比分析研究和现场试验，煤层气集输管材逐步优化将聚乙烯（PE）管作为主要管材，并大规模推广应用。

1. 管材性能分析

钢管、PE 管和燃气用钢骨架聚乙烯塑料复合管 3 种管材的性能对比见表 7-2。

表 7-2 管材性能对比表

序号	管材	优点	缺点
1	钢管	强度高，承压能力较高，抗外来破坏能力强；管件规格齐全	耐腐蚀性差，维修保养费用高；使用寿命短，约 20～30 年；运输成本高；施工难度大；需要增加较多管件避开障碍物
2	PE 管	不易腐蚀，使用寿命长，可达 50 年以上；管道内壁平滑，摩擦系数低，可降低摩擦阻力损失，相对钢管可减小管径，降低投资；管道柔韧性好，小管径可盘卷，施工中接头少，可提高施工速度；施工简便，可大大降低劳动强度，提高工作效率，与钢管相比可大大缩短工期；管道质量轻，仅是钢管的 1/8，运输、施工方便；独特的电热熔、热熔焊接技术使管道密封可靠，维修简便	强度低，抗外力破坏能力差，不能镂空敷设；无法进行管线检测
3	燃气用钢骨架聚乙烯塑料复合管	很好地解决了金属管道耐压不耐腐，非金属管道耐腐不耐压，钢塑管易脱层的缺点；刚度和柔度好，抗蠕变性强，耐磨，内壁光滑且不结垢，节能节材效果好；具有良好的抗拉伸、抗冲击特性；无毒性；使用寿命长达 50 年；安装维修方便	工程造价偏高；通气后开孔连接困难

从表 7-2 可以看出，钢管、聚乙烯（PE）管和燃气用钢骨架聚乙烯塑料复合管各有其优缺点，综合考虑安全可靠性、经济的合理性、施工的难易程度等因素，燃气用钢骨架聚乙烯塑料复合管虽然各方面性能较好，但其成本价格较高，不推荐使用。推荐优先使用聚乙烯管和钢管。

根据生产管道的聚乙烯原材料的不同，PE 管分为 PE63、PE80、PE100 及 PE112 等 4 种聚乙烯管材，这 4 种管材最小要求强度（MRS）分别为 6.3MPa、8.0MPa、10.0MPa、11.2MPa。目前，国内应用比较广泛的是 PE80 和 PE100 两种。

根据聚乙烯管材最大使用压力计算公式，可以得到各种规格 PE 管的最大允许工作压力，见表 7-3。

据煤层气井口的压力，煤层气采气管网的设计压力一般为 0.4～0.6MPa，通过表 7-3 可以看出，满足压力要求的管材有 PE80SDR11、PE80SDR17.6、PE100SDR11、PE100SDR17.6。同等壁厚的情况下，PE100 与 PE80 价格差异不大。而相较于 PE80，PE100 则具有更强的耐压力、更高的安全性和更高的硬度，可以通过选用壁厚更薄的管材来降低采购和运输成本。因此，选用 PE100 更适用于煤层气集输管网建设。综合考虑，首先推荐使用 PE100SDR17.6 管。

表 7-3 PE 管最大允许工作压力　　　　单位：MPa

名称	最小要求强度 MRS	设计应力 σ_s	最大工作压力 MOP	
PE80	8	4	SDR11	0.80
			SDR17.6	0.48
			SDR21	0.40
PE100	10	5	SDR11	1.00
			SDR17.6	0.60
			SDR21	0.50
			SDR26	0.40
			SDR33	0.31

2. PE 管与钢管经济分析

经济性对比是材料选用的重要参考因素，对比过程中，科学地确定对比原则是保证结果科学的前提。经过大量的市场调研和综合研究，两者的对比原则可以确定为：

（1）内径相同或相近；

（2）以 km 为单位，比选主材费用，含平均所需管件费用；

（3）管材的使用寿命均以 20 年计；

（4）钢管采用聚乙烯胶带防腐层，PE 管不需防腐；

（5）价格选用市场上主要生产商综合平均报价。

通过综合对比，结论如下：

内径不大于 D350 的管线，单位千米综合造价，PE 管明显低于钢管；

内径大于 D400 的管线，单位千米综合造价，PE 管高于钢管。

在开发实践中，综合考虑安全可靠性、经济合理性、施工的难易程度等因素，当前条件下煤层气采气管网管材内径在 D350 及其以下管线，宜采用聚乙烯塑料管，优化为选用 PE100SDR17.6；内径在 D350 以上管线，一般选用钢管。随着材料科学的发展和生产工艺水平的提高，聚乙烯材料在工程中的推广应用将更为广泛。

3. PE 管应用成果

聚乙烯（PE）管材在成本、运输、安装等诸多方面具有其他材料不可比拟的优点，具有耐腐蚀性强、韧性好、挠性优良、连接性能好、使用寿命长等特点，而且成本低，易于制造，便于施工。

煤层气采气管网 PE 管材的应用目前已经历三个阶段。

第一阶段为早期煤层气田参照常规天然气开发而采用钢管阶段。

第二阶段为韩城地区、保德地区、沁水地区煤层气采气管网管材突破创新，参照燃气管道逐步采用聚乙烯（PE）管材，与大口径钢管组合使用，目前大部分煤层气田处于该阶段。"十二五"期间，中国石油在韩城、保德、沁水等地区大面积推广应用 PE 管材 1100 余千米，占比超过了 80%，逐步实现了集气站前采气管网的全部 PE 化。与采用钢管相比，管材采购综合成本降低约 30%，同时，PE 管材施工难度较低，工效可以大幅提高。

第三阶段为集气站前采气管网全部采用聚乙烯（PE）管材，实现全 PE 化，这也是煤层气采气管网建设有效控制工程投资的趋势。

四、管网动态仿真技术

煤层气采气管网相对于常规天然气管网而言，管网分枝多、起伏大、流速低，更加复杂，且为湿气输送，有凝结水产生，其运行状态是集输运行的关键所在。

通过管网仿真研究管道内流体的实际流动，模拟管网定常或瞬变情况下流动状态、分布及变化过程，描述各种工况下的操作、控制和事件的应急和变化规律，以便制订设备操作控制措施及事故应急方案，建立在复杂集输条件下预警、分析和解决事故能力。通过"十二五"攻关研究，逐步优化形成以自动化系统为基础平台，利用三维地理信息系统、数据库技术、模拟仿真技术等分析预警技术手段，实现从单井、集气站到处理中心的三级生产运行管理核心，电网、管网运行状态监控为辅的管理模式。

目前，国内煤层气开发在陕西韩城和山西保德区块建成了 2 套采气管网地理信息（GIS）系统（图 7-20 和图 7-21），实现了管网信息资料的数字化。该系统具有实时查询应用管道信息，编制应急预案，处置突发问题，准确现场定位，制订最佳巡查路径等功能。系统应用后能够准确反映管道地理位置信息，有助于管道完整性管理（PI），精确识别高后果区（HAC），有效避免管道占压与破坏。

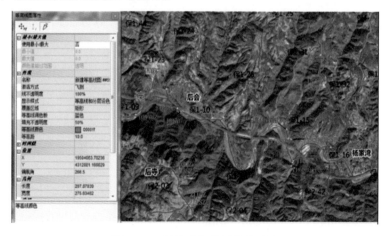

图 7-20　保德采气管网信息系统

图 7-21　韩城采气管网信息系统

第二节　煤层气处理工艺技术

一、低压管网积液处理技术

煤层气总体集输工艺中"集中处理"的特点，决定了采出气至集气站间主要采用低压湿气输送。随着气体在采气管网的运移，气体温度、压力不断变化，导致气体含水饱和度发生变化，如图 7-22 所示。而地势的高低起伏更加助推了凝析水的产生，极易导致冬季局部管道水堵、井口憋压、计量阀组冻堵等问题的发生。

为解决这一难题，在煤层气开发实践中深入开展了采气管网积水低端排放的技术研究。提出了沿线冷凝水的形成位置的判断方法和冷凝器数量的计算方法，创新形成的《一种煤层气管线积液排放》并获国家实用新型发明专利（图 7-23）。

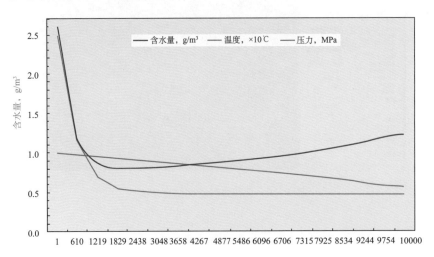

图 7-22　含水饱和度、温度、压力随距离变化原理图

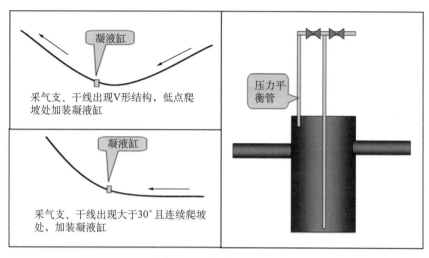

图 7-23　凝液缸原理图

运用此计算方法，可以明确管网湿气排水的技术方案，确定凝液缸设置的数量和基本位置，计算方法简单、实用、操作性强。这种低压管网积液处理技术在煤层气开发过程中得到了广泛的实践应用，有效提高了管输效率，提高了管网运行的安全和可靠性。

二、煤粉防治技术

煤层气在产出过程中往往携带有煤粉，煤粉颗粒虽细微，但极易造成智能流量计磨损、集中处理污水困难、损坏集气站压缩机部件等问题，从而成为集输系统运行不稳定因素之一。

通过煤层气煤粉防治技术研究，已经取得了以下成果。

（1）自主研制了具有吸附、过滤功能的煤粉过滤器。过滤精度达到 $5\mu m$ 以下、压差小于 0.02MPa，快开盲板式设计，现场操作快捷、方便。

（2）自主研制了适用于往复式压缩机的耐粉煤灰新型阀片和密封件，将窄槽的 CT 气阀变成宽槽的 CS 气阀，改进活塞环，减少环间磨损，有效地提升了压缩机组的运行时效，降低了运行成本。

（3）研发出了新内部结构和新材质的滤芯，解决了煤层气集气站专用粉尘过滤器所用的滤芯初始压差大，且压差梯度上涨快，滤芯更换频繁这一问题。这种滤芯使用寿命增加 2 倍以上，运行成本降低 35%，大大增强了过滤器的稳定控制。图 7-24 是在煤层气集气站成功运行的采用新型滤芯的粉尘过滤器。

图 7-24　粉尘过滤器

三、低温分离脱水工艺

煤层气的脱水工艺与常规天然气有所不同，相比于常规天然气而言，煤层气压力相对较低、气量相对较小，但处理量变化较大。

煤层气开发初期，采用了常规的脱水装置三甘醇脱水装置（图7-25），脱水效果较差，对宽幅变化的处理量适应性不足，且现场占地面积较大，难以满足煤层气低成本的运行要求。

根据煤层气处理的技术特点和运行要求，"十二五"期间，突破常规天然气脱水处理的设计思路，研发出了基于低温分离的、工艺先进、经济性好的恒温露点控制橇。该装置可以广泛适应于煤层气中、小型集气站场。

图7-25 三甘醇脱水装置

1. 恒温露点控制橇工艺流程

所谓恒温露点控制，即指通过制冷工艺冷却煤层气，使气体所含气态水冷凝成液态水，再通过气液分离，控制煤层气水露点为符合要求的恒定值。恒温露点控制橇集成了制冷、换热、甲醇注入、气液分离等单元模块，实现煤层气脱水功能，主要工艺流程如图7-26所示。

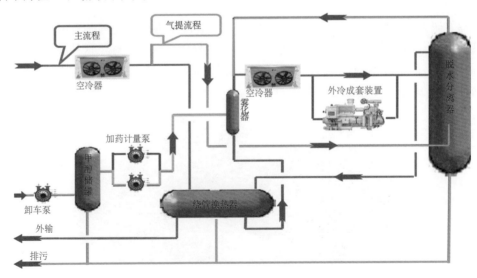

图7-26 煤层气恒温露点控制橇工艺流程示意图

主流程：经压缩机增压后的高温煤层气经一级空冷器和绕管换热器后，与注入的甲醇（防冻用）一起进入二级空冷器和外冷装置进行冷却脱水，通常冷却至 –5℃；冷凝水与甲醇形成溶液，与低温煤层气共同进入脱水分离器进行气液分离，分离后的低温干气再进入绕管换热器与增压后高温煤层气进行复热后外输。

气提流程：在压缩机增压后的煤层气经一级空冷器冷却后（约为65℃），作为气提气，进入脱水分离器内的气提塔，其目的是利用高温煤层气将甲醇 – 水溶液中大部分甲醇（约为98%）气提出来，再循环至二级空冷器前继续进入冷却流程；同时，气提后得到含少量甲醇（约1%）的水溶液进入排污管线排放至站内污水池。

图 7–27 是恒温露点控制橇的三维模型图。

图 7–27　恒温露点控制橇三维模型图

2. 恒温露点控制橇主要创新点

1）工艺新颖，技术适用

应用低温分离脱水工艺对煤层气进行脱水处理，装置采用高集成度、模块化的设计，操作弹性在 10% ～ 120% 范围，能够适应煤层气生产工况。

2）注醇防冻，气提再生

采用甲醇注入的方式作为防冻措施，并利用装置入口煤层气作为气提气，通过设计高效率的甲醇气提塔，实现甲醇 99% 回收再生，循环利用。

3）安全环保，降本增效

处理过程中无明火、无甲烷损耗、不产生污染物，能耗和物耗均较低，节能环保，运行维护成本较低。

4）装置集成度高，减少占地面积，整体工厂预制，缩短建设周期

恒温露点控制橇由主体装置和外冷装置两个模块构成，均在工厂进行生产制造，在出厂前经过性能测试合格后，再运至现场进行整体安装，相比常规三甘醇脱水装置，减少占地 50%，缩短建设工期 20%（表 7–4）。

表 7-4　恒温露点控制橇与三甘醇脱水装置对比表

类别	常规装置（三甘醇脱水装置）	恒温露点控制橇
工厂制造和现场安装周期，d	120	100
占地面积，m²	100	50

5）自动化运行，减少能耗，降低操作及运行维护成本

恒温露点控制橇采用 PLC 控制系统，可根据不同气量的工况，实现自动调节注醇量和制冷量的功能，降低了能耗，降低了操作、维护的成本。

四、集气增压处理技术

1. 煤层气集气增压工艺流程

煤层气集气增压站主要汇集各煤层气井场产气，经过进站分离、过滤分离后进入压缩机进行增压，随后经过脱水处理和计量外输，输送至下游用户（或处理厂），其流程如图 7-28 所示。

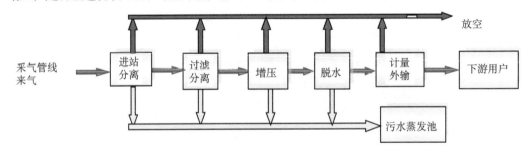

图 7-28　煤层气集气增压站工艺流程示意图

早期的煤层气集气站以仿照成熟气田的常规建站为主（韩 -1 站及沁 -3 站）（图 7-29 和图 7-30），其主要特点是：

（1）现场土建和安装施工量较大；

（2）施工周期较长；

（3）对煤层气"滚动开发、阶段建设"的适应性较差；

（4）建设成本较高。

图 7-29　韩 -1 集气站（常规建站）

图 7-30　沁 -3 集气站（常规建站）

2. 模块化、橇装化集气处理建站技术

随着对煤层气开发建设认识加深，模块化、橇装化建设的理念逐步加强。

模块化、橇装化建站技术把工程建设阶段的重点从现场向工厂转移，各工艺橇块在供货商工厂内进行设计、制造和检验，出厂验收合格后运至现场与其他工艺橇块进行组装，实现"工厂化预制，模块化安装"的快速建站目标。如图 7-31 和图 7-32 所示。

相比常规装置，一体化橇装装置具有集成度高、工厂制造质量较高、现场施工量小和占地小的特点，橇装化建站平均可缩短建设工期 20%、减少站场占地面积 40%、节约工程投资约 20%。

图 7-31 保 -2 集气站（橇装化建站）　　　图 7-32 沁 -6 集气站（橇装化建站）

3. 无人值守全橇装化自动控制集气站技术

随着标准化、橇装化、自动化技术逐渐发展，国内煤层气集气站建设工程项目开始采用全橇装无人值守的设计理念，在山西保德区块建成国内首个煤层气全橇装无人值守集气站。如图 6-33 和图 6-34 所示。

建设方面，全橇装化站场的工艺装置、站内管廊、电气、仪表等装置均成橇，在工厂预制，经过出厂测试合格后，运至现场实现全站模块化安装。全部工艺橇块在工厂制造周期约为 4 个月，现场安装、调试周期约为 1 个月。相比常规建站模式，橇装化建站缩短了建设工期约 30%，减少占地约 25%。

运行方面，站控系统的自动化控制为设计重点，可自动采集、上传站场运行数据，针对可能出现的各种非正常工况进行识别，采取报警或紧急停车的逻辑动作，保证各工艺模块安全和连续运行。各橇装装置具备自检、自动启停、声光报警等功能，各装置运行数据、就地仪表显示数据可上传至站控系统，并通过光纤传至上级生产作业区数据中心，实现无人值守，远程监控，降低了运行和人工成本。保 -4 集气站（图 7-33 和图 7-34）无人值守，仅设巡检人员 6 人（包括站长），相比常规集气站节省定员 14 人。

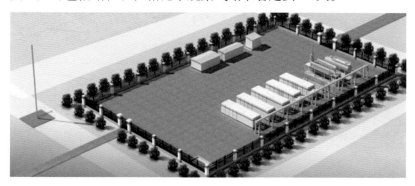

图 7-33 保 -4 站效果图

图 7-34　保 -4 站全景图

第三节　采出水集输与处理工艺技术

煤层气采出水集输与处理既是一个技术问题，也是一个经济和环保问题。在不同区块，煤层气采出水的水量和水质不同。产水量从 $0.1m^3/d$ 到 $200m^3/d$ 不等，矿化度从几十到几万不等。总体来讲具有多变性、多样性、含气性、含粉性的特点，采出水复杂多变的特点也给水处理工艺的确定带来了较大困难。处理成本也随着国家环保要求日趋严格而逐步提高。

为适应日趋严格的环保要求，国内煤层气开发采出水的集输和处理技术，通过不断的攻关研究、推广应用实践，逐步形成了建设独立采出水集输管网、分区域汇集、集中处理的煤层气采出水集输处理技术。具体的工艺流程为：从井场开始与采气管线同沟敷设集水管线，通过集水管网将井场采出水集输到分布式水处理站，在水处理站进行集中处理，达标后排放。

一、采出水水质分析

煤层气采出水主要是指从煤层气井中通过排采设备排出的地下水。煤层气采出水与油田采出水、化工污水有很大不同，其不含烃类、苯酚，且不含酸，水样澄清后清澈亮透，但普遍含盐度较高。

在煤层气勘探开发的钻井、储层改造和生产 3 个阶段，煤层气采出水质会受到不同因素的影响，水质也呈现出不同的特点，见表 7-5。

表 7-5　煤层气采出水特点

采出水产出阶段	影响采出水水质因素	超标因子
钻井	钻井液（膨润土、氢氧化钠等）	悬浮物、COD、石油类
储层改造	压裂液（稠化剂、交联剂、pH调节剂、杀菌剂、黏土稳定剂、破乳剂、助排剂、破胶剂、降滤剂等11大类20余种化学物质）	悬浮物、COD、石油类
生产	地层水（钙、镁、钠、氯化物、硫酸盐、碳酸氢盐等）	全盐量(矿化度)、氯化物、悬浮物等

在生产阶段、煤层气采出水全盐量一般偏高，含有较多的钙、钠、钾、氯离子、碳酸氢盐等，具有较强的导电性。水中全盐量高会使土地盐碱化，使植被、农作物遭受损伤；水中氯化物含量高时，会损害金属管道和构筑物。

但需要注意的是，不同煤层气田水质差别较大。同时，由于在勘探开发初期阶段获得的煤层气采出水水质、水量数据不具有代表性，因此一般不用做地面水处理设计的可靠依据。建议排采一段时间弄清楚该煤层气田的水量、水质，然后进行针对性的处理。

二、采出水集输与处理工艺技术

1. 采出水集输技术

根据国内煤层气田的建设经验，当单井平均产水量小于 1m³/d 时，可以采用就地收集蒸发或者间断拉运集中处理的方式；当单井平均产水量大于 1m³/d 且小于 5m³/d 时，可以结合地势采取气水同输的方式，多点分水汇集，然后集中处理；当单井平均产水量大于 5m³/d 时，宜建设独立的采出水集输管网，分区域汇集、集中处理。

1）气水同输

主要特点：结合井场位于地势高点、管网位于低点的特点，不单独敷设集水管线，直接利用集气管线，依靠井口压力和地势高差产生的重力实现气、水同管线输送，在管网的低点设置气水分离点，从而实现一定区域内的采出水集输。

优点：该技术可节约资源，实现节能降耗，大幅降低管网投资，区域内可以降低管网投资达到 40%。

局限性：国内煤层气田大多位于山地丘陵地带，沟谷切割，地形条件复杂，设计难度大，需克服的技术难点多。

2）分布式集水处理模式

主要特点：从井场开始与采气管线同沟敷设集水管线，通过集水管网将井场采出水集输到分布式水处理站，在水处理站集中处理。

优点：直接利用沟壑地形、优选冲沟造池，实现管网设计优化，有效控制投资，技术成熟，适应性强。

应用实例：保德煤层气田建设完成了国内首个煤层气田大型采出水集输管网，包含采出水集输管线 170km，利用沟壑冲沟，建造了 9 座采出水处理池，有效解决了采出水集输问题。如图 7-35 和图 7-36 所示。

2. 采出水处理技术

1）冻融—蒸发（FTE）工艺

冻融—蒸发（FTE）工艺的基本原理：降低采出水中含有的盐或者其他物质水溶液的凝固点，使其凝固点低于纯水的凝固点（0℃）；溶液的部分凝固会促使优质冰晶的生成，并提高未凝固溶液中固体颗粒和其他物质的浓度；随后冰晶可被收集并熔化作为一种优质的水源提供使用，或者被蒸发掉。这一工艺可以重复地进行直到浓缩废液达到一个可管理的量。如有必要，可尽量缩小废液的体积，以易于处理和排放。

2）反渗透工艺

反渗透（RO）工艺的基本原理：使用能量（通常是泵压力）使溶液穿过类似于玻璃纸的半渗透薄膜，来分离水中的溶解固体和其他物质。随着压力的升高，沿薄膜流动的溶液浓度也会升高。而后续溶解固体沿薄膜的积聚会使纯水需要持续不断的压力升高以穿过薄膜，可以过滤和处理细菌、盐、溶解性固体、蛋白质和其他分子质量大于150～250道尔顿的物质。

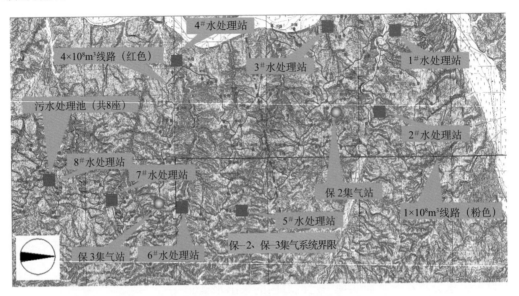

图 7-35　煤层气田采出水管网图

图 7-36　煤层气田采出水处理池图

这种水处理工艺广泛地应用于把低浓度盐水（海水）或高浓度盐水转化为可饮用水，或者污水再生利用，以及回收工业中的溶解盐。

3）紫外光工艺

紫外光存在于可见光和X射线的区域之间，占据（1～400）×10⁻⁹m的空间谱，能有效破坏和杀死细菌、病毒、菌类、藻类和原生动物。但紫外光处理未净化的水组分的能力受微生物细菌、悬浮固体、可溶解的分子和矿物浓度集中的影响。

臭氧是一种活性氧，一般是作为主要的消毒剂来使用，具有高活性和短半衰期的特性（在蒸馏水中为 120min）。

紫外光 + 臭氧复合工艺可以成功地从水相中将挥发性有机物（VOCs）、多环芳烃（PAHs）、酚醛塑料、氰化物、硫化物等进行消减。紫外光 + 臭氧复合工艺适用于小型的水处理工厂。但也存在高成本、低可靠性和缺少残余消毒等缺陷。

4）化学处理工艺

氯化处理能有效地除去能引起疾病的病菌、病毒、原生动物和其他的有机生物，而且可以用来氧化铁、锰和氢化硫从而在水中过滤掉这些矿化物。其他处理技术，例如紫外线光照和逆渗流通常与氯化处理过程一前一后地使用。

碘处理水通常用于从水中去除病原体，隐孢子虫除外。碘对 pH 值和水中的有机物含量不是很敏感，长期暴露是安全的，并且小剂量就有效果。

银、高锰酸钾、过氧化氢和凝聚剂等化学试剂都曾经被用来进行废水处理，但是，易造成二次污染且成本较高。

5）离子交换工艺

离子交换工艺基本原理：利用 H^+ 和 OH^- 置换出如导电盐（淡水处理）等离子，利用钠离子和氯离子等置换出钙镁等硬性离子，达到去除水中离子的目的。

离子交换的过程是通过预先给树脂充填 Na^+、Cl^-、H^+ 或 OH^- 等置换离子，当水中的离子接触到树脂时便通过替换这些置换离子吸附在树脂上。一旦置换离子用尽，树脂便用浓缩的高浓度的置换离子再生，这一过程既可去除集中在水中的离子，又能有效地使树脂再生。图 7-37 是这一工艺的简单流程示意图。

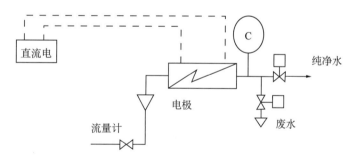

图 7-37 离子交换简单流程示意图

优点：（1）可以避免次级污染物和废物从一种介质转移到另一介质中；（2）所需的能量也较少；（3）可以有效地去除未净化水中的盐、重金属、镭、硝酸盐、砷、铀等物质。

缺点：不能有效地去除水中的有机物。

6）电容脱盐工艺

电容脱盐工艺基本原理：将含有盐、重金属或者放射性同位素的水用泵产生压力，通过碳气凝胶片、充电后的碳气凝胶电极俘获盐、重金属等需要去除的离子，并且允许纯水通过。

优点：（1）效率高，每个渗透性的碳气凝胶片的表观面积仅有 3in²，但有效面积却相当于一个足球场（600 ～ 900m²），（2）能耗低，所耗费的能量是常规蒸馏法的千分之一到百分之一；（3）可以避免二次污染。

其简单工艺示意图如图7-38所示。

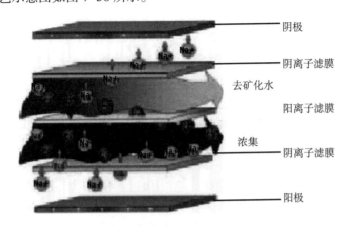

图 7-38 电容脱盐工艺示意图

7）反向电渗析工艺

反向电渗析工艺的基本原理：离子融于水中后将带有一个正电荷或者负电荷，从而被吸附到具有相反电荷的电极上；电渗析系统包含几百个相邻的滤膜组件，通过电极交替变换极性使离子在滤膜组件内交替运动，利用阳离子和阴离子选择性膜来分隔水溶液中的电荷离子。

优点：（1）避免污物的聚结，防止了滤膜结垢现象，降低了预处理药品的使用量，从而降低了成本；（2）能量消耗低；（3）效率高，可实现80%的净化率；（4）具有自清洁作用，因此可以高效地持续工作更长时间。

8）强制蒸馏工艺

强制蒸馏工艺基本原理：将水煮沸变成蒸汽，当蒸汽通过冷凝室时冷凝，成为纯净水，而煮沸过程则将水中杂质分离出来以便收集和处理。

优点：可以去除水中99.5%的杂质，普遍用于去除硝酸盐、细菌、钠、硬物质、溶解的固体、有机物、重金属。

缺点：如果杂质中的成分和水有相同的沸点，将不能在蒸馏过程中被有效地除去。这些杂质包括一些挥发性的有机污染物、某些农药和挥发性溶剂。

图7-39是这一工艺的示意图。

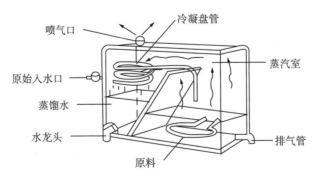

图 7-39 强制蒸馏工艺示意图

9）人造湿地工艺

人造湿地工艺基本原理：利用植物的生物降解能力，对采出水就地进行生物降解。

优点：构建和操作费用很低，同时人造湿地有效使用时间较长，平均使用寿命大约是 20 年。

缺点：处理速度较慢。

10）多模式组合工艺

澳大利亚 Spring Gullly 煤层气田有一座采出水处理厂，采用了多重处理工艺组合使用，其工艺流程如图 7-40 所示。

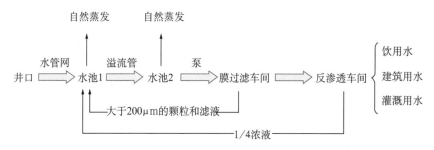

图 7-40　多模式组合工艺流程图

优点：处理效果好，应用范围广。

缺点：投资较大，综合成本较高。

总的来说，目前国内外采出水的处理工艺可以综合为以下 4 种，见表 7-6。

表 7-6　煤层气采出水处理工艺及适用条件分析表

处理工艺		原理	优点	缺点	限制条件
地面排放		直排附近河流	最简单、最经济的处理方式	对水质要求较高，排放时需连续监测	全盐量 ≤ 2000mg/L，接纳水体有足够的接受能力，目前争议很大
蒸发	自然蒸发	通过水与空气的大面积接触蒸发到空气中	无排放、投入低、运行维护简单，适用于特别差的水质情况	占地面积大、对地形要求高、存在渗漏问题	面积很大的平坦地区，有足够的面积，需要 3000 ～ 20000 亩水面积①
	强制蒸发	通过外部作用提高物理蒸发速率，实现快速蒸发的目的	无排放、减少了自然蒸发所需较大的水面积，可与自然蒸发配合使用	成熟、可靠的工艺装置较少	在实现方法上还需要持续的试验和验证
地下回注		通过泵将水增压回注到目标地层	运行维护简单	寻找合适的地层较为困难，会扰乱自然状态下的地下水分布，费用较高	对目标地层的构造稳定性、隔水性、孔隙结构、渗透性、容纳能力、回注压力、回注水质均有要求，条件较为苛刻
工厂处理		通过沉淀、过滤、反渗透、电渗析、离子交换等工艺降低含盐量和其他不达标组分	处理效果最好，应用最广，对地形、水质、水量没有要求	工艺复杂、投资和处理成本非常高、运行维护工作量大	有充裕和足够的投资，或者处理后的水有经济收入

注：1 亩 =666.7m²

通过表 7-6 可以看出，尽管实现的方式不同，但煤层气采出水处理工艺都包含了沉淀、过滤两个预处理过程。但前 3 种工艺受水质、环境、地质等限制因素较多，而建设水处理厂处理采出水习惯性被大多数人接受。工厂化处理主要分为沉淀、过滤、脱盐 3 个过程，其中成本最高的环节是脱盐处理。

在工厂处理的工艺中，反渗透工艺是目前应用最广泛、技术最成熟的技术，特别是在海水淡化、盐水处理等方面世界范围内均有广泛应用。

国内煤层气行业开发初期采出水处理以直排为主，处理方式普遍以自然蒸发或就地排放为主，环保问题较为突出。随着环保要求的提高和认识的加深，逐步实现了分散集水、集中处理的水处理模式，"十二五"期间，尝试了化学处理的水处理工艺，但由于运行成本较高，并且容易形成二次污染，不做推广使用。

"十二五"期间中国石油自主研发了一种采出水处理试验装置——强制蒸发装置（图 7-41 和图 7-42），该装置的原理是通过提高物理蒸发速率实现采出水的快速蒸发。由于该技术不直排液体水，具有重要的环保意义。

优点是：结构简单、维护方便（无人值守）、无须预处理净化其他颗粒物等。

缺点是：受季节、气候影响较大，冬季使用困难。

图 7-41　第一代强制蒸发装置图

图 7-42　第二代强制蒸发装置图

第四节 煤层气集输动力技术

煤层气集输动力设备包括井场排采驱动设备（燃气驱动机、井场燃气发电机）、厂站压缩机、厂站燃气发电机等。经统计分析，煤层气集输动力设备是煤层气系统的主要能耗设备，动力设备的选型与配置对集输系统的综合效率具有至关重要的影响。

一、井场驱动动力技术

煤层气井场排采设备的驱动动力主要包括燃气直驱动力机、燃气（油）发电驱动机、网电等。

1. 燃气直驱动力机

燃气直驱动力机的原理是燃气热值直接转化为动力带动排采设备工作，煤层气开发初期，采用燃气直驱动力机。

1）主要优点

（1）该区块前期以单井井场为主，小功率的燃气机直接驱动抽油机，简便快捷，符合快速建产的需求。

（2）一次性投资较低。

（3）当地农业生产用电网的可靠性较差，自建电网投资高、沟壑纵横地形的建设难度大。

在气井已经开始产气而输气管网未建成的条件下，选择燃气驱动机作为排采驱动动力，其为煤层气井前期的排采做出了重要贡献。

2）主要缺点

（1）国产燃气直驱动力机的主要动力设备是内燃机，有 500 ～ 700 个零部件，大部分零部件需求特殊并且其故障率偏高，影响连续排采。

（2）需要专业的维护人员。

（3）国内目前小型气动内燃气机的控制和诊断技术、间歇或突发性变扭矩控制技术、无极调速技术等无重大突破，发动机 ECU 系统均为国外技术，国内制造商并没有完全掌握，故障处理成本高。

（4）内燃气机与抽油机之间仅有皮带轮连接，机组运行基础振动较大，易导致故障率上升。

统计已应用的气动机的使用情况，气动机的月故障率大约为 6.6%。同时气温升高时气动机散热不足，易导致水温报警停机，导致排采的连续性得不到保证，从而影响到达产率。

2. 燃气发电机

燃气发电驱动机的原理是燃气热值转化为电能，电能驱动抽油机进行排采工作。通过实践，总结燃气发电机具备以下特点：

（1）国内燃气发电机技术较为成熟（20 ～ 160kW），社会依托性较好；

（2）可靠性较高，根据韩城已应用的电动机的使用情况，电动机的年故障率大约为 1.8 次 / 年；

（3）恒速调节较容易，但需要专业维护人员进行维护；

（4）燃气发电机的缺点是受产气影响较大，管网压力过低时导致其出功不够，从而影响排采。

相对于燃气驱动机而言，燃气发电机功率较大，具备带动多口井排采设备的能力。从2012年开始，煤层气田开发大量采用丛式井场替代单井井场，一方面节省了征地面积，另一方面采用燃气发电机作为丛式井井场的动力，降低投资和能耗约10%。

3. 网电

网电可分为依托当地电网和自建电网两种方式，地方电网类型多样，可靠性有好有坏。理论上网电具有良好的便捷性和可靠性，但实际情况是经济发展越慢的地方电网可靠性越差，电力中断对排采的连续性存在一定影响。

采用地方电网的运行费用较高，自建电网的一次性投资较高，同时在排采后期时电网使用率较低，易造成投资浪费。煤层气的排采产水量具有逐年降低的特点，例如保德区块2015年产水量比2012年降低了1/3，当煤层气井进入排采后期（按国外经验5～8年）时出现间抽现象，如果采用网电易造成投资浪费。

综上所述，驱动动力方式的选择需综合考虑井场形式、煤层气产水特点、当地电网情况、设备能耗、管理难易度等因素综合确定。

从节约投资的生产运行费用的角度上，燃气气动机具有一定应用价值，但全面推广使用的条件尚不成熟，需要一个较长的时间来改进提高。移动式橇装燃气发电机具有适应性较好、投资较低的优点，在开发期是主推模式。网电较适应于地方电网已覆盖、有负载余量，不需要建设专线的区域。井场附近如有地方电网，可进行T接使用以作为辅助方案。

井场用电宜因地制宜，不局限某种形式，推荐应以"煤层气发电为主、地方电网用电为辅、自建电网最后"的顺序建设。气动机作为一种补充，在技术完全成熟后可在探井、边远大井组等非常规开发且社会依托较差的区域使用。

二、场站动力技术

场站是功耗的主体，也是煤层气田集输处理的关键部位，对动力的可靠性、安全性要求较高。

场站的供电方式主要包括网电、自发电和租赁发电三种。

1. 网电

集气站采用网电供电，自建变电所。网电具有良好的便捷性和可靠性，是一般大规模工业用电的首选方案。如果地方电网依托条件较好，场站的动力方案建议优选网电方式。

由于煤层气田开发过程中可依托资源受限，采用网电应进行投资和运行费用的综合比选。

2. 自发电

自购燃气发电机、配电柜等设备，建立小型发电站。自发电工期比较稳定（约10个月），可靠性依赖备用机组数量与管理水平，不易受外界因素干扰，在良好运维条件下供电可靠性基本受控。同时停电后恢复较易，人员需求量较少，具有一定优势，但也存在一系列问题：

（1）固定投资高，回收周期长。

（2）运维要求较高、工作量大，需运维成熟的技术队伍，且设备的后期运维工作量也比较大；

（3）自发电需要消耗煤层气，减少了商品气量。

3. 租赁发电

集气站供电外包给服务商，由服务商进行建设、施工及运行维护，由甲方提供发电机所需气源，并按照协议电价付费给发电公司。租赁模式在北美和澳大利亚较为普遍，而国内采用的较少，租赁发电的特点如下。

（1）投资较低。发电设备由租赁公司承担，甲方只承担征地和场平等基础工作量。

（2）可靠性较高。租赁公司有成熟的技术管理队伍，运维水平较高，电力供应较可靠，投资方也无需培养自己的运维队伍。

（3）租赁发电的主要问题是供电的可靠性完全依托于租赁供电公司的能力和水平，存在一定的用电安全风险，一旦租赁公司内部出现技术或管理问题，供电可靠性难以保障，且租赁发电的自耗气补贴受政策的影响较大。

从技术服务于工程需求的角度上来说，动力实现方式的选择应尽量选择地方干扰或者影响小的技术。在不发达、欠发达地方，以尽量依托自我发展的地面建设系统模式发展。

从解决厂站供电的建设周期和可靠性、稳定性上分析，先期采用租赁发电或自发电更适合煤层气产业快速发展。

从工业规模用电的安全性和可靠性上来选择，在形成大规模用电能力后，如果地方电力企业大力支持，可适时介入网电模式。

第五节 自动化控制技术

"信息传输网络化、数据资源共享化、生产过程自动化、经营管理协同化、决策分析智能化"，已经日益成为企业发展的诉求，煤层气田地面工程建设中，可靠、适用的自动化控制技术也日益发展成熟。通过"十二五"的技术攻关研究，井口基本达到了"无人值守、有人巡检、远程操控"的自动化管理水平；集气增压站已经实现了"无人操作、无人值守、有人巡视"的自动化管理水平；煤层气处理厂作为区域煤层气控制中心，可以实现"有人值守、集中监控"的自动化管理水平。

一、井场自动化控制技术

1. 井场自动化参数采集基本要求

煤层气井场自动化建设必须满足煤层气井科学排采的需要。煤层气井排采必须按照"稳定、连续、缓慢"的原则来实施，井场的设备设施的配置要与之相适应。

"稳定"表现在设备的故障率低，包含运行稳定、制度稳定、工况稳定三层含义。用故障率、阶段、压力、流量、电压、频率量化，见表7-7。

表7-7 "稳定"参数表

设备	故障率
仪器、仪表	1‰ /a
抽油机	0.5%/a

续表

设备	故障率
泵	2 次 /a
燃气发电机	4%/a

"连续"表现在设备连续工作时间，保证排采的不间断性，用平均无故障时间量化，见表 7-8。

表 7-8 "连续"参数表

设备	连续工作时间，h
仪器、仪表	30000
抽油机	8000
泵	5000
燃气发电机	720

"缓慢"在排采管理中是很重要的一部分，要求井底流压下降缓慢，用井下压力计测量或多功能测试仪来求取，要求检查设备的精度等级要高，测量准确度要高。用变化速率来量化。

2. 不同动力下井场自动化参数采集分析

结合煤层气井场驱动动力的不同方式，井场排采设备的动力组合可分为以下 4 种方式：

（1）燃油发动机搭配抽油机管式泵；

（2）燃气发电机搭配抽油机管式泵；

（3）燃气发动机搭配螺杆泵；

（4）燃气发电机搭配螺杆泵。

地面设备的故障率（稳定性）与上述不同动力组合下的生产参数、设备参数、电量参数、状态参数和报警参数密切相关，这些参数直接体现了地面工程设备的运行工况。主要参数分析见表 7-9。

表 7-9 主要参数分析和控制要求

参数	现象	造成原因	影响结果	控制
功率	超限	卡泵	设备损耗	停井
冲程、冲次	为零	皮带断	空转	停井
套压	下降	产气量减少	影响产气量	开井或提高排液速度
	上升	产气量升高		停井或降低排液速度
管压	下降	管线漏	影响集气站生产，造成安全隐患	停井、手动调整阀门
	上升	产气量增大	影响集气站生产	停井或降低排液速度、手动调整阀门
井底流压	下降	液面降低或套压降低	影响产气量	停井或降低排液速度
	上升	液面升高或套压升高		开井或提高排液速度

3. 井场自动化控制的技术难点

煤层气与常规天然气相比，生产排采控制的需求差异很大。在井场地面自动化建设中存在着诸多技术难点。

1）井底压力检测难点

"井底压力"是排采管理的重要参数，目前采用人工回声定位仪测动液面，占据巡井井场工作量的70%，是排采最费时、耗力的工作。如使用"井下压力计"，也存在易损坏、更换困难、投资高的问题。

2）套压自动化控制难点

套压变化范围较大，量程范围较广。井口阀门需满足微调的要求，考虑到频繁使用调整的特点，需安装可变更执行器的阀门。

3）水计量难点

煤层气排采水日产量因地质条件不同差异较大，其规律需要在生产过程中总结获得。

4）数据传输难点

与常规油气相比，煤层气井数量多，数据传输量大，产能建设多处在山区偏远地带，谷大、沟深，植被茂密，通信较差，无线网桥实施有难度，GPRS也无法全部覆盖。

5）投资控制难点

煤层气开发要求低成本，但井场自动化需要增加投入。

4. 井场自动化控制技术

根据不同驱动方式下、不同排采时期对自动化控制的需求，井场单井排采控制模式可以优化为：数据自动采集与人工巡检控制、现场自动控制、人工远程控制和自动远程控制4种模式。

1）数据自动采集与人工巡检控制

现场通过智能终端（RTU）采集排采过程中可以上传必需的参数，如燃气发电机、气量等。

通过人工巡检的方式定期对井场进行检查，对部分排采数据进行人工调控。

2）现场自动控制

当摸清排采规律，形成控制逻辑算法后，通过软件编程固化在井场RTU中进行自动控制。如排采过程中设备等出现故障，对设备和环境可能产生危害时，系统将自动停机，并同时将停机原因和状态优先主动报告给上位机。

3）人工远程控制

在远程监控终端上操作员根据采集的各项生产参数和报警信息，由人工操作终端，发送生产井调频指令来实现控制。远程人工启动时，现场声、光警示并且延时启动，启动成功返回监控终端相应信息。远程人工停止时，RTU接到命令后，立即停机，并回复停机信息。

4）自动远程控制

井场RTU相对功能简单，不能进行复杂和海量的数据运算。当运行数据挖掘技术、云计算技术对排采规律进行分析并批量调整设定参数时，启动远程控制功能。依据确定的控制逻辑和数据库中罗列的参数进行自动调控。超出阈值范围且产生逻辑矛盾的调节将中断执行并报警、启动人工服务，同时实现远程开机还必须实现视频监控、实时监控的安全要求。图7-43为井场自动化控制示意图。

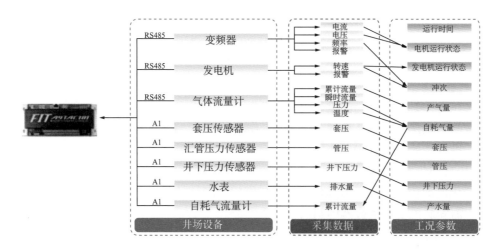

图 7-43　控制示意图

二、集气站自动化控制技术

集气站自控系统采用"现场仪表 +PLC"组成，负责对站内重要设备和井场数据采集与监控。生产数据可以通过自建光纤网络上传至联合站计算机系统。

在集气增压站设井口 SCADA，配置 SCADA 服务器和通信设备，用于接收采气井口 RTU 上传的数据，对所辖井口实现集中监控。图 7-44 是场站自动化控制的基本逻辑图。

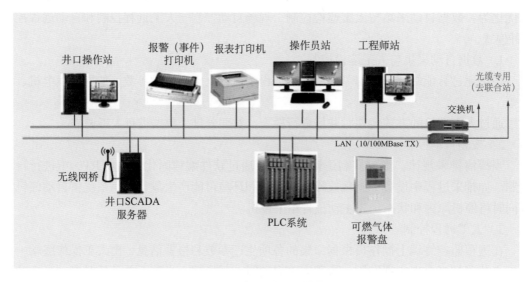

图 7-44　场站自动化结构图

三、煤层气田自动化控制技术

煤层气田自控系统可以采用 SCADA 系统构建，整个系统按照星形分枝网络拓扑结构，将各生产职能单元合理划分为三级：调度控制中心（调控中心）为一级单元，以各集气站值班室和处理厂监控室为二级单元，各个井场和集气站为三级单元，构成一个三级

SCADA 自动化监控管理系统。图 7-45 是樊庄煤层气田构建的气田自动化控制系统。

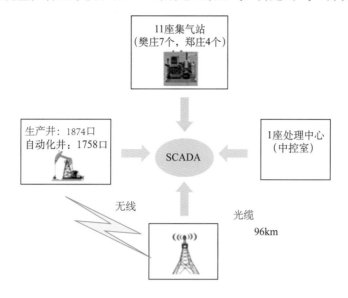

图 7-45 煤层气田自动化数据采集系统示意图

图 7-46 是气田自动化控制系统的框架逻辑图。

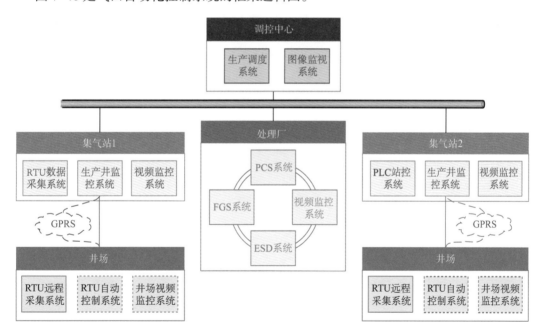

图 7-46 煤层气田自动化控制逻辑系统图

三级单元控制系统中，单井采用 RTU 监控装置；集气站采用 RTU 和 PLC 监控装置，实现数据的自动采集和控制，并通过无线或有线方式实现与集气站值班室上位机远程数据通信。各值班室（二级单元）上位机对所辖下层检控单元（煤层气生产井、集气站）进行集中数据处理、动态显示、远程控制和故障报警；处理厂（二级单元）的生产运行监控、管理采用 DCS 系统和独立的 ESD、FGS 系统完成。调控中心发现问题可向集气站、处理厂值班室下发相应的操作指令，由值班室操作员根据现场情况，进行相应的处理。

　　煤层气排采自动控制作为地面工程建设的一个环节，需要可靠且低成本的一、二次仪表的支撑，其次需对控制逻辑进行充分的优化，以满足低成本开发条件下的煤层气田自动化控制需求。随着技术的不断积累，产业化的核心设备的成熟，煤层气地面自动化技术也逐步发展完善和成熟。

参考文献

[1] 梁雄兵，程胜高，宋立军.煤层气勘探开发中的水污染分析及防治对策 [J].环境科学与技术，2006，29（1）：50-51.

[2] 高哲荣，于晓丽.煤层气藏采出水对环境的影响与治理技术 [J].天然气工业，1997，17（1）：58-60.

[3] 惠熙祥，巴玺立，郭峰，等.澳大利亚煤层气田地面工程技术对中国煤层气田开发的启示 [J].石油规划设计，2013，24（3）：11-14.

[4] 杜春志，茅献彪，卜万奎.水力压裂时煤层裂缝的扩展分析 [J].采矿与安全工程学报，2008，25（2）：231-234.

[5] 杜春志.煤层气水压致裂理论及应用研究 [D].北京：中国矿业大学，2008.

[6] 陈振宏，王一兵，杨焦生.影响煤层气井场量的关键因素分析—以沁水盆地南部樊庄区块为例 [J].石油学报，2009，30（3）：409-412.

[7] 朱卫平，唐书恒，王晓峰，等.煤层气井产出水中氯离子变化规律回归分析模型 [J].煤田地质与勘探，2012，40（5）：34-36.